통계학을 위한 벡터와 행렬

제2판

허 집 지음

VECTOR & MATRIX

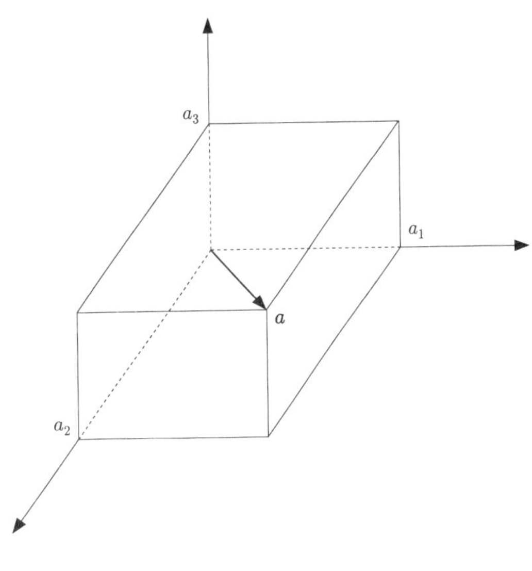

자유아카데미

머 리 말

오늘날에 사회현상이나 자연현상을 설명하거나 규명하는 일은 과거와 달리 그 결과가 유일하거나 단순하지 않으며, 복합적이고 방대한 계산으로 이루어진 과정이 필연적으로 동반된다. 벡터와 행렬은 이러한 상황에 대해 간단하고 명료한 수학적 표현을 제공하는 동시에 체계적인 계산을 통해 해를 찾고 이론적인 성질을 규명하는 도구로 사용된다. 확률분포를 포함한 함수의 형태로 표현한 다양한 통계적 모형은 불확실성이 내재되어 있는 여러 분야에서 널리 활용되고 있다. 통계적 모형 추론의 모수적 방법뿐만 아니라 비모수적 방법에서도 계산과 이론 전개의 벡터와 행렬 사용은 필수적이다.

이 책은 통계학을 전공하거나 통계분석법을 사용하는 분야의 독자들이 통계적 모형 분석에 사용되는 벡터와 행렬의 기초 이론을 쉽게 습득할 수 있도록 돕기 위하여 집필하였다. 특히, 마지막 부분에서 통계적 모형의 추론에 사용되는 확률벡터와 그와 관련된 확률변수들의 확률분포 및 그 특성들을 기술하여 독자들이 통계적 추론을 벡터와 행렬을 통하여 이해할 수 있도록 하였다. 또한 개정판에서는 행렬을 이용한 효율적 계산에서 쓰이는 행렬의 직교화와 분할 및 행렬의 분해에 대한 내용을 추가하였다.

이 책은 다음과 같이 구성하였다. 1장에서는 벡터와 관련한 개념들을 소개하고 2장에서는 행렬의 정의와 연산법에 대해 설명하였다. 3장에서는 벡터공간과 부분공간을 통하여 벡터와 행렬의 집합의 성질과 그 집합의 원소들의 관계에 대해 기술하였다. 4장에서는 행렬 이론의 중심이 되는 행렬식과 역행렬의 계산법과 성질에 대해 논하였고, 이를 바탕으로 5장에서는 통계적 모형의 추정에 필요한 일차연립방정식의 해의 존재 여부와 해를 구하는 다양한 방법을 소개하였다. 6장에서는 행렬을 통한 선형변환 및 고윳값과 고유벡터를 소개하고 이들을 사용한 행렬의 대각화와 이차형식 및 행렬의 분해에 대해 서술하였다. 마지막으로 7장에서는 벡터와 행렬의 미분, 벡터화한 확률변수의 확률분포와 분포 이론을 설명하였고, 선형회귀모형을 통하여 그 예를 제시하였다.

통계학에 필요한 벡터와 행렬의 기초적 이론을 습득하는 독자를 위한 책이기에 어려운 증명들은 가급적 생략하고 개념 위주로 소개하였으며, 간단한 보기들을 제공하고 어렵지 않은 증명들을 연습문제로 남겨두어 배운 부분들을 독자 스스로 해결할 수 있도록 하였다. 벡터와 행렬 이론의 집대성을 목적으로 집필한 책이 아니기에 내용적으로 부족한 부분이 있을 수 있다. 그에 대한 독자들의 많은 조언과 충고를 감사히 받겠다. 출간 후에라도 수정사항이 있을 경우에는 자유아카데미 홈페이지(http://www.freeaca.com) 자료실에 제공할 예정이니 참조하기를 바라며, 이 책을 통하여 벡터와 행렬에 대한 기초 지식과 통계학에서 활용되는 벡터와 행렬로 표현된 확률벡터와 확률분포들을 이해할 수 있기를 기대한다.

끝으로 이 책이 출판되기까지 도움을 준 분들과 많은 조언을 주시고 노고를 아끼지 않으신 자유아카데미 여러분들께 감사를 드린다. 특히, 원고를 입력하고 꼼꼼하게 검토까지 해준 아내 박경하와 큰 의지가 되어준 모든 가족들에게 고마움을 전하고 싶다.

2023년 8월

삼각산 자락 쌍문동에서

Contents

01 벡터

1-1 벡터의 정의

단순히 그 크기만을 나타내는 수치들인 질량, 부피, 온도 등은 스칼라(scalar)라 하고, 힘과 속도 등과 같이 크기와 방향을 동시에 나타내는 것을 벡터라 한다. 단순 크기만을 표현하는 스칼라는 실수로 표현되며 벡터는 크기와 방향을 제시하기 위해서 2차원 공간에서는 두 실수가 필요하고 3차원 공간에서는 세 실수가 필요하다. n개의 실수로 구성된 벡터를 n차원 유클리드의 공간(Euclidean space) $\mathbb{R}^n$에서 정의하면 다음과 같다.

정의 1.1 | 벡터

n개의 실수 $a_1, a_2, \cdots, a_n$을 다음과 같이

$$\boldsymbol{a} = \begin{pmatrix} a_1 \\ a_2 \\ \vdots \\ a_n \end{pmatrix} \tag{1.1}$$

으로 배열한 것을 $\mathbb{R}^n$의 벡터(vector) 혹은 n차원 벡터라고 한다.

벡터는 일반적으로 영문소문자의 고딕체로 표현한다. 벡터를 구성하고 있는 각 실수들인 $a_1, a_2, \cdots, a_n$들을 성분(component)이라 한다. 벡터의 성분을 가로로 나열한 경우는 식 (1.1)의 벡터와 구별하기 위하여

$$\vec{a} = (a_1\, a_2\, \cdots\, a_n)$$

으로 표현하고 행벡터(row vector)라고 하며 식 (1.1)을 행벡터와 구분하기 위하여 열벡터(column vector)라고 하기도 한다. 그림 1.1은 $\mathbb{R}^2$와 $\mathbb{R}^3$에서 벡터들의 기하학적 의미를 보여준다.

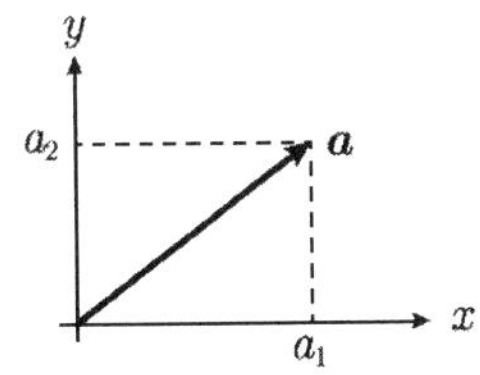

$$\boldsymbol{a} = \begin{pmatrix} a_1 \\ a_2 \end{pmatrix}$$

(a) $\mathbb{R}^2$의 벡터

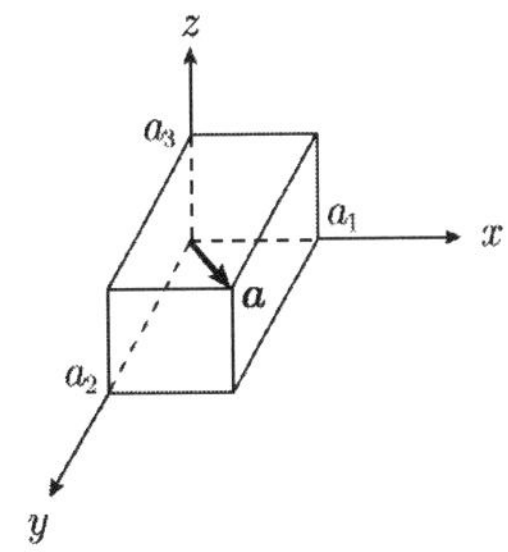

$$\boldsymbol{a} = \begin{pmatrix} a_1 \\ a_2 \\ a_3 \end{pmatrix}$$

(b) $\mathbb{R}^3$의 벡터

그림 1.1

1-2 벡터의 연산

벡터의 연산과 그 성질을 살펴보기 위해 먼저 벡터의 상등에 대해 알아보자.

정의 1.2 | 벡터의 상등

$\mathbb{R}^n$의 두 벡터

$$\boldsymbol{a} = \begin{pmatrix} a_1 \\ a_2 \\ \vdots \\ a_n \end{pmatrix}, \ \boldsymbol{b} = \begin{pmatrix} b_1 \\ b_2 \\ \vdots \\ b_n \end{pmatrix}$$

에 대하여 $a_1 = b_1, a_2 = b_2, \cdots, a_n = b_n$이면 두 벡터는 상등(equality)이라 하며 $\boldsymbol{a} = \boldsymbol{b}$라 표기한다.

정의 1.2에 의하면, 두 벡터가 상등이 되려면 두 벡터가 같은 차원에 속해야 하고 각 대응하는 성분이 같아야 한다. 벡터의 합과 스칼라배에 대한 정의는 다음과 같다.

정의 1.3 | 벡터의 합과 스칼라배

$\mathbb{R}^n$의 벡터 $\boldsymbol{a}=\begin{pmatrix} a_1 \\ a_2 \\ \vdots \\ a_n \end{pmatrix}$, $\boldsymbol{b}=\begin{pmatrix} b_1 \\ b_2 \\ \vdots \\ b_n \end{pmatrix}$와 스칼라 k에 대하여 벡터의 합과 스칼라배는 다음과 같이 정의한다.

(i) 두 벡터의 합

$$\boldsymbol{a}+\boldsymbol{b}=\begin{pmatrix} a_1 \\ a_2 \\ \vdots \\ a_n \end{pmatrix}+\begin{pmatrix} b_1 \\ b_2 \\ \vdots \\ b_n \end{pmatrix}=\begin{pmatrix} a_1+b_1 \\ a_2+b_2 \\ \vdots \\ a_n+b_n \end{pmatrix} \tag{1.2}$$

(ii) 스칼라배

$$k\boldsymbol{a}=k\begin{pmatrix} a_1 \\ a_2 \\ \vdots \\ a_n \end{pmatrix}=\begin{pmatrix} ka_1 \\ ka_2 \\ \vdots \\ ka_n \end{pmatrix} \tag{1.3}$$

두 벡터의 합은 같은 차원에 속하는 경우에 정의되며, 두 벡터의 차인 $\boldsymbol{a}-\boldsymbol{b}$는 식 (1.3)에서 $k=-1$인 경우에 $\boldsymbol{c}=k\boldsymbol{b}$로 두면 식 (1.2)의 두 벡터의 합의 정의에 의해서 $\boldsymbol{a}-\boldsymbol{b}=\boldsymbol{a}+\boldsymbol{c}$로 계산된다. 벡터의 합의 항등원은 모든 성분이 0인 벡터가 되며 이를 영벡터(zero vector)라 하고 $\mathbf{0}$이라 표기한다. 성분이 모두 0인 두 영벡터가 상등이려면 같은 차원에 속해야 한다. $\mathbb{R}^n$의 영벡터는 n개의 성분들이 모두 0으로 다음과 같다.

$$\mathbf{0}=\begin{pmatrix} 0 \\ 0 \\ \vdots \\ 0 \end{pmatrix}$$

그림 1.2는 $\mathbb{R}^2$에서 벡터의 합, 벡터의 스칼라배와 벡터의 차를 보여준다.

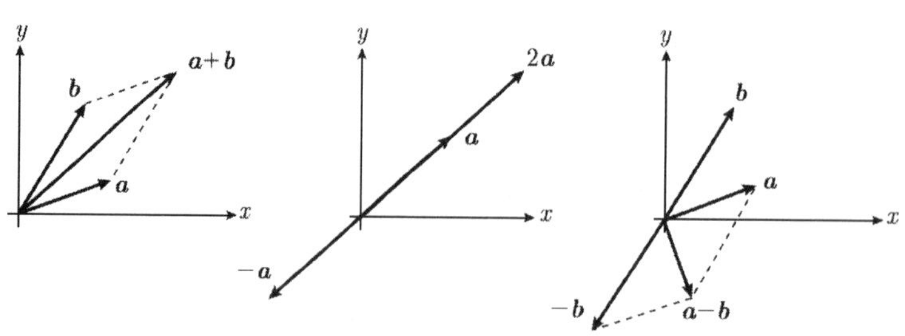

(a) 벡터의 합 (b) 벡터의 스칼라배 (c) 벡터의 차

그림 1.2

예제 1.1 $\mathbb{R}^3$의 벡터 $\boldsymbol{a}$, $\boldsymbol{b}$에 대하여 다음 물음에 답하라.

$$\boldsymbol{a}=\begin{pmatrix}1\\2\\-1\end{pmatrix},\ \boldsymbol{b}=\begin{pmatrix}2\\-1\\0\end{pmatrix}$$

① $2\boldsymbol{a}$와 $-3\boldsymbol{b}$를 구하라.

② $2\boldsymbol{a}+\boldsymbol{b}$와 $\boldsymbol{a}-3\boldsymbol{b}$를 구하라.

풀이

① 정의 1.3의 (ii)벡터의 스칼라배 연산에 의하여

$$2\boldsymbol{a}=2\begin{pmatrix}1\\2\\-1\end{pmatrix}=\begin{pmatrix}2\\4\\-2\end{pmatrix}$$

$$-3\boldsymbol{b}=-3\begin{pmatrix}2\\-1\\0\end{pmatrix}=\begin{pmatrix}-6\\3\\0\end{pmatrix}$$

이 된다.

② 정의 1.3의 (i)벡터의 합의 연산과 위 예제 ①에 의하여

$$2\boldsymbol{a}+\boldsymbol{b}=\begin{pmatrix}2\\4\\-2\end{pmatrix}+\begin{pmatrix}2\\-1\\0\end{pmatrix}=\begin{pmatrix}4\\3\\-2\end{pmatrix}$$

$$\boldsymbol{a}-3\boldsymbol{b}=\begin{pmatrix}1\\2\\-1\end{pmatrix}+\begin{pmatrix}-6\\3\\0\end{pmatrix}=\begin{pmatrix}-5\\5\\-1\end{pmatrix}$$

이 된다.

예제 1.2 다음 벡터 $\boldsymbol{a}$, $\boldsymbol{b}$가 상등이 되도록 스칼라 k_1, k_2, k_3를 구하라.

$$\boldsymbol{a}=k_1\begin{pmatrix}0\\2\\-1\end{pmatrix}+k_2\begin{pmatrix}-1\\0\\3\end{pmatrix}+k_3\begin{pmatrix}1\\1\\0\end{pmatrix},\ \boldsymbol{b}=\begin{pmatrix}2\\0\\1\end{pmatrix}$$

풀이

정의 1.3의 벡터의 합과 스칼라배의 연산에 의하여

$$\begin{aligned}\boldsymbol{a}&=k_1\begin{pmatrix}0\\2\\-1\end{pmatrix}+k_2\begin{pmatrix}-1\\0\\3\end{pmatrix}+k_3\begin{pmatrix}1\\1\\0\end{pmatrix}\\&=\begin{pmatrix}0\\2k_1\\-k_1\end{pmatrix}+\begin{pmatrix}-k_2\\0\\3k_2\end{pmatrix}+\begin{pmatrix}k_3\\k_3\\0\end{pmatrix}=\begin{pmatrix}-k_2+k_3\\2k_1+k_3\\-k_1+3k_2\end{pmatrix}\end{aligned}$$

가 된다. 정의 1.2의 벡터의 상등에 의하여

$$\begin{pmatrix} -k_2 + k_3 \\ 2k_1 + k_3 \\ -k_1 + 3k_2 \end{pmatrix} = \begin{pmatrix} 2 \\ 0 \\ 1 \end{pmatrix}$$

이 되도록 하는 스칼라 k_1, k_2, k_3를 구하면 $k_1 = -1$, $k_2 = 0$, $k_3 = 2$가 된다.

다음은 벡터의 연산에 대한 성질들이다.

정리 1.1 벡터의 연산의 성질

$\mathbb{R}^n$의 임의의 세 벡터 $\boldsymbol{a}$, $\boldsymbol{b}$, $\boldsymbol{c}$와 임의의 스칼라 k, l에 대하여 다음이 성립한다.

(i) $\boldsymbol{a}+\boldsymbol{b} = \boldsymbol{b}+\boldsymbol{a}$

(ii) $\boldsymbol{a}+(\boldsymbol{b}+\boldsymbol{c}) = (\boldsymbol{a}+\boldsymbol{b})+\boldsymbol{c}$

(iii) $\boldsymbol{a}+\boldsymbol{0} = \boldsymbol{a}$, $\boldsymbol{0}$은 $\mathbb{R}^n$의 영벡터이다

(iv) $\boldsymbol{a}+(-\boldsymbol{a}) = \boldsymbol{0}$

(v) $k(\boldsymbol{a}+\boldsymbol{b}) = k\boldsymbol{a}+k\boldsymbol{b}$

(vi) $(k+l)\boldsymbol{a} = k\boldsymbol{a}+l\boldsymbol{a}$

(vii) $0\boldsymbol{a} = \boldsymbol{0}$

(viii) $1\boldsymbol{a} = \boldsymbol{a}$

증명 정의 1.3의 벡터의 합과 스칼라배의 정의와 실수의 연산의 성질에 의하여 쉽게 보일 수 있으므로 (i)과 (v)만을 증명하고 나머지는 생략한다.

(i) $\mathbb{R}^n$의 임의의 두 벡터 $\boldsymbol{a} = \begin{pmatrix} a_1 \\ a_2 \\ \vdots \\ a_n \end{pmatrix}$, $\boldsymbol{b} = \begin{pmatrix} b_1 \\ b_2 \\ \vdots \\ b_n \end{pmatrix}$에 대하여

$$\boldsymbol{a}+\boldsymbol{b} = \begin{pmatrix} a_1+b_1 \\ a_2+b_2 \\ \vdots \\ a_n+b_n \end{pmatrix}, \quad \boldsymbol{b}+\boldsymbol{a} = \begin{pmatrix} b_1+a_1 \\ b_2+a_2 \\ \vdots \\ b_n+a_n \end{pmatrix}$$

이 되고 $a_i+b_i = b_i+a_i$이므로 (i)이 성립한다.

(v) 임의의 스칼라 k에 대하여

$$k(\boldsymbol{a}+\boldsymbol{b})=k\begin{pmatrix} a_1+b_1 \\ a_2+b_2 \\ \vdots \\ a_n+b_n \end{pmatrix}=\begin{pmatrix} k(a_1+b_1) \\ k(a_2+b_2) \\ \vdots \\ k(a_n+b_n) \end{pmatrix}$$

$$k\boldsymbol{a}+k\boldsymbol{b}=k\begin{pmatrix} a_1 \\ a_2 \\ \vdots \\ a_n \end{pmatrix}+k\begin{pmatrix} b_1 \\ b_2 \\ \vdots \\ b_n \end{pmatrix}=\begin{pmatrix} ka_1+kb_1 \\ ka_2+kb_2 \\ \vdots \\ ka_n+kb_n \end{pmatrix}$$

이고 $k(a_i+b_i)=ka_i+kb_i$이므로 (v)가 성립한다. ♣

예제 1.3 다음 $\mathbb{R}^3$의 벡터 $\boldsymbol{a}$, $\boldsymbol{b}$, $\boldsymbol{c}$에 대하여 정리 1.1의 (ii)와 (v)가 성립함을 보여라.

$$\boldsymbol{a}=\begin{pmatrix} 1 \\ 2 \\ -1 \end{pmatrix},\ \boldsymbol{b}=\begin{pmatrix} 2 \\ -1 \\ 0 \end{pmatrix},\ \boldsymbol{c}=\begin{pmatrix} 1 \\ 1 \\ 2 \end{pmatrix}$$

풀이

정의 1.3의 (i)의 벡터의 합에 의하면

$$\boldsymbol{b}+\boldsymbol{c}=\begin{pmatrix} 2 \\ -1 \\ 0 \end{pmatrix}+\begin{pmatrix} 1 \\ 1 \\ 2 \end{pmatrix}=\begin{pmatrix} 3 \\ 0 \\ 2 \end{pmatrix}\text{이고 } \boldsymbol{a}+(\boldsymbol{b}+\boldsymbol{c})=\begin{pmatrix} 1 \\ 2 \\ -1 \end{pmatrix}+\begin{pmatrix} 3 \\ 0 \\ 2 \end{pmatrix}=\begin{pmatrix} 4 \\ 2 \\ 1 \end{pmatrix}$$

이다. 한편,

$$\boldsymbol{a}+\boldsymbol{b}=\begin{pmatrix} 1 \\ 2 \\ -1 \end{pmatrix}+\begin{pmatrix} 2 \\ -1 \\ 0 \end{pmatrix}=\begin{pmatrix} 3 \\ 1 \\ -1 \end{pmatrix}\text{이고 } (\boldsymbol{a}+\boldsymbol{b})+\boldsymbol{c}=\begin{pmatrix} 3 \\ 1 \\ -1 \end{pmatrix}+\begin{pmatrix} 1 \\ 1 \\ 2 \end{pmatrix}=\begin{pmatrix} 4 \\ 2 \\ 1 \end{pmatrix}$$

이므로 정리 1.1의 (ii)가 성립한다. 또한 정의 1.3의 (ii)의 벡터의 스칼라배와 임의의 스칼라 k에 대하여

$$k(\boldsymbol{a}+\boldsymbol{b})=k\begin{pmatrix} 3 \\ 1 \\ -1 \end{pmatrix}=\begin{pmatrix} 3k \\ k \\ -k \end{pmatrix}$$

$$k\boldsymbol{a}+k\boldsymbol{b}=k\begin{pmatrix} 1 \\ 2 \\ -1 \end{pmatrix}+k\begin{pmatrix} 2 \\ -1 \\ 0 \end{pmatrix}=\begin{pmatrix} k \\ 2k \\ -k \end{pmatrix}+\begin{pmatrix} 2k \\ -k \\ 0 \end{pmatrix}=\begin{pmatrix} 3k \\ k \\ -k \end{pmatrix}$$

이므로 정리 1.1의 (v)가 성립한다.

1-3 벡터의 크기

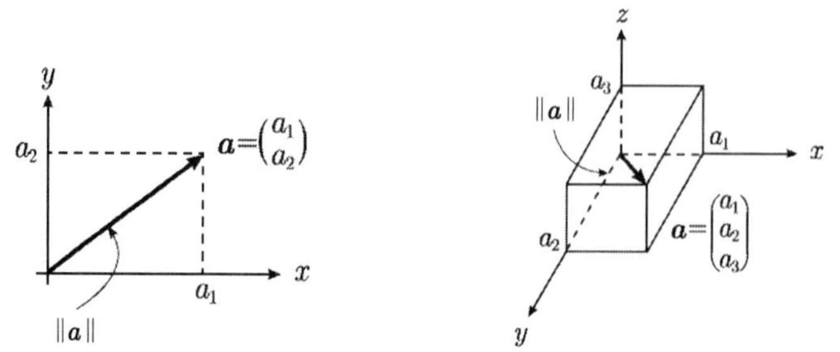

$\boldsymbol{a}$의 크기: $\|\boldsymbol{a}\| = \sqrt{a_1^2 + a_2^2}$

(a) $\mathbb{R}^2$의 벡터

$\boldsymbol{a}$의 크기: $\|\boldsymbol{a}\| = \sqrt{a_1^2 + a_2^2 + a_3^2}$

(b) $\mathbb{R}^3$의 벡터

그림 1.3 벡터의 크기

그림 1.1은 크기와 방향을 가지고 있는 벡터의 기하학적 의미를 보여주고 있다. 이 그림들에서 벡터를 표현한 화살표의 시작점과 끝점 사이의 길이를 벡터의 크기라 한다. 유클리드의 공간 $\mathbb{R}^n$은 피타고라스의 정리가 만족되므로, 그림 1.3의 (a)처럼 $\mathbb{R}^2$의 벡터 $\boldsymbol{a}=\begin{pmatrix}a_1\\a_2\end{pmatrix}$의 크기는 $\sqrt{a_1^2+a_2^2}$이 되며, 그림 1.3의 (b)의 $\mathbb{R}^3$의 벡터 $\boldsymbol{a}=\begin{pmatrix}a_1\\a_2\\a_3\end{pmatrix}$의 크기는 $\sqrt{a_1^2+a_2^2+a_3^2}$이 된다. 이를 일반화한 $\mathbb{R}^n$에서 벡터의 크기는 다음과 같다.

정의 1.4 벡터의 크기

$\mathbb{R}^n$의 벡터 $\boldsymbol{a}=\begin{pmatrix}a_1\\a_2\\\vdots\\a_n\end{pmatrix}$의 크기(norm)는 음이 아닌 실수이며 $\|\boldsymbol{a}\|$로 표기하고 다음과 같다.

$$\|\boldsymbol{a}\| = \sqrt{a_1^2+a_2^2+\cdots+a_n^2}$$

그림 1.4의 $\mathbb{R}^2$의 벡터 $\boldsymbol{a}$와 $\boldsymbol{b}$를 표현한 화살표들은 시작점과 끝점이 다르지만 $\boldsymbol{b}=\boldsymbol{c}-\boldsymbol{d}$이므로 $\boldsymbol{b}$의 각 성분들은 $\boldsymbol{a}$의 각 성분들과 동일하여 $\boldsymbol{a}$와 $\boldsymbol{b}$는 상등이다. 그러므로 $\mathbb{R}^n$의 벡터들의 시작점과 끝점이 어디인지와 상관없이 벡터들의 크기와 방향이 동일하면 그 벡터들은 상등이다.

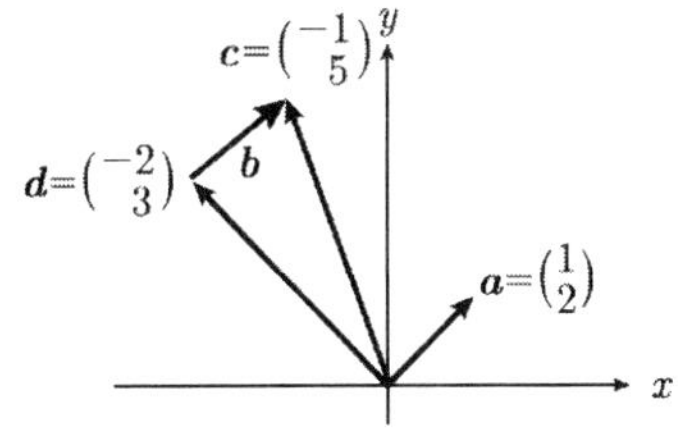

그림 1.4

다음의 정리는 벡터의 크기의 성질이다.

정리 1.2 벡터의 크기의 성질

$\mathbb{R}^n$의 임의의 벡터 $\boldsymbol{a}$와 임의의 스칼라 k에 대하여, $\|k\boldsymbol{a}\| = |k|\,\|\boldsymbol{a}\|$가 성립한다.

증명 $\mathbb{R}^n$의 임의의 벡터 $\boldsymbol{a}=\begin{pmatrix} a_1 \\ a_2 \\ \vdots \\ a_n \end{pmatrix}$와 임의의 스칼라 k에 대하여

$$k\boldsymbol{a}=\begin{pmatrix} ka_1 \\ ka_2 \\ \vdots \\ ka_n \end{pmatrix},\ \|k\boldsymbol{a}\| = \sqrt{(ka_1)^2+(ka_2)^2+\cdots+(ka_n)^2} = |k|\sqrt{a_1^2+a_2^2+\cdots+a_n^2} = |k|\,\|\boldsymbol{a}\|$$

가 되므로 $\|k\boldsymbol{a}\| = |k|\,\|\boldsymbol{a}\|$가 성립한다. ♣

정리 1.2에서 특별히 $k=-1$인 경우에 $\|-\boldsymbol{a}\| = \|\boldsymbol{a}\|$가 된다. 한편, 크기가 1인 벡터를 단위벡터(unit vector)라 한다. 영벡터가 아닌 벡터 $\boldsymbol{a}$의 크기를 이용하여 $\boldsymbol{a}$와 같은 방향의 단위벡터를 다음과 같이 만들 수 있다.

$$\boldsymbol{u} = \frac{1}{\|\boldsymbol{a}\|}\boldsymbol{a} \tag{1.4}$$

특히, 한 성분이 1이고 나머지는 모두 0인 단위벡터를 기본단위벡터(standard unit vector)라 한다. i번째 성분이 1이고 나머지는 모두 0인 기본단위벡터를 $\boldsymbol{e}_i$로 표기하고 다음과 같다.

$$e_i = \begin{pmatrix} 0 \\ \vdots \\ 0 \\ 1 \\ 0 \\ \vdots \\ 0 \end{pmatrix}$$

유클리드의 공간 $\mathbb{R}^n$에서는 $e_1, e_2, \cdots, e_n$이 기본단위벡터들이다.

예제 1.4 벡터 a, b에 대하여 다음 물음에 답하라.

$$a = \begin{pmatrix} 1 \\ 2 \end{pmatrix},\ b = \begin{pmatrix} 1 \\ -2 \\ 1 \end{pmatrix}$$

① 벡터 a, b의 크기를 구하라.

② $\|a\| = \|-a\|$를 보여라.

③ $\|2b\| = 2\|b\|$를 보여라.

④ 벡터 a와 b의 방향과 같은 각각의 단위벡터를 구하라.

풀이

① $\|a\| = \sqrt{1^2+2^2} = \sqrt{5}$, $\|b\| = \sqrt{1^2+(-2)^2+1^2} = \sqrt{6}$

② $-a = \begin{pmatrix} -1 \\ -2 \end{pmatrix}$이므로 $\|-a\| = \sqrt{(-1)^2+(-2)^2} = \sqrt{5}$이다.

그러므로 $\|a\| = \|-a\|$가 된다.

③ $2b = \begin{pmatrix} 2 \\ -4 \\ 2 \end{pmatrix}$이므로 $\|2b\| = \sqrt{2^2+(-4)^2+2^2} = \sqrt{24} = 2\sqrt{6}$이다.

그러므로 $\|2b\| = 2\|b\|$가 성립한다.

④ $\|a\| = \sqrt{5}$이므로 식 (1.4)에 의하여 a와 같은 방향의 단위벡터는

$$\frac{a}{\|a\|} = \frac{1}{\sqrt{5}}\begin{pmatrix} 1 \\ 2 \end{pmatrix} = \begin{pmatrix} \frac{1}{\sqrt{5}} \\ \frac{2}{\sqrt{5}} \end{pmatrix}$$

이고 $\|b\| = \sqrt{6}$이므로 b와 같은 방향의 단위벡터는

$$\frac{b}{\|b\|} = \frac{1}{\sqrt{6}}\begin{pmatrix} 1 \\ -2 \\ 1 \end{pmatrix} = \begin{pmatrix} \frac{1}{\sqrt{6}} \\ -\frac{2}{\sqrt{6}} \\ \frac{1}{\sqrt{6}} \end{pmatrix}$$

이 된다.

1-4 벡터의 내적

벡터들의 기하학적 관계를 내적을 통하여 알아보자.

정의 1.5 벡터의 내적

$\mathbb{R}^n$의 벡터

$$\boldsymbol{a} = \begin{pmatrix} a_1 \\ a_2 \\ \vdots \\ a_n \end{pmatrix}, \ \boldsymbol{b} = \begin{pmatrix} b_1 \\ b_2 \\ \vdots \\ b_n \end{pmatrix}$$

에 대하여, $\boldsymbol{a}$와 $\boldsymbol{b}$의 내적(inner product)을 $\boldsymbol{a} \circ \boldsymbol{b}$라 표기하고 다음과 같이 계산한다.

$$\boldsymbol{a} \circ \boldsymbol{b} = a_1 b_1 + a_2 b_2 + \cdots + a_n b_n$$

두 벡터가 만들어내는 내적의 기하학적 의미를 살펴보자. 그림 1.5는 $\mathbb{R}^2$의 두 벡터 $\boldsymbol{a}$와 $\boldsymbol{b}$가 만드는 각 θ와 $\boldsymbol{a}$와 $\boldsymbol{b}$의 내적과의 관계를 보여주고 있다. 벡터 $\boldsymbol{a}$와 x축이 만드는 각을 α라 하고 벡터 $\boldsymbol{b}$와 x축의 사이의 각을 β라 할 때 코사인 제2법칙에 의하면

$$\cos\theta = \cos(\beta - \alpha) = \cos\alpha\cos\beta + \sin\alpha\sin\beta \tag{1.5}$$

를 만족한다. 그리고 $\cos\alpha = \dfrac{a_1}{\|\boldsymbol{a}\|}$, $\cos\beta = \dfrac{b_1}{\|\boldsymbol{b}\|}$, $\sin\alpha = \dfrac{a_2}{\|\boldsymbol{a}\|}$, $\sin\beta = \dfrac{b_2}{\|\boldsymbol{b}\|}$이므로 식 (1.5)는 다음과 같다.

$$\cos\theta = \frac{a_1 b_1}{\|\boldsymbol{a}\| \ \|\boldsymbol{b}\|} + \frac{a_2 b_2}{\|\boldsymbol{a}\| \ \|\boldsymbol{b}\|} = \frac{\boldsymbol{a} \circ \boldsymbol{b}}{\|\boldsymbol{a}\| \ \|\boldsymbol{b}\|} \tag{1.6}$$

그러므로 $\boldsymbol{a}$와 $\boldsymbol{b}$의 내적은 $\boldsymbol{a} \circ \boldsymbol{b} = \|\boldsymbol{a}\| \ \|\boldsymbol{b}\| \cos\theta$가 된다.

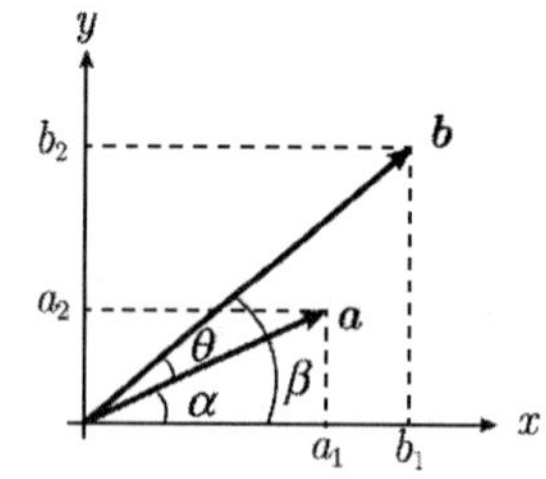

그림 1.5 내적과 사잇각

그림 1.5의 각 θ와 같이 두 벡터가 이루는 각 중 작은 것을 사잇각이라 한다. 벡터의 내적의 성질들은 다음과 같다.

정리 1.3 내적의 성질 1

$\mathbb{R}^n$의 임의의 세 벡터 $\boldsymbol{a}$, $\boldsymbol{b}$, $\boldsymbol{c}$와 임의의 스칼라 k에 대하여 다음이 성립한다.

(i) $\|\boldsymbol{a}\| = \sqrt{\boldsymbol{a} \circ \boldsymbol{a}}$

(ii) $\boldsymbol{a} \circ \boldsymbol{b} = \boldsymbol{b} \circ \boldsymbol{a}$

(iii) $(\boldsymbol{a}+\boldsymbol{b}) \circ \boldsymbol{c} = \boldsymbol{a} \circ \boldsymbol{c} + \boldsymbol{b} \circ \boldsymbol{c}$

(iv) $(k\boldsymbol{a}) \circ \boldsymbol{b} = k(\boldsymbol{a} \circ \boldsymbol{b})$

증명 (ii)와 (iv)의 증명은 생략한다.

(i) $\mathbb{R}^n$의 벡터 $\boldsymbol{a} = \begin{pmatrix} a_1 \\ a_2 \\ \vdots \\ a_n \end{pmatrix}$의 크기는 $\|\boldsymbol{a}\| = \sqrt{a_1^2 + a_2^2 + \cdots + a_n^2}$ 이다. 벡터 $\boldsymbol{a}$의 자기 자신과의 내적은 $\boldsymbol{a} \circ \boldsymbol{a} = a_1^2 + a_2^2 + \cdots + a_n^2$ 이므로 $\|\boldsymbol{a}\| = \sqrt{\boldsymbol{a} \circ \boldsymbol{a}}$ 가 성립한다.

(iii) $\mathbb{R}^n$의 벡터 $\boldsymbol{b} = \begin{pmatrix} b_1 \\ b_2 \\ \vdots \\ b_n \end{pmatrix}$, $\boldsymbol{c} = \begin{pmatrix} c_1 \\ c_2 \\ \vdots \\ c_n \end{pmatrix}$에 대하여 $\boldsymbol{a} + \boldsymbol{b} = \begin{pmatrix} a_1 + b_1 \\ a_2 + b_2 \\ \vdots \\ a_n + b_n \end{pmatrix}$이고

$$\begin{aligned}(\boldsymbol{a}+\boldsymbol{b}) \circ \boldsymbol{c} &= (a_1 + b_1)c_1 + (a_2 + b_2)c_2 + \cdots + (a_n + b_n)c_n \\ &= (a_1c_1 + a_2c_2 + \cdots + a_nc_n) + (b_1c_1 + b_2c_2 + \cdots + b_nc_n) \\ &= \boldsymbol{a} \circ \boldsymbol{c} + \boldsymbol{b} \circ \boldsymbol{c}\end{aligned}$$

이므로 정리 1.3의 (iii)이 성립한다. ♣

예제 1.5 $\mathbb{R}^3$의 벡터 $\boldsymbol{a}$, $\boldsymbol{b}$, $\boldsymbol{c}$에 대하여 다음 물음에 답하라.

$$\boldsymbol{a} = \begin{pmatrix} -1 \\ 1 \\ 0 \end{pmatrix}, \quad \boldsymbol{b} = \begin{pmatrix} 0 \\ 1 \\ 1 \end{pmatrix}, \quad \boldsymbol{c} = \begin{pmatrix} 1 \\ -2 \\ 1 \end{pmatrix}$$

① $\boldsymbol{a} \circ \boldsymbol{b}$와 $\boldsymbol{a}$와 $\boldsymbol{b}$의 사잇각을 구하라.

② 정리 1.3의 (ⅲ)이 성립하는지 보여라.

풀이

① 두 벡터 $\boldsymbol{a}$와 $\boldsymbol{b}$의 내적은 $\boldsymbol{a} \circ \boldsymbol{b} = (-1) \times 0 + 1 \times 1 + 0 \times 1 = 1$이고, $\boldsymbol{a}$와 $\boldsymbol{b}$의 각각의 벡터의 크기는 $\| \boldsymbol{a} \| = \sqrt{(-1)^2 + 1^2 + 0^2} = \sqrt{2}$와 $\| \boldsymbol{b} \| = \sqrt{0^2 + 1^2 + 1^2} = \sqrt{2}$이다. $\boldsymbol{a}$와 $\boldsymbol{b}$의 사잇각을 θ라 하면 식 (1.6)에 의해서

$$\cos\theta = \frac{\boldsymbol{a} \circ \boldsymbol{b}}{\| \boldsymbol{a} \| \, \| \boldsymbol{b} \|} = \frac{1}{\sqrt{2} \times \sqrt{2}} = \frac{1}{2}$$

이 된다. 사잇각 θ는 $0 \le \theta \le \pi$이므로 $\theta = \frac{\pi}{3}$이다.

② $\boldsymbol{a} + \boldsymbol{b} = \begin{pmatrix} -1 \\ 1 \\ 0 \end{pmatrix} + \begin{pmatrix} 0 \\ 1 \\ 1 \end{pmatrix} = \begin{pmatrix} -1 \\ 2 \\ 1 \end{pmatrix}$이므로 $(\boldsymbol{a} + \boldsymbol{b}) \circ \boldsymbol{c} = (-1) \times 1 + 2 \times (-2) + 1 \times 1 = -4$이다. 한편, $\boldsymbol{a} \circ \boldsymbol{c} = (-1) \times 1 + 1 \times (-2) + 0 \times 1 = -3$, $\boldsymbol{b} \circ \boldsymbol{c} = 0 \times 1 + 1 \times (-2) + 1 \times 1 = -1$이므로 $\boldsymbol{a} \circ \boldsymbol{c} + \boldsymbol{b} \circ \boldsymbol{c} = -4$이다. 따라서 정리 1.3의 (ⅲ)이 성립한다.

정의 1.6 직교

$\mathbb{R}^n$의 벡터 $\boldsymbol{a}$와 $\boldsymbol{b}$의 사잇각이 $\frac{\pi}{2}$이면 $\boldsymbol{a}$와 $\boldsymbol{b}$는 직교(orthogonal)한다고 한다.

$\mathbb{R}^n$의 벡터 $\boldsymbol{a}$와 $\boldsymbol{b}$의 내적 $\boldsymbol{a} \circ \boldsymbol{b} = 0$인 경우에 $\boldsymbol{a}$와 $\boldsymbol{b}$는 직교한다고 한다. 영벡터는 모든 벡터와 내적이 0이므로 영벡터는 모든 벡터와 직교한다. 한편, 직교하는 두 벡터의 크기가 $\| \boldsymbol{a} \| = \| \boldsymbol{b} \| = 1$인 경우에 $\boldsymbol{a}$와 $\boldsymbol{b}$는 정규직교(orthonormal)한다고 한다. $\mathbb{R}^n$의 서로 다른 두 기본단위벡터들은 $\boldsymbol{e}_i \circ \boldsymbol{e}_j = 0$이므로 $\boldsymbol{e}_i$와 $\boldsymbol{e}_j$는 정규직교한다.

예제 1.6 $\mathbb{R}^3$의 벡터 $\boldsymbol{a}$, $\boldsymbol{b}$와 스칼라 k에 대하여 다음 물음에 답하라.

$$\boldsymbol{a} = \begin{pmatrix} 2 \\ -1 \\ 0 \end{pmatrix}, \quad \boldsymbol{b} = \begin{pmatrix} k \\ 2 \\ 1 \end{pmatrix}$$

① $\boldsymbol{a}$와 $\boldsymbol{b}$가 직교하기 위한 스칼라 k를 구하라.

② $k_1\boldsymbol{a}$와 $k_2\boldsymbol{b}$가 정규직교가 될 수 있도록 스칼라 k, k_1, k_2를 구하라.

풀이

① 두 벡터 $\boldsymbol{a}$와 $\boldsymbol{b}$가 직교하기 위해서는 벡터의 내적이 0이 되어야 하므로 $\boldsymbol{a} \circ \boldsymbol{b} = 2 \times k + (-1) \times 2 + 0 \times 1 = 0$가 성립하여야 한다. 따라서 $k = 1$이 된다.

② 정의 1.3의 (ii)의 벡터의 스칼라배에 의하여

$$k_1\boldsymbol{a} = k_1\begin{pmatrix} 2 \\ -1 \\ 0 \end{pmatrix} = \begin{pmatrix} 2k_1 \\ -k_1 \\ 0 \end{pmatrix}, \quad k_2\boldsymbol{b} = k_2\begin{pmatrix} k \\ 2 \\ 1 \end{pmatrix} = \begin{pmatrix} k_2k \\ 2k_2 \\ k_2 \end{pmatrix}$$

이다. $k_1\boldsymbol{a}$와 $k_2\boldsymbol{b}$가 정규직교하므로 k_1과 k_2는 0이 아닌 것이 자명하며 두 벡터의 내적은 0이 되어야 한다. 그러므로

$$\begin{aligned}(k_1\boldsymbol{a}) \circ (k_2\boldsymbol{b}) &= 2k_1k_2k + (-k_1) \times 2k_2 + 0 \times k_2 \\ &= 2k_1k_2(k-1) = 0\end{aligned}$$

이 되기 위해서는 $k = 1$이다. $k_1\boldsymbol{a}$와 $k_2\boldsymbol{b}$는 크기가 모두 1이 되어야 하므로 다음 두 조건을 만족해야 한다.

$$\| k_1\boldsymbol{a} \| = \sqrt{(2k_1)^2 + (-k_1)^2 + 0^2} = \sqrt{5k_1^2} = 1$$

$$\| k_2\boldsymbol{b} \| = \sqrt{(k_2)^2 + (2k_2)^2 + k_2^2} = \sqrt{6k_2^2} = 1$$

그러므로 $k_1 = \pm\dfrac{1}{\sqrt{5}}$, $k_2 = \pm\dfrac{1}{\sqrt{6}}$이면 $k_1\boldsymbol{a}$와 $k_2\boldsymbol{b}$는 정규직교한다.

정리 1.4 내적의 성질 2

$\mathbb{R}^n$의 임의의 벡터 $\boldsymbol{a}$와 $\boldsymbol{b}$에 대하여 다음이 성립한다.

(i) $\boldsymbol{a} \circ \boldsymbol{a} \geq 0$이고 $\boldsymbol{a} \circ \boldsymbol{a} = 0$과 $\boldsymbol{a} = \boldsymbol{0}$은 동치이다.

(ii) $|\boldsymbol{a} \circ \boldsymbol{b}| \leq \| \boldsymbol{a} \| \| \boldsymbol{b} \|$

(iii) $\| \boldsymbol{a} + \boldsymbol{b} \| \leq \| \boldsymbol{a} \| + \| \boldsymbol{b} \|$

(iv) $\| \boldsymbol{a} + \boldsymbol{b} \|^2 + \| \boldsymbol{a} - \boldsymbol{b} \|^2 = 2(\| \boldsymbol{a} \|^2 + \| \boldsymbol{b} \|^2)$

(v) $\boldsymbol{a}$와 $\boldsymbol{b}$가 직교하면 $\| \boldsymbol{a} + \boldsymbol{b} \|^2 = \| \boldsymbol{a} \|^2 + \| \boldsymbol{b} \|^2$

증명 (i), (iv), (v)의 증명은 생략한다.

(ii) 두 벡터 $\boldsymbol{a}$와 $\boldsymbol{b}$의 사잇각을 θ라 하면 $-1 \leq \cos\theta \leq 1$이고 식 (1.6)에 의하면

$$-1 \leq \frac{\boldsymbol{a} \circ \boldsymbol{b}}{\| \boldsymbol{a} \| \| \boldsymbol{b} \|} \leq 1$$

이므로 $-\| \boldsymbol{a} \| \| \boldsymbol{b} \| \leq \boldsymbol{a} \circ \boldsymbol{b} \leq \| \boldsymbol{a} \| \| \boldsymbol{b} \|$로 (ii)가 성립한다.

(iii) 정리 1.3의 (i), (iii)과 정리 1.4의 (ii)에 의해서

$$\| \boldsymbol{a} + \boldsymbol{b} \|^2 = (\boldsymbol{a} + \boldsymbol{b}) \circ (\boldsymbol{a} + \boldsymbol{b}) = \boldsymbol{a} \circ \boldsymbol{a} + 2(\boldsymbol{a} \circ \boldsymbol{b}) + \boldsymbol{b} \circ \boldsymbol{b}$$

$$\le \boldsymbol{a} \circ \boldsymbol{a} + 2|\boldsymbol{a} \circ \boldsymbol{b}| + \boldsymbol{b} \circ \boldsymbol{b}$$
$$\le \|\boldsymbol{a}\|^2 + 2\|\boldsymbol{a}\| \|\boldsymbol{b}\| + \|\boldsymbol{b}\|^2$$
$$= (\|\boldsymbol{a}\| + \|\boldsymbol{b}\|)^2$$

이므로 (iii)이 성립한다. ♣

정리 1.4의 (ii)와 (iii)의 부등식들을 각각 코쉬-슈바르츠의 부등식(Cauchy-Schwartz inequality)과 삼각부등식(triangle inequality)이라 한다. 정리 1.4의 (v)는 $\mathbb{R}^n$에서의 피타고라스의 정리(Pythagorean Theorem)이다.

1-5 벡터의 정사영

그림 1.6은 $\mathbb{R}^2$의 $\boldsymbol{b}$ 벡터를 두 개의 직교하는 벡터의 합으로 표현하고 있다. 하나의 벡터는 어떤 벡터 $\boldsymbol{a}$와 같은 방향이며 다른 하나는 $\boldsymbol{a}$와 직교하는 벡터이다. 이때 $\boldsymbol{a}$와 같은 방향의 벡터를 $\boldsymbol{a}$ 위로의 $\boldsymbol{b}$의 정사영이라 하며 다음과 같이 정의한다. $\boldsymbol{a}$ 위로의 $\boldsymbol{b}$의 정사영은 $\boldsymbol{a}$에 수직으로 빛을 비추었을 때 $\boldsymbol{a}$ 위에 생기는 $\boldsymbol{b}$의 그림자가 된다.

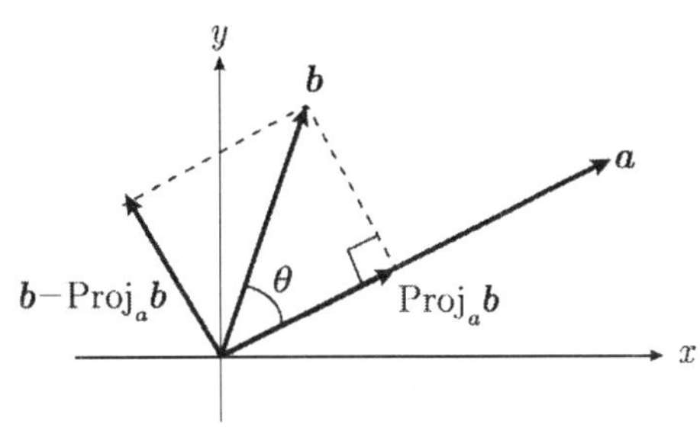

그림 1.6 정사영

정의 1.7 벡터의 정사영

영벡터가 아닌 $\mathbb{R}^n$의 벡터 $\boldsymbol{a}, \boldsymbol{b}$에 대하여, $\boldsymbol{a}$ 위로의 $\boldsymbol{b}$의 정사영(orthogonal projection)을 $\mathrm{Proj}_{\boldsymbol{a}}\boldsymbol{b}$로 표기하고 다음과 같이 계산한다.

$$\mathrm{Proj}_{\boldsymbol{a}}\boldsymbol{b} = \frac{\boldsymbol{a} \circ \boldsymbol{b}}{\|\boldsymbol{a}\|^2}\boldsymbol{a} \tag{1.7}$$

정사영 $\text{Proj}_{\boldsymbol{a}}\boldsymbol{b}$는 그림 1.6에서 보듯이 벡터 $\boldsymbol{a}$와 방향이 같다. 그러므로 $\text{Proj}_{\boldsymbol{a}}\boldsymbol{b}$는 식 (1.4)에 의한 $\boldsymbol{a}$ 벡터와 방향이 같은 단위벡터 $\dfrac{\boldsymbol{a}}{\|\boldsymbol{a}\|}$와 $\text{Proj}_{\boldsymbol{a}}\boldsymbol{b}$의 크기 $\|\text{Proj}_{\boldsymbol{a}}\boldsymbol{b}\|$의 곱인 $\text{Proj}_{\boldsymbol{a}}\boldsymbol{b} = \|\text{Proj}_{\boldsymbol{a}}\boldsymbol{b}\| \dfrac{\boldsymbol{a}}{\|\boldsymbol{a}\|}$로 계산된다. 그림 1.6에 의하면 $\|\text{Proj}_{\boldsymbol{a}}\boldsymbol{b}\| = \|\boldsymbol{b}\| \cos\theta$이고 θ는 $\boldsymbol{a}$와 $\boldsymbol{b}$의 사잇각이므로 식 (1.6)에 의해 $\|\text{Proj}_{\boldsymbol{a}}\boldsymbol{b}\| = \|\boldsymbol{b}\| \dfrac{\boldsymbol{a}\circ\boldsymbol{b}}{\|\boldsymbol{a}\|\ \|\boldsymbol{b}\|} = \dfrac{\boldsymbol{a}\circ\boldsymbol{b}}{\|\boldsymbol{a}\|}$가 된다. 그러므로 $\text{Proj}_{\boldsymbol{a}}\boldsymbol{b} = \left(\dfrac{\boldsymbol{a}\circ\boldsymbol{b}}{\|\boldsymbol{a}\|}\right)\dfrac{\boldsymbol{a}}{\|\boldsymbol{a}\|} = \dfrac{\boldsymbol{a}\circ\boldsymbol{b}}{\|\boldsymbol{a}\|^2}\boldsymbol{a}$로 식 (1.7)이 유도된다. 사잇각이 $\dfrac{\pi}{2} \le \theta \le \pi$인 경우에도 동일한 결과를 얻을 수 있으며 연습문제로 남기고자 한다.

정리 1.5 정사영의 성질

영벡터가 아닌 $\mathbb{R}^n$의 임의의 벡터 $\boldsymbol{a}$, $\boldsymbol{b}$에 대하여, $\boldsymbol{b}-\text{Proj}_{\boldsymbol{a}}\boldsymbol{b}$와 $\boldsymbol{a}$는 직교한다.

증명 식 (1.7)과 정리 1.3의 내적의 성질 1의 (i), (iii), (iv)를 이용하면

$$\begin{aligned}\boldsymbol{a}\circ(\boldsymbol{b}-\text{Proj}_{\boldsymbol{a}}\boldsymbol{b}) &= \boldsymbol{a}\circ\boldsymbol{b}-\boldsymbol{a}\circ\text{Proj}_{\boldsymbol{a}}\boldsymbol{b}\\ &= \boldsymbol{a}\circ\boldsymbol{b}-\frac{\boldsymbol{a}\circ\boldsymbol{b}}{\|\boldsymbol{a}\|^2}(\boldsymbol{a}\circ\boldsymbol{a})\\ &= \boldsymbol{a}\circ\boldsymbol{b}-\frac{\boldsymbol{a}\circ\boldsymbol{b}}{\|\boldsymbol{a}\|^2}\|\boldsymbol{a}\|^2=0\end{aligned}$$

이므로 $\boldsymbol{a}$와 $(\boldsymbol{b}-\text{Proj}_{\boldsymbol{a}}\boldsymbol{b})$는 직교한다. ♣

예제 1.7 $\mathbb{R}^2$의 벡터 $\boldsymbol{a}$, $\boldsymbol{b}$에 대하여 다음 물음에 답하라.

$$\boldsymbol{a}=\begin{pmatrix}5\\1\end{pmatrix},\ \boldsymbol{b}=\begin{pmatrix}1\\3\end{pmatrix}$$

① 정사영 $\text{Proj}_{\boldsymbol{a}}\boldsymbol{b}$을 구하라.

② 예제 ①에서 구한 $\text{Proj}_{\boldsymbol{a}}\boldsymbol{b}$와 동일한 $\text{Proj}_{\boldsymbol{a}}\boldsymbol{c}$가 되게 하는 $\mathbb{R}^2$의 벡터 $\boldsymbol{c}$를 구하라.

③ $\boldsymbol{b}-\text{Proj}_{\boldsymbol{a}}\boldsymbol{b}$와 $\boldsymbol{a}$가 직교함을 보여라.

풀이

① $\|\boldsymbol{a}\| = \sqrt{5^2+1^2} = \sqrt{26}$이고 $\boldsymbol{a}\circ\boldsymbol{b} = 5\times1+1\times3=8$이다. 그러므로 $\text{Proj}_{\boldsymbol{a}}\boldsymbol{b}$는 다음과 같다.

$$\text{Proj}_{\boldsymbol{a}}\boldsymbol{b} = \frac{\boldsymbol{a}\circ\boldsymbol{b}}{\|\boldsymbol{a}\|^2}\boldsymbol{a} = \frac{8}{(\sqrt{26})^2}\begin{pmatrix}5\\1\end{pmatrix} = \frac{4}{13}\begin{pmatrix}5\\1\end{pmatrix}$$

② $\boldsymbol{c}=\begin{pmatrix}c_1\\c_2\end{pmatrix}$라 하자. $\text{Proj}_{\boldsymbol{a}}\boldsymbol{c}=\dfrac{\boldsymbol{a}\circ\boldsymbol{c}}{\|\boldsymbol{a}\|^2}\boldsymbol{a}$이므로 $\text{Proj}_{\boldsymbol{a}}\boldsymbol{c}=\text{Proj}_{\boldsymbol{a}}\boldsymbol{b}$인 조건은 $\boldsymbol{a}\circ\boldsymbol{c}=\boldsymbol{a}\circ\boldsymbol{b}$가 된다. 그러므로 $\boldsymbol{a}\circ\boldsymbol{c}=5\times c_1+1\times c_2=8$이 되어 $c_2=8-5c_1$을 만족하는 영벡터가 아닌 벡터 $\boldsymbol{c}$들은 모두 $\text{Proj}_{\boldsymbol{a}}\boldsymbol{c}=\text{Proj}_{\boldsymbol{a}}\boldsymbol{b}$가 된다. 즉, 0이 아닌 임의의 실수 c에 대하여 $\boldsymbol{c}=\begin{pmatrix}c\\8-5c\end{pmatrix}$이다.

③ $\boldsymbol{b}-\text{Proj}_{\boldsymbol{a}}\boldsymbol{b}=\begin{pmatrix}1\\3\end{pmatrix}-\dfrac{4}{13}\begin{pmatrix}5\\1\end{pmatrix}=\begin{pmatrix}-\dfrac{7}{13}\\\dfrac{35}{13}\end{pmatrix}$이므로 $(\boldsymbol{b}-\text{Proj}_{\boldsymbol{a}}\boldsymbol{b})\circ\boldsymbol{a}=-\dfrac{7}{13}\times5+\dfrac{35}{13}\times1=0$이다. 따라서 $\boldsymbol{b}-\text{Proj}_{\boldsymbol{a}}\boldsymbol{b}$와 $\boldsymbol{a}$는 직교한다.

그림 1.7은 예제 1.6의 ②에서 구한 $\text{Proj}_{\boldsymbol{a}}\boldsymbol{c}=\text{Proj}_{\boldsymbol{a}}\boldsymbol{b}$를 만족하는 벡터 $\boldsymbol{c}$들을 보여주고 있다. 그림의 점선 위의 좌표들을 성분들로 하는 모든 벡터들이 $\boldsymbol{c}$에 해당된다. 이들 벡터 $\boldsymbol{c}$는 $\boldsymbol{a}$에 수직으로 빛을 비추었을 때 $\boldsymbol{a}$ 위에 같은 그림자의 벡터를 만들어낸다.

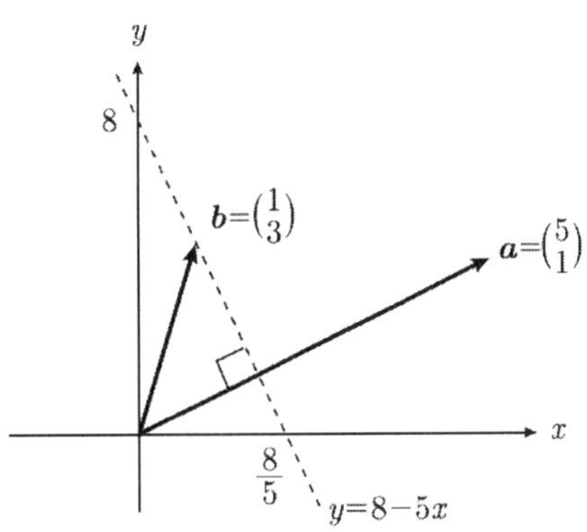

그림 1.7

연습문제

1. $\mathbb{R}^2$의 벡터 a, b에 대하여 다음 물음에 답하라.

$$a=\begin{pmatrix}1\\2\end{pmatrix},\ b=\begin{pmatrix}-2\\4\end{pmatrix}$$

① $\boldsymbol{a}+\boldsymbol{b}$와 $-2\boldsymbol{a}$를 구하라.

② $\|\boldsymbol{a}\|$, $\|\boldsymbol{b}\|$, $\|\boldsymbol{a}+\boldsymbol{b}\|$, $\|\boldsymbol{a}-\boldsymbol{b}\|$를 구하라.

③ $\|\boldsymbol{a}+\boldsymbol{b}\|\le\|\boldsymbol{a}\|+\|\boldsymbol{b}\|$임을 보여라.

④ $\|\boldsymbol{a}+\boldsymbol{b}\|^2+\|\boldsymbol{a}-\boldsymbol{b}\|^2=2(\|\boldsymbol{a}\|^2+\|\boldsymbol{b}\|^2)$임을 보여라.

⑤ $\boldsymbol{a}$와 $\boldsymbol{b}$의 사잇각 θ에 대한 $\cos\theta$를 구하고 $\mathrm{Proj}_{\boldsymbol{a}}\boldsymbol{b}$를 구하라.

⑥ $\boldsymbol{a}$와 $\boldsymbol{b}$가 각각 $\boldsymbol{e}_1$과 $\boldsymbol{e}_2$의 스칼라배에 의한 합으로 표현됨을 보여라.

2. $\mathbb{R}^3$의 벡터 a, b에 대하여 다음 물음에 답하라.

$$\boldsymbol{a}=\begin{pmatrix}2\\1\\-1\end{pmatrix},\ \boldsymbol{b}=\begin{pmatrix}0\\-2\\1\end{pmatrix}$$

① $-3\boldsymbol{a}$, $2\boldsymbol{a}+\boldsymbol{b}$를 구하라.

② $\|\boldsymbol{a}\|$, $\|-3\boldsymbol{a}\|$, $\|2\boldsymbol{a}+\boldsymbol{b}\|$를 구하라.

③ $\boldsymbol{a}\circ\boldsymbol{b}$, $\mathrm{Proj}_{\boldsymbol{a}}\boldsymbol{b}$를 구하라.

④ 위 예제 ③에서 구한 $\mathrm{Proj}_{\boldsymbol{a}}\boldsymbol{b}$와 동일한 $\mathrm{Proj}_{\boldsymbol{a}}\boldsymbol{c}$가 되게 하는 $\mathbb{R}^3$의 벡터 $\boldsymbol{c}$를 구하라.

⑤ $\boldsymbol{b}-\mathrm{Proj}_{\boldsymbol{a}}\boldsymbol{b}$와 $\boldsymbol{a}$가 직교함을 보여라.

3. $\mathbb{R}^2$의 벡터 $a=\begin{pmatrix}1\\2\end{pmatrix}$와 직교하는 영벡터가 아닌 $\mathbb{R}^2$의 벡터 b를 구하라. 또한 ka와 정규직교하는 영벡터가 아닌 $\mathbb{R}^2$의 벡터 b와 스칼라 k를 구하라.

4. 크기가 0이 아닌 $\mathbb{R}^n$의 임의의 벡터 a와 방향은 동일하며 벡터의 크기가 1인 벡터를 구하라. 또한, 벡터 a와 반대방향이며 벡터의 크기가 1인 벡터를 구하라.

5. $\mathbb{R}^3$의 벡터 $\boldsymbol{a}$, $\boldsymbol{b}$, $\boldsymbol{c}$에 대하여 다음의 두 조건을 만족하는 $\boldsymbol{c}$를 구하라.

$$\boldsymbol{a} = \begin{pmatrix} 2 \\ 1 \\ 3 \end{pmatrix},\ \boldsymbol{b} = \begin{pmatrix} 1 \\ -1 \\ 0 \end{pmatrix},\ \boldsymbol{c} = \begin{pmatrix} c_1 \\ c_2 \\ -1 \end{pmatrix}$$

① $\| \mathrm{Proj}_{\boldsymbol{a}} \boldsymbol{c} \| = \frac{1}{2} \| \boldsymbol{a} \|$

② $\boldsymbol{b}$와 $\boldsymbol{c}$는 직교한다.

6. 정의 1.7의 벡터 $\boldsymbol{a}$와 $\boldsymbol{b}$의 사잇각 θ가 $\frac{\pi}{2} \leq \theta \leq \pi$인 경우에도 식 (1.7)과 같이 정사영 $\mathrm{Proj}_{\boldsymbol{a}} \boldsymbol{b}$가 계산됨을 보여라.

7. $\mathbb{R}^n$의 벡터 $\boldsymbol{a}$와 $\mathrm{Proj}_{\boldsymbol{a}} \boldsymbol{b}$의 사잇각 θ가 0임을 보여라. 즉 $\boldsymbol{a}$와 $\mathrm{Proj}_{\boldsymbol{a}} \boldsymbol{b}$가 평행함을 보여라.

8. 정리 1.1의 (ii)와 (vi)을 증명하라.

9. 정리 1.3의 (ii)와 (iv)를 증명하라.

10. 정리 1.4의 (iv)와 (v)를 증명하라.

02
행렬

2-1 행렬의 정의

연립방정식의 해법은 수의 배열로 만들어진 행렬 이론을 바탕으로 한다. 수학의 응용분야에서 수리적 문제해결을 위해 행렬은 중요하고 폭넓게 활용되고 있다. 이 장에서는 행렬의 정의와 행렬의 연산 및 특별한 형태를 가지고 있는 행렬에 대해 알아보자.

행렬의 정의는 다음과 같다.

정의 2.1 | 행렬

행렬(matrix)은 $m \times n$개의 실수 $a_{ij}(i=1,2,\cdots,m;\ j=1,2,\cdots,n)$를 직사각형 형태로 다음과 같이

$$A=\begin{pmatrix} a_{11} & a_{12} & \cdots & a_{1n} \\ a_{21} & a_{22} & \cdots & a_{2n} \\ \vdots & \vdots & \ddots & \vdots \\ a_{m1} & a_{m2} & \cdots & a_{mn} \end{pmatrix}$$

로 배열한 것으로 $m \times n$ 행렬이라 한다. $m \times n$을 행렬의 차원 혹은 크기라고 하며, 행렬의 가로 선을 행(row)이라 하고, 세로 선을 열(column)이라 한다. 행렬을 구성하는 a_{ij}들은 i행과 j열의 성분(entry)이라 하고 간단히 $(i,\ j)$ 성분이라 한다.

행렬은 일반적으로 영문대문자로 표현한다. $(i,\ j)$ 성분 a_{ij}를 이용하여 $m \times n$ 행렬 A는 $A=(a_{ij})_{m \times n}$ 혹은 $A=(a_{ij})$라 표기라고 A의 각각의 열은 벡터가 되므로 j번째 열을

$$\boldsymbol{a}_j=\begin{pmatrix} a_{1j} \\ a_{2j} \\ \vdots \\ a_{mj} \end{pmatrix}$$

라 하면 $A=(\boldsymbol{a}_1\ \boldsymbol{a}_2\ \cdots\ \boldsymbol{a}_n)$로 표기할 수 있다. 한편, A의 각각의 행은 행벡터가 되고 i번째 행을 $\overrightarrow{a_i}=(a_{i1}\ a_{i2}\cdots a_{in})$이라 하면

$$A = \begin{pmatrix} \overrightarrow{a_1} \\ \overrightarrow{a_2} \\ \vdots \\ \overrightarrow{a_m} \end{pmatrix}$$

으로 표기할 수 있다.

행의 수와 열의 수가 $m = n$으로 같은 정사각형 형태의 행렬을 n차 정방행렬(square matrix)이라 하며, 이때 왼쪽 위에서 오른쪽 아래의 대각선상에 놓인 성분을 대각성분(diagonal entry)이라 한다. 특히 대각성분이 아닌 성분들이 모두 0인 정방행렬을 대각행렬(diagonal matrix)이라 한다. n차 대각행렬의 대각성분은 행과 열의 위치가 같은 곳의 성분이므로 $a_{11}, a_{22}, \cdots, a_{nn}$이 되며 다음과 같다.

$$\begin{pmatrix} a_{11} & 0 & \cdots & 0 \\ 0 & a_{22} & \cdots & 0 \\ \vdots & \vdots & \ddots & \vdots \\ 0 & 0 & \cdots & a_{nn} \end{pmatrix}$$

이를 간단히 $\text{diag}(a_{11}, a_{22}, \cdots, a_{nn})$이라 표기한다.

예제 2.1 다음 물음에 답하라.

① 행렬 $A = \begin{pmatrix} 1 & 3 & -4 \\ 0 & 2 & 1 \end{pmatrix}$의 (1, 2) 성분을 찾고, A를 구성하는 행벡터와 열벡터를 서술하고 이들을 이용하여 행렬 A를 표현하라.

② 행렬 $B = \begin{pmatrix} -2 & 1 \\ 0 & 2 \end{pmatrix}$와 $C = \begin{pmatrix} 1 & 0 & 0 \\ 0 & 0 & 0 \\ 0 & 0 & -1 \end{pmatrix}$의 각 차원과 대각성분들을 찾아라.

풀이

① $A = \begin{pmatrix} 1 & 3 & -4 \\ 0 & 2 & 1 \end{pmatrix}$는 2×3 행렬이고 $(1,\ 2)$ 성분은 3이다. A를 구성하고 있는 열벡터는

$$\boldsymbol{a}_1 = \begin{pmatrix} 1 \\ 0 \end{pmatrix},\ \boldsymbol{a}_2 = \begin{pmatrix} 3 \\ 2 \end{pmatrix},\ \boldsymbol{a}_3 = \begin{pmatrix} -4 \\ 1 \end{pmatrix}$$

이고 $A = (\boldsymbol{a}_1\ \boldsymbol{a}_2\ \boldsymbol{a}_3)$라 표현할 수 있고, 행벡터는 $\overrightarrow{a_1} = (1\ 3\ -4)$, $\overrightarrow{a_2} = (0\ 2\ 1)$이고 $A = \begin{pmatrix} \overrightarrow{a_1} \\ \overrightarrow{a_2} \end{pmatrix}$로 표현할 수 있다.

② $B=\begin{pmatrix}-2 & 1\\ 0 & 2\end{pmatrix}$는 2차 정방행렬이고 대각성분은 -2와 2이다. $C=\begin{pmatrix}1 & 0 & 0\\ 0 & 0 & 0\\ 0 & 0 & -1\end{pmatrix}$는 3차 정방행렬이고 대각성분이 아닌 성분들이 모두 0이므로 대각행렬이며 $C=\mathrm{diag}(1,\ 0,\ -1)$로 표현할 수 있다.

위 예제 2.1의 행렬 B처럼 정방행렬의 대각성분 아래의 성분이 모두 0이면 상삼각행렬(upper triangular matrix)이라 하고 대각성분 위의 성분이 모두 0이면 하삼각행렬(lower triangular matrix)이라 한다. 즉, 모든 $i>j$에 대하여 $a_{ij}=0$이면 상삼각행렬이며, 반대로 모든 $i<j$에 대하여 $a_{ij}=0$이면 하삼각행렬이다. 이 둘을 통틀어 삼각행렬이라 한다. 대각행렬 역시 삼각행렬이다.

2-2 행렬의 연산

행렬은 여러 실수들을 배열한 것이므로 행렬의 연산은 기존의 실수와 벡터의 연산을 기반으로 하고 있어 유사한 성질들을 가지고 있지만 상이한 점도 있다. 먼저 행렬의 상등에 대해 알아보자.

정의 2.2 행렬의 상등

$m\times n$ 행렬 $A=(a_{ij})$와 $B=(b_{ij})$가 모든 $i=1,2,\cdots,m$과 $j=1,2,\cdots,n$에 대하여 성분 $a_{ij}=b_{ij}$이면 A와 B는 상등이라 하며 $A=B$라 표기한다.

행렬의 상등은 정의 1.2의 벡터의 상등과 같이 대응하는 모든 성분들이 각각 동일하면 상등이라 정의한다. 행렬의 합과 스칼라배에 대한 정의는 다음과 같다.

정의 2.3 행렬의 합과 스칼라배

$m \times n$ 행렬 $A=(a_{ij})$, $B=(b_{ij})$와 스칼라 k에 대하여 행렬의 합과 스칼라배는 다음과 같이 정의한다.

(ⅰ) 행렬의 합

$$A+B=(a_{ij}+b_{ij})_{m\times n} \tag{2.1}$$

(ⅱ) 스칼라배

$$kA=(ka_{ij})_{m\times n} \tag{2.2}$$

행렬의 합은 두 행렬의 행과 열의 수가 같을 때, 즉 차원이 같을 때 대응하는 성분들끼리 더하여 얻어진다. 행렬의 스칼라배는 각 성분들의 스칼라배로 얻어지고, 두 행렬의 차 $A-B$는 식 (2.2)에서 $k=-1$인 B의 스칼라배를 이용하여 $A+(-1)B$로 계산할 수 있다.

예제 2.2 2×3 행렬 A, B에 대하여 다음 물음에 답하라.

$$A=\begin{pmatrix}1 & 2 & -1\\ 2 & -1 & 0\end{pmatrix},\quad B=\begin{pmatrix}-1 & 1 & 0\\ 0 & 1 & 1\end{pmatrix}$$

① $2A$와 $-B$를 구하라.

② $2A+B$와 $A-B$를 구하라.

풀이

① 정의 2.3의 (ⅱ)의 행렬의 스칼라배 연산에 의하여

$$2A=2\times\begin{pmatrix}1 & 2 & -1\\ 2 & -1 & 0\end{pmatrix}=\begin{pmatrix}2 & 4 & -2\\ 4 & -2 & 0\end{pmatrix}$$

$$-B=(-1)\times\begin{pmatrix}-1 & 1 & 0\\ 0 & 1 & 1\end{pmatrix}=\begin{pmatrix}1 & -1 & 0\\ 0 & -1 & -1\end{pmatrix}$$

이 된다.

② 정의 2.3의 (ⅰ)의 행렬의 합의 연산과 위 예제 ①에 의하여

$$2A+B=\begin{pmatrix}2 & 4 & -2\\ 4 & -2 & 0\end{pmatrix}+\begin{pmatrix}-1 & 1 & 0\\ 0 & 1 & 1\end{pmatrix}=\begin{pmatrix}1 & 5 & -2\\ 4 & -1 & 1\end{pmatrix}$$

$$A-B=\begin{pmatrix}1 & 2 & -1\\ 2 & -1 & 0\end{pmatrix}+\begin{pmatrix}1 & -1 & 0\\ 0 & -1 & -1\end{pmatrix}=\begin{pmatrix}2 & 1 & -1\\ 2 & -2 & -1\end{pmatrix}$$

이 된다.

예제 2.3 다음 행렬 A, B가 상등이 되도록 스칼라 a, b, c를 구하라.

$$A=2\begin{pmatrix}1&0\\2&1\end{pmatrix}+\begin{pmatrix}2&-1\\a&1\end{pmatrix}+\begin{pmatrix}b&2\\-1&2\end{pmatrix},\quad B=\begin{pmatrix}3&1\\2&c\end{pmatrix}$$

풀이

정의 2.3의 행렬의 합과 스칼라배의 연산에 의하여

$$A=2\begin{pmatrix}1&0\\2&1\end{pmatrix}+\begin{pmatrix}2&-1\\a&1\end{pmatrix}+\begin{pmatrix}b&2\\-1&2\end{pmatrix}=\begin{pmatrix}4+b&1\\3+a&5\end{pmatrix}$$

가 된다. 정의 2.2의 행렬의 상등에 의하여

$$\begin{pmatrix}4+b&1\\3+a&5\end{pmatrix}=\begin{pmatrix}3&1\\2&c\end{pmatrix}$$

가 되도록 하는 스칼라 a, b, c를 구하면 $a=-1$, $b=-1$, $c=5$가 된다.

행렬의 합의 항등원은 모든 성분이 0인 행렬이 되며 이를 영행렬(zero matrix)이라 하고 $m\times n$ 영행렬은 $O_{m\times n}$이라 표기한다. 예를 들면

$$O_{2\times 3}=\begin{pmatrix}0&0&0\\0&0&0\end{pmatrix},\quad O_{2\times 2}=\begin{pmatrix}0&0\\0&0\end{pmatrix},\quad O_{3\times 2}=\begin{pmatrix}0&0\\0&0\\0&0\end{pmatrix}$$

들이 영행렬들이다.

행렬의 합과 스칼라배의 정의에 의하여 다음의 행렬의 연산에 대한 성질들을 쉽게 보여줄 수 있다.

정리 2.1 행렬 연산의 성질

임의의 $m\times n$ 행렬 A, B, C와 임의의 스칼라 k, l에 대하여 다음이 성립한다.

(i) $A+B=B+A$
(ii) $(A+B)+C=A+(B+C)$
(iii) $A+O=A$, O은 $m\times n$ 영행렬이다.
(iv) $A+(-A)=O$
(v) $k(A+B)=kA+kB$
(vi) $(k+l)A=kA+lA$
(vii) $(kl)A=klA$
(viii) $1A=A$

증명 (i)과 (v)를 증명하고 나머지는 생략한다.

(i) $m\times n$ 행렬 A, B를 $A=(a_{ij})$와 $B=(b_{ij})$라 하자. 식 (2.1)의 행렬의 합의 정의에 의하면

$$A+B=(a_{ij}+b_{ij}),\ B+A=(b_{ij}+a_{ij})$$

이다. 모든 i, j에 대하여 $a_{ij}+b_{ij}=b_{ij}+a_{ij}$이므로 (i)이 성립한다.

(v) 임의의 스칼라 k와 식 (2.2)의 행렬의 스칼라배의 정의에 의하면

$$\begin{aligned}k(A+B)&=(k(a_{ij}+b_{ij}))=(ka_{ij}+kb_{ij})\\&=(ka_{ij})+(kb_{ij})=kA+kB\end{aligned}$$

이므로 (v)가 성립한다. ♣

예제 2.4 다음 2×3 행렬 A, B, C에 대하여 정리 2.1의 (ii)와 (v)가 성립함을 보여라.

$$A=\begin{pmatrix}1&2&-1\\2&-1&0\end{pmatrix},\ B=\begin{pmatrix}-1&1&0\\0&1&1\end{pmatrix},\ C=\begin{pmatrix}0&2&3\\-1&1&0\end{pmatrix}$$

풀이

정의 2.3의 (i)의 행렬의 합에 의하여

$$B+C=\begin{pmatrix}-1&1&0\\0&1&1\end{pmatrix}+\begin{pmatrix}0&2&3\\-1&1&0\end{pmatrix}=\begin{pmatrix}-1&3&3\\-1&2&1\end{pmatrix}$$

$$A+(B+C)=\begin{pmatrix}1&2&-1\\2&-1&0\end{pmatrix}+\begin{pmatrix}-1&3&3\\-1&2&1\end{pmatrix}=\begin{pmatrix}0&5&2\\1&1&1\end{pmatrix}$$

이다. 한편,

$$A+B=\begin{pmatrix}1&2&-1\\2&-1&0\end{pmatrix}+\begin{pmatrix}-1&1&0\\0&1&1\end{pmatrix}=\begin{pmatrix}0&3&-1\\2&0&1\end{pmatrix}$$

$$(A+B)+C=\begin{pmatrix}0&3&-1\\2&0&1\end{pmatrix}+\begin{pmatrix}0&2&3\\-1&1&0\end{pmatrix}=\begin{pmatrix}0&5&2\\1&1&1\end{pmatrix}$$

이므로 정리 2.1의 (i)이 성립한다. 또한, 정의 2.3의 (ii)의 행렬의 스칼라배와 임의의 스칼라 k에 대하여

$$k(A+B)=k\begin{pmatrix}0&3&-1\\2&0&1\end{pmatrix}=\begin{pmatrix}0&3k&-k\\2k&0&k\end{pmatrix}$$

$$\begin{aligned}kA+kB&=k\begin{pmatrix}1&2&-1\\2&-1&0\end{pmatrix}+k\begin{pmatrix}-1&1&0\\0&1&1\end{pmatrix}\\&=\begin{pmatrix}k&2k&-k\\2k&-k&0\end{pmatrix}+\begin{pmatrix}-k&k&0\\0&k&k\end{pmatrix}=\begin{pmatrix}0&3k&-k\\2k&0&k\end{pmatrix}\end{aligned}$$

이므로 정리 2.1의 (v)가 성립한다.

행렬의 곱은 벡터의 내적을 활용하여 다음과 같이 정의한다.

정의 2.4 행렬의 곱

$m\times k$ 행렬 $A=(a_{ij})$와 $k\times n$ 행렬 $B=(b_{ij})$에 대하여 A와 B의 곱 AB는 $m\times n$ 행렬이 되며 AB의 $(i,\ j)$ 성분 c_{ij}는 다음과 같이 정의한다.

$$c_{ij}=\sum_{l=1}^{k} a_{il}b_{lj}=a_{i1}b_{1j}+a_{i2}b_{2j}+\ \cdots\ +a_{ik}b_{kj} \tag{2.3}$$

여기서 $i=1,2,\cdots,m$과 $j=1,2,\cdots,n$이다.

식 (2.3)의 AB의 $(i,\ j)$ 성분 c_{ij}는 행렬 A의 i행으로 만들어진 벡터와 행렬 B의 j열로 만들어진 벡터의 내적이 된다. A는 m개의 행이 있고 B는 n개의 열이 있으므로 AB에 의해 만들어지는 행렬은 $m\times n$ 행렬이 된다. 그러므로 AB의 연산이 가능하려면 벡터들의 내적이 가능할 수 있도록 A의 열의 수와 B의 행의 수가 같아야 한다는 것을 알 수 있다.

예제 2.5 다음 행렬 A, B에 대하여 행렬의 곱의 연산이 가능한 경우에 AB와 BA를 구하라.

① $A=\begin{pmatrix} a_{11} & a_{12} \\ a_{21} & a_{22} \\ a_{31} & a_{32} \end{pmatrix}$, $B=\begin{pmatrix} b_{11} & b_{12} \\ b_{21} & b_{22} \end{pmatrix}$

② $A=(-1\ \ 3\ \ 0)$, $B=\begin{pmatrix} 2 \\ 1 \\ 1 \end{pmatrix}$

③ $A=\begin{pmatrix} 1 & 3 & 1 \\ -1 & 0 & 2 \end{pmatrix}$, $B=\begin{pmatrix} 1 & -1 \\ -2 & 0 \end{pmatrix}$

풀이

① 행렬 A의 열의 수가 2이고 행렬 B의 행의 수가 2이므로 AB의 연산은 가능하고 다음과 같다.

$$AB=\begin{pmatrix} a_{11} & a_{12} \\ a_{21} & a_{22} \\ a_{31} & a_{32} \end{pmatrix}\begin{pmatrix} b_{11} & b_{12} \\ b_{21} & b_{22} \end{pmatrix}=\begin{pmatrix} a_{11}b_{11}+a_{12}b_{21} & a_{11}b_{12}+a_{12}b_{22} \\ a_{21}b_{11}+a_{22}b_{21} & a_{21}b_{12}+a_{22}b_{22} \\ a_{31}b_{11}+a_{32}b_{21} & a_{31}b_{12}+a_{32}b_{22} \end{pmatrix}$$

반면에, 행렬 B의 열의 수가 2이고 행렬 A의 행의 수가 3이므로 BA의 연산은 가능하지 않다.

② 행렬 A의 열의 수가 3이고 행렬 B의 행의 수가 3이므로 AB의 연산은 가능하고 다음과 같이 스칼라가 된다.

$$AB=(-1\ \ 3\ \ 0)\begin{pmatrix} 2 \\ 1 \\ 1 \end{pmatrix}=\ -1\times 2+3\times 1+0\times 1=1$$

한편, 행렬 B의 열의 수가 1이고 행렬 A의 행의 수가 1이므로 BA의 연산이 가능하며 다음과 같이 3×3 행렬이 된다.

$$BA=\begin{pmatrix}2\\1\\1\end{pmatrix}(-1\ 3\ 0)=\begin{pmatrix}-2&6&0\\-1&3&0\\-1&3&0\end{pmatrix}$$

③ 행렬 A의 열의 수가 3이고 행렬 B의 행의 수가 2이므로 AB의 연산은 가능하지 않다. 반면에 행렬 B의 열의 수가 2이고 행렬 A의 행의 수도 2이므로 BA은 연산은 가능하며 다음과 같다.

$$BA=\begin{pmatrix}1&-1\\-2&0\end{pmatrix}\begin{pmatrix}1&3&1\\-1&0&2\end{pmatrix}=\begin{pmatrix}2&3&-1\\-2&-6&-2\end{pmatrix}$$

행렬의 곱은 실수의 곱과는 달리 교환법칙이 성립하지 않는다. 예제 2.5의 ①에서 B의 열의 수는 2이고 A의 행의 수는 3이기에 BA는 정의되지 않는다. 예제 2.5의 ③도 같은 이유로 AB는 연산이 불가능하다. 한편, 예제 2.5의 ②는 AB가 스칼라이고 BA의 연산이 가능하지만 BA는 3×3 행렬이 된다. 따라서 $AB\neq BA$이다.

그 외 행렬의 곱에 대한 성질은 다음과 같다.

정리 2.2 행렬의 곱에 대한 성질

임의의 행렬 $A,\ B,\ C$와 임의의 스칼라 k에 대하여 다음이 성립한다. 단, 아래의 연산들은 모두 성립한다고 하자.

(i) $(AB)C=A(BC)$

(ii) $A(B+C)=AB+AC$

(iii) $(A+B)C=AC+BC$

(iv) $k(AB)=(kA)B=A(kB)$

증명 (i)과 (iii)을 증명하고 (ii)와 (iv)는 생략한다.

(i) 행렬 $A,\ B,\ C$의 차원과 성분은 $A=(a_{ij})_{m\times p},\ B=(b_{ij})_{p\times q},\ C=(c_{ij})_{q\times n}$ 이라 하자. $m\times q$ 행렬이 되는 AB의 $(i,\ j)$ 성분은 $d_{ij}=\sum_{l=1}^{p}a_{il}b_{lj}$이고 $m\times n$ 행렬인 $(AB)C$의 $(i,\ j)$ 성분은

$$\sum_{k=1}^{q}d_{ik}c_{kj}=\sum_{k=1}^{q}\sum_{l=1}^{p}a_{il}b_{lk}c_{kj}$$

가 된다. 한편 BC는 $p\times n$ 행렬이 되며 $(i,\ j)$ 성분은 $e_{ij}=\sum_{k=1}^{q} b_{ik}c_{kj}$가 된다. $m\times n$ 행렬 $A(BC)$의 $(i,\ j)$ 성분은

$$\sum_{l=1}^{p} a_{il}e_{lj}=\sum_{l=1}^{p} a_{il}\sum_{k=1}^{q} b_{lk}c_{kj}=\sum_{l=1}^{p}\sum_{k=1}^{q} a_{il}b_{lk}c_{kj}$$

이므로 (i)이 성립한다.

(iii) 행렬 A, B, C의 차원과 성분은 $A=(a_{ij})_{m\times p}$, $B=(b_{ij})_{m\times p}$, $C=(c_{ij})_{p\times n}$ 이라 하자. $A+B=(a_{ij}+b_{ij})_{m\times p}$이고 $(A+B)C$의 (i,j) 성분은

$$\sum_{l=1}^{p}(a_{il}+b_{il})\,c_{lj}=\sum_{l=1}^{p} a_{il}c_{lj}+\sum_{l=1}^{p} b_{il}c_{lj}$$

가 되므로 $\sum_{l=1}^{p} a_{il}c_{lj}$와 $\sum_{l=1}^{p} b_{il}c_{lj}$는 각각 AC와 BC의 $(i,\ j)$ 성분들이다. 그러므로 (iii)이 성립한다. ♣

이와 같이 행렬의 곱은 결합법칙과 분배법칙은 성립하지만 교환법칙은 성립하지 않는다. 한편, 행렬의 곱에 대한 항등원 역할을 하는 다음이 성립되게 하는 행렬이 있다. 임의의 A가 $m\times n$ 행렬일 때 $AB=A$이고 $CA=A$가 되기 위한 n차 정방행렬 B와 m차 정방행렬 C는 모두 대각성분들이 1인 대각행렬들이다. 대각성분이 모두 1인 k차 대각행렬을 k차 단위행렬(identity matrix)이라 하고 I_k라 표기하며 형태는 다음과 같다.

$$I_k=\begin{pmatrix}1 & 0 & \cdots & 0\\ 0 & 1 & \cdots & 0\\ \vdots & \vdots & \ddots & \vdots\\ 0 & 0 & \cdots & 1\end{pmatrix}$$

따라서 $m\times n$ 행렬 A에 대하여

$$I_m A = A\,I_n = A$$

가 된다.

예제 2.6 행렬 A, B, C에 대하여 다음 물음에 답하라.

$$A=\begin{pmatrix} 1 & 0 & -1 \\ -2 & 1 & 0 \end{pmatrix},\ B=\begin{pmatrix} 2 & 1 & 1 \\ -1 & 0 & 2 \end{pmatrix},\ C=\begin{pmatrix} 1 & -1 \\ 0 & 1 \\ 2 & 0 \end{pmatrix}$$

① 정리 2.2의 (ⅲ)이 성립하는지 보여라.

② $I_2 A = A I_3 = A$가 됨을 보여라.

풀이

① $A+B$와 $(A+B)C$를 계산해보면

$$A+B=\begin{pmatrix} 1 & 0 & -1 \\ -2 & 1 & 0 \end{pmatrix}+\begin{pmatrix} 2 & 1 & 1 \\ -1 & 0 & 2 \end{pmatrix}=\begin{pmatrix} 3 & 1 & 0 \\ -3 & 1 & 2 \end{pmatrix}$$

$$(A+B)C=\begin{pmatrix} 3 & 1 & 0 \\ -3 & 1 & 2 \end{pmatrix}\begin{pmatrix} 1 & -1 \\ 0 & 1 \\ 2 & 0 \end{pmatrix}=\begin{pmatrix} 3 & -2 \\ 1 & 4 \end{pmatrix}$$

가 된다. 한편 AC, BC, $AC+BC$를 계산해보면

$$AC=\begin{pmatrix} 1 & 0 & -1 \\ -2 & 1 & 0 \end{pmatrix}\begin{pmatrix} 1 & -1 \\ 0 & 1 \\ 2 & 0 \end{pmatrix}=\begin{pmatrix} -1 & -1 \\ -2 & 3 \end{pmatrix}$$

$$BC=\begin{pmatrix} 2 & 1 & 1 \\ -1 & 0 & 2 \end{pmatrix}\begin{pmatrix} 1 & -1 \\ 0 & 1 \\ 2 & 0 \end{pmatrix}=\begin{pmatrix} 4 & -1 \\ 3 & 1 \end{pmatrix}$$

$$AC+BC=\begin{pmatrix} -1 & -1 \\ -2 & 3 \end{pmatrix}+\begin{pmatrix} 4 & -1 \\ 3 & 1 \end{pmatrix}=\begin{pmatrix} 3 & -2 \\ 1 & 4 \end{pmatrix}$$

가 된다. 따라서 정리 2.2의 (ⅲ)이 성립한다.

② 2차 단위행렬과 3차 단위 행렬은

$$I_2=\begin{pmatrix} 1 & 0 \\ 0 & 1 \end{pmatrix},\ I_3=\begin{pmatrix} 1 & 0 & 0 \\ 0 & 1 & 0 \\ 0 & 0 & 1 \end{pmatrix}$$

이므로

$$I_2 A=\begin{pmatrix} 1 & 0 \\ 0 & 1 \end{pmatrix}\begin{pmatrix} 1 & 0 & -1 \\ -2 & 1 & 0 \end{pmatrix}=A$$

$$AI_3=\begin{pmatrix} 1 & 0 & -1 \\ -2 & 1 & 0 \end{pmatrix}\begin{pmatrix} 1 & 0 & 0 \\ 0 & 1 & 0 \\ 0 & 0 & 1 \end{pmatrix}=A$$

가 성립한다.

2-3 전치행렬과 대각합

이 절에서는 특별한 형태를 가지고 있는 행렬과 대각성분의 합에 대하여 알아보자.

정의 2.5 전치행렬

$m \times n$ 행렬 A에 대하여 A의 행과 열을 서로 바꾸어 놓은 $n \times m$ 행렬을 A의 전치행렬(transpose matrix)이라 하고 A^T로 표기한다. 즉,

$$A = \begin{pmatrix} a_{11} & a_{12} & \cdots & a_{1n} \\ a_{21} & a_{22} & \cdots & a_{2n} \\ \vdots & \vdots & \ddots & \vdots \\ a_{m1} & a_{m2} & \cdots & a_{mn} \end{pmatrix} \text{이면 } A^T = \begin{pmatrix} a_{11} & a_{21} & \cdots & a_{m1} \\ a_{12} & a_{22} & \cdots & a_{m2} \\ \vdots & \vdots & \ddots & \vdots \\ a_{1n} & a_{2n} & \cdots & a_{mn} \end{pmatrix}$$

이 된다.

행렬 A가 정방행렬일 때 $A^T = A$이면 A를 대칭행렬(symmetric matrix)이라 한다. 즉, $A = (a_{ij})_{n \times n}$일 때 모든 i, j에 대하여 $a_{ij} = a_{ji}$이면 A는 대칭행렬이다. 만약 $A^T = -A$가 성립하면 A를 반대칭행렬(skew-symmetric matrix)이라 하고 이 행렬의 대각성분은 모두 0이어야 하며 $i \neq j$일 때 $a_{ij} = -a_{ji}$가 성립한다. 전치행렬에 대한 성질은 다음과 같다.

정리 2.3 전치행렬의 성질

임의의 행렬 A, B와 임의의 스칼라 k에 대하여 다음이 성립한다. 단, 아래의 연산들은 성립한다고 하자.

(i) $(A^T)^T = A$

(ii) $(A+B)^T = A^T + B^T$

(iii) $(kA)^T = kA^T$

(iv) $(AB)^T = B^T A^T$

증명 (ii)와 (iv)를 증명하고 나머지는 생략한다.

(ii) $m \times n$ 행렬 A, B를 $A=(a_{ij})_{m\times n}$, $B=(b_{ij})_{m\times n}$ 이라 하자. $A+B=(a_{ij}+b_{ij})_{m\times n}$ 이고

$$(A+B)^T=(a_{ji}+b_{ji})_{n\times m}=(a_{ji})_{n\times m}+(b_{ji})_{n\times m}=A^T+B^T$$

이므로 (ii)가 성립한다.

(iv) 행렬 A와 B의 차원과 성분은 $A=(a_{ij})_{m\times p}$, $B=(b_{ij})_{p\times n}$ 이라 하자. $C=AB$라 두면 C는 $m\times n$ 행렬이 되고 $(i,\ j)$ 성분은 $\sum_{l=1}^{p} a_{il}b_{lj}$가 된다. 따라서 $C^T=(AB)^T$의 $(i,\ j)$ 성분은 C의 $(j,\ i)$ 성분이므로

$$c_{ji}=\sum_{l=1}^{p} a_{jl}b_{li}=\sum_{l=1}^{p} b_{li}\,a_{jl}$$

가 된다. A^T와 B^T의 각각의 (i,j) 성분은 a_{ji}와 b_{ji}이므로 B^TA^T의 (i,j) 성분은 $\sum_{l=1}^{p} b_{li}\,a_{jl}$이다. 따라서 (iv)가 성립한다. ♣

전치행렬에 대한 성질의 정리 2.3의 (iv)에서 A, B가 각각 $m\times p$와 $p\times n$ 행렬이면 B^TA^T의 연산은 가능하지만 A^TB^T의 연산은 가능하지 않다. 따라서 일반적으로 AB의 연산이 성립하면 B^TA^T의 연산도 가능하지만 A^TB^T의 연산은 성립하지 않는다.

예제 2.7 다음 물음에 답하라.

① 예제 2.6의 2×3 행렬 A와 B를 이용하여 정리 2.3의 (i), (ii), (iii)이 성립함을 보여라.

② 예제 2.6의 A와 C를 이용하여 정리 2.3의 (iv)가 성립함을 보여라.

풀이

① 정의 2.5의 전치행렬의 정의에 의하여

$$A=\begin{pmatrix} 1 & 0 & -1 \\ -2 & 1 & 0 \end{pmatrix},\ A^T=\begin{pmatrix} 1 & -2 \\ 0 & 1 \\ -1 & 0 \end{pmatrix},\ (A^T)^T=\begin{pmatrix} 1 & 0 & -1 \\ -2 & 1 & 0 \end{pmatrix}$$

이므로 정리 2.3의 (i)이 성립한다. 예제 2.6의 풀이에 의하면

$$A+B=\begin{pmatrix} 3 & 1 & 0 \\ -3 & 1 & 2 \end{pmatrix} \text{이므로 } (A+B)^T=\begin{pmatrix} 3 & -3 \\ 1 & 1 \\ 0 & 2 \end{pmatrix}$$

이다. 한편,

$$A^T+B^T=\begin{pmatrix} 1 & -2 \\ 0 & 1 \\ -1 & 0 \end{pmatrix}+\begin{pmatrix} 2 & -1 \\ 1 & 0 \\ 1 & 2 \end{pmatrix}=\begin{pmatrix} 3 & -3 \\ 1 & 1 \\ 0 & 2 \end{pmatrix}$$

이므로 정리 2.3의 (ii)가 성립한다. 마지막으로 (iii)이 성립됨을 보이자. 행렬의 스칼라배와 전치행렬의 정의에 의하여

$$kA=\begin{pmatrix} k & 0 & -k \\ -2k & k & 0 \end{pmatrix} \text{이고 } (kA)^T=\begin{pmatrix} k & -2k \\ 0 & k \\ -k & 0 \end{pmatrix}$$

이 된다. 한편

$$kA^T = k\begin{pmatrix} 1 & -2 \\ 0 & 1 \\ -1 & 0 \end{pmatrix} = \begin{pmatrix} k & -2k \\ 0 & k \\ -k & 0 \end{pmatrix}$$

이므로 정리 2.3의 (iii)이 성립한다.

② 예제 2.6의 풀이에 의하면

$$AC = \begin{pmatrix} -1 & -1 \\ -2 & 3 \end{pmatrix} \text{이므로 } (AC)^T = \begin{pmatrix} -1 & -2 \\ -1 & 3 \end{pmatrix}$$

이다. 한편

$$C^T A^T = \begin{pmatrix} 1 & 0 & 2 \\ -1 & 1 & 0 \end{pmatrix}\begin{pmatrix} 1 & -2 \\ 0 & 1 \\ -1 & 0 \end{pmatrix} = \begin{pmatrix} -1 & -2 \\ -1 & 3 \end{pmatrix}$$

이므로 정리 2.3의 (iv)가 성립한다.

다음으로는 정규직교벡터들로 구성된 정방행렬에 대하여 알아보자.

정의 2.6 직교행렬

n차 정방행렬 A에 대하여 $AA^T = A^TA = I_n$이 성립하면 A를 직교행렬(orthogonal matrix)이라 한다.

n차 정방행렬 A가 n개의 $\mathbb{R}^n$ 벡터 $\boldsymbol{a}_1, \boldsymbol{a}_2, \cdots, \boldsymbol{a}_n$으로 구성되어 있다고 하자. 그러면 $A = (\boldsymbol{a}_1 \ \boldsymbol{a}_2 \cdots \boldsymbol{a}_n)$이고

$$A^T = \begin{pmatrix} \boldsymbol{a}_1^T \\ \boldsymbol{a}_2^T \\ \vdots \\ \boldsymbol{a}_n^T \end{pmatrix}$$

이 된다. $\boldsymbol{a}_1, \boldsymbol{a}_2, \cdots, \boldsymbol{a}_n$들은 크기가 1이고 서로 직교하면 A^TA의 (i, j) 성분은

$$\boldsymbol{a}_i^T \boldsymbol{a}_j = \boldsymbol{a}_i \circ \boldsymbol{a}_j = \begin{cases} 1, & i = j \\ 0, & i \neq j \end{cases}$$

이고 $A^TA = I_n$이 된다. 또한 정리 2.3의 (i)에 의하여 $(A^TA)^T = A^T(A^T)^T = A^TA = I_n$이 성립한다. 벡터 $\boldsymbol{a}_i$는 $n\times 1$ 행렬이므로 여기서 $\boldsymbol{a}_i^T$의 표현이 가능하고 $1\times n$ 행렬이 된다.

직교행렬의 성질은 다음과 같다.

정리 2.4 직교행렬의 성질

n차 정방행렬 A, B가 직교행렬이면 다음이 성립한다.

(i) A^T는 직교행렬이다.
(ii) AB는 직교행렬이다.

증명 (i)은 생략하고 (ii)만 증명한다.
(ii) 정리 2.2의 (i)과 2.3의 (iv)에 의하면

$$\begin{aligned}(AB)(AB)^T &= (AB)(B^TA^T)\\ &= A(BB^T)A^T = AI_nA^T = AA^T = I_n\end{aligned}$$

이 되고 비슷하게 $(AB)^T(AB) = I_n$을 보일 수 있다. 따라서

$$(AB)(AB)^T = (AB)^T(AB) = I_n$$

이므로 (ii)가 성립한다. ♣

예제 2.8 다음 물음에 답하라.

① $A = k\begin{pmatrix} 1 & 1\\ -1 & 1\end{pmatrix}$이 직교행렬이 되도록 스칼라 k를 구하라.

② 다음 $\mathbb{R}^2$의 세 벡터 중에서 두 벡터를 선택하여 직교행렬이 되는 2차 정방행렬 B를 만들어라.

$$\begin{pmatrix}2\\1\end{pmatrix},\ \begin{pmatrix}-1\\2\end{pmatrix},\ \begin{pmatrix}1\\-1\end{pmatrix}$$

③ 위 예제의 행렬 A와 B의 곱 AB가 직교행렬이 됨을 보여라.

풀이

① 행렬 A가 직교행렬이 됨을 보이기 위하여 $AA^T = A^TA = I_2$가 성립함을 보이자.

$$AA^T = k^2\begin{pmatrix} 1 & 1\\ -1 & 1\end{pmatrix}\begin{pmatrix} 1 & -1\\ 1 & 1\end{pmatrix} = k^2\begin{pmatrix} 2 & 0\\ 0 & 2\end{pmatrix}$$

이다. 그러므로 $k^2\begin{pmatrix} 2 & 0 \\ 0 & 2 \end{pmatrix} = I_2$가 되기 위해서는 $k = \pm \frac{1}{\sqrt{2}}$이 된다. 비슷하게,

$$A^T A = k^2 \begin{pmatrix} 1 & -1 \\ 1 & 1 \end{pmatrix} \begin{pmatrix} 1 & 1 \\ -1 & 1 \end{pmatrix} = k^2 \begin{pmatrix} 2 & 0 \\ 0 & 2 \end{pmatrix}$$

이므로 $k = \pm \frac{1}{\sqrt{2}}$가 된다. 따라서 $k = \frac{1}{\sqrt{2}}$ 혹은 $k = -\frac{1}{\sqrt{2}}$을 선택하면 A는 직교행렬이 된다.

② 2차 정방행렬이 직교행렬이 되기 위해서는 2차 정방행렬 내의 두 벡터가 정규직교하여야 한다. 세 벡터들 중에서 $\begin{pmatrix} 2 \\ 1 \end{pmatrix}$과 $\begin{pmatrix} -1 \\ 2 \end{pmatrix}$의 내적이 0이 되어 직교가 되므로 이 벡터들을 이용한 2차 정방행렬을 만들면 $\begin{pmatrix} 2 & -1 \\ 1 & 2 \end{pmatrix}$와 $\begin{pmatrix} -1 & 2 \\ 2 & 1 \end{pmatrix}$이 된다. 한편, 두 행렬 중에 $C = \begin{pmatrix} 2 & -1 \\ 1 & 2 \end{pmatrix}$라 하면

$$CC^T = \begin{pmatrix} 2 & -1 \\ 1 & 2 \end{pmatrix} \begin{pmatrix} 2 & 1 \\ -1 & 2 \end{pmatrix} = \begin{pmatrix} 5 & 0 \\ 0 & 5 \end{pmatrix}$$

$$C^T C = \begin{pmatrix} 2 & 1 \\ -1 & 2 \end{pmatrix} \begin{pmatrix} 2 & -1 \\ 1 & 2 \end{pmatrix} = \begin{pmatrix} 5 & 0 \\ 0 & 5 \end{pmatrix}$$

이므로 $\begin{pmatrix} 2 \\ 1 \end{pmatrix}$과 $\begin{pmatrix} -1 \\ 2 \end{pmatrix}$의 크기를 각각 1로 하는 정규직교벡터를 사용하여 정방행렬 B를 만들면 직교행렬이 된다. 즉, 벡터 $\begin{pmatrix} 2 \\ 1 \end{pmatrix}$, $\begin{pmatrix} -1 \\ 2 \end{pmatrix}$의 크기는 $\sqrt{5}$이므로 다음과 같이

$$B = \pm \frac{1}{\sqrt{5}} C = \pm \frac{1}{\sqrt{5}} \begin{pmatrix} 2 & -1 \\ 1 & 2 \end{pmatrix}$$

를 선택하면 $BB^T = B^T B = I_2$가 성립한다. 한편, 행렬 C를 $C = \begin{pmatrix} -1 & 2 \\ 2 & 1 \end{pmatrix}$로 선택하여

$$B = \pm \frac{1}{\sqrt{5}} \begin{pmatrix} -1 & 2 \\ 2 & 1 \end{pmatrix}$$

이 되어도 B가 직교행렬이 된다.

③ 위 문제 ①에서 $k = \frac{1}{\sqrt{2}}$를 선택한 행렬을 A라 하고 $B = \frac{1}{\sqrt{5}} \begin{pmatrix} 2 & -1 \\ 1 & 2 \end{pmatrix}$를 선택하자.
두 직교행렬 A와 B의 곱은

$$AB = \frac{1}{\sqrt{2}} \begin{pmatrix} 1 & 1 \\ -1 & 1 \end{pmatrix} \times \frac{1}{\sqrt{5}} \begin{pmatrix} 2 & -1 \\ 1 & 2 \end{pmatrix} = \frac{1}{\sqrt{10}} \begin{pmatrix} 3 & 1 \\ -1 & 3 \end{pmatrix}$$

이 되고

$$AB(AB)^T = (AB)^T AB = \frac{1}{10} \begin{pmatrix} 10 & 0 \\ 0 & 10 \end{pmatrix} = I_2$$

이므로 AB도 직교행렬이 된다. 위 예제 ①의 다른 직교행렬 A, B를 선택하여도 AB가 직교행렬이 됨을 쉽게 보일 수 있다.

다음은 특이한 성질을 가진 행렬로 멱등행렬을 소개한다.

정의 2.7 멱등행렬

n차 정방행렬 A에 대하여 $A^2 = AA = A$가 성립하면 A를 멱등행렬(idempotent matrix)이라 한다.

모든 성분이 1인 n차 정방행렬을 J_n이라 표기하며 다음의 $\frac{1}{n}J_n$ 행렬은 멱등행렬이 된다.

$$\frac{1}{n}J_n = \frac{1}{n}\begin{pmatrix} 1 & 1 & \cdots & 1 \\ 1 & 1 & \cdots & 1 \\ \vdots & \vdots & \ddots & \vdots \\ 1 & 1 & \cdots & 1 \end{pmatrix}$$

다음 예제를 통하여 $\frac{1}{n}J_n$이 멱등행렬임을 알아보자.

예제 2.9 다음 물음에 답하라.

① 다음 3차 정방행렬 C가 멱등행렬이 되기 위한 스칼라 c를 구하라.

$$C = \begin{pmatrix} c & 0 & c \\ 0 & 1 & 0 \\ c & 0 & c \end{pmatrix}$$

② I_n과 $\frac{1}{n}J_n$이 멱등행렬이 됨을 보여라.

③ $I_n - \frac{1}{n}J_n$이 멱등행렬이 됨을 보여라.

④ $\frac{1}{n}J_n - I_n$이 멱등행렬이 되지 않음을 보여라.

풀이

① $C^2 = CC = C$가 되게 하는 스칼라 c를 찾아보자.

$$CC = \begin{pmatrix} c & 0 & c \\ 0 & 1 & 0 \\ c & 0 & c \end{pmatrix}\begin{pmatrix} c & 0 & c \\ 0 & 1 & 0 \\ c & 0 & c \end{pmatrix} = \begin{pmatrix} 2c^2 & 0 & 2c^2 \\ 0 & 1 & 0 \\ 2c^2 & 0 & 2c^2 \end{pmatrix}$$

이 된다. 그러므로 $2c^2 = c$가 성립하는 스칼라는 $c = 0, \frac{1}{2}$이 된다.

② $I_n^2 = I_n I_n = I_n$이 되는 것은 자명하므로 n차 단위행렬 I_n은 멱등행렬이다. 한편,

$$\left(\frac{1}{n}J_n\right)^2 = \left(\frac{1}{n}J_n\right)\left(\frac{1}{n}J_n\right)$$

$$= \frac{1}{n^2}\begin{pmatrix} 1 & 1 & \cdots & 1 \\ 1 & 1 & \cdots & 1 \\ \vdots & \vdots & \ddots & \vdots \\ 1 & 1 & \cdots & 1 \end{pmatrix}\begin{pmatrix} 1 & 1 & \cdots & 1 \\ 1 & 1 & \cdots & 1 \\ \vdots & \vdots & \ddots & \vdots \\ 1 & 1 & \cdots & 1 \end{pmatrix}$$

$$= \frac{1}{n^2}\begin{pmatrix} n & n & \cdots & n \\ n & n & \cdots & n \\ \vdots & \vdots & \ddots & \vdots \\ n & n & \cdots & n \end{pmatrix} = \frac{1}{n}J_n$$

이 되므로 $\frac{1}{n}J_n$도 멱등행렬이다.

③ 위 예제 ②의 결과에 의하여 I_n과 $\frac{1}{n}J_n$은 멱등행렬이므로

$$\left(I_n - \frac{1}{n}J_n\right)^2 = \left(I_n - \frac{1}{n}J_n\right)\left(I_n - \frac{1}{n}J_n\right)$$

$$= I_n^2 - \frac{1}{n}J_n - \frac{1}{n}J_n + \frac{1}{n^2}J_n^{\,2}$$

$$= I_n - \frac{2}{n}J_n + \frac{1}{n}J_n = I_n - \frac{1}{n}J_n$$

이 된다. 그러므로 $I_n - \frac{1}{n}J_n$은 멱등행렬이다.

④ 위 예제 ②의 결과에 의하여 I_n과 $\frac{1}{n}J_n$은 멱등행렬이므로

$$\left(\frac{1}{n}J_n - I_n\right)^2 = \left(\frac{1}{n}J_n - I_n\right)\left(\frac{1}{n}J_n - I_n\right)$$

$$= \frac{1}{n^2}J_n^{\,2} - \frac{1}{n}J_n - \frac{1}{n}J_n + I_n^2$$

$$= \frac{1}{n}J_n - \frac{2}{n}J_n + I_n = I_n - \frac{1}{n}J_n$$

이 된다. 그러므로 $\frac{1}{n}J_n - I_n$은 멱등행렬이 아니다.

다음은 정방행렬의 대각성분의 합에 대한 정의이다.

정의 2.8 | 대각합

n차 정방행렬 $A = (a_{ij})$에 대하여 A의 대각성분들의 합인 $\sum_{i=1}^{n} a_{ii}$를 대각합(trace)이라 하고 $\mathrm{tr}(A)$라 표기한다.

대각합의 성질은 다음과 같다.

정리 2.5　대각합의 성질

임의의 n차 정방행렬 A, B와 임의의 스칼라 k에 대하여 다음이 성립한다.

(i) $\text{tr}(A^T)=\text{tr}(A)$
(ii) $\text{tr}(kA)=k\text{tr}(A)$
(iii) $\text{tr}(A\pm B)=\text{tr}(A)\pm\text{tr}(B)$
(iv) $\text{tr}(AB)=\text{tr}(BA)$

증명 (ii)와 (iv)만 증명하고 (i), (iii)은 생략한다.

(ii) n차 정방행렬 $A=(a_{ij})$의 k 스칼라배는 식 (2.2)의 행렬의 스칼라배에 의하여 $kA=(ka_{ij})$가 된다. kA의 대각성분들은 ka_{11}, ka_{22}, $\cdots$, ka_{nn}이므로

$$\begin{aligned}\text{tr}(kA)&=ka_{11}+ka_{22}+\cdots+ka_{nn}\\&=k(a_{11}+a_{22}+\cdots+a_{nn})=k\text{tr}(A)\end{aligned}$$

가 된다.

(iv) n차 정방행렬 A와 B는 $A=(a_{ij})_{n\times n}$, $B=(b_{ij})_{n\times n}$이라 하자. AB의 i번째 대각성분 c_{ii}는 A의 i번째 행과 B의 i번째 열의 내적에 의해 만들어지므로 $c_{ii}=\sum_{k=1}^{n}a_{ik}b_{ki}$가 된다. 따라서

$$\text{tr}(AB)=\sum_{i=1}^{n}c_{ii}=\sum_{i=1}^{n}\sum_{k=1}^{n}a_{ik}b_{ki}$$

이다. 한편, BA의 i번째 대각성분 d_{ii}는 B의 i번째 행과 A의 i번째 열에 의해 만들어지므로 $d_{ii}=\sum_{k=1}^{n}b_{ik}a_{ki}$가 된다. 그러므로

$$\text{tr}(BA)=\sum_{i=1}^{n}d_{ii}=\sum_{i=1}^{n}\sum_{k=1}^{n}b_{ik}a_{ki}=\sum_{i=1}^{n}\sum_{k=1}^{n}a_{ki}b_{ik}$$

가 된다. 따라서 (iv)가 성립한다. ♣

예제 2.10 다음 3차 정방행렬 A, B와 $k=3$을 이용하여 정리 2.5의 (ii)와 (iv)가 성립함을 보여라.

$$A=\begin{pmatrix}2&-1&3\\1&3&0\\-1&1&2\end{pmatrix},\quad B=\begin{pmatrix}1&-2&1\\0&1&2\\-1&3&1\end{pmatrix}$$

풀이

$\text{tr}(A)=2+3+2=7$이므로 $3\text{tr}(A)=3\times7=21$이다. 그리고,

$$3A = 3\begin{pmatrix} 2 & -1 & 3 \\ 1 & 3 & 0 \\ -1 & 1 & 2 \end{pmatrix} = \begin{pmatrix} 6 & -3 & 9 \\ 3 & 9 & 0 \\ -3 & 3 & 6 \end{pmatrix}$$

이 되며 $\mathrm{tr}(3A) = 6+9+6 = 21$이므로 정리 2.5의 (ii)가 성립된다. 한편,

$$AB = \begin{pmatrix} 2 & -1 & 3 \\ 1 & 3 & 0 \\ -1 & 1 & 2 \end{pmatrix}\begin{pmatrix} 1 & -2 & 1 \\ 0 & 1 & 2 \\ -1 & 3 & 1 \end{pmatrix} = \begin{pmatrix} -1 & 4 & 3 \\ 1 & 1 & 7 \\ -3 & 9 & 3 \end{pmatrix}$$

$$BA = \begin{pmatrix} 1 & -2 & 1 \\ 0 & 1 & 2 \\ -1 & 3 & 1 \end{pmatrix}\begin{pmatrix} 2 & -1 & 3 \\ 1 & 3 & 0 \\ -1 & 1 & 2 \end{pmatrix} = \begin{pmatrix} -1 & -6 & 5 \\ -1 & 5 & 4 \\ 0 & 11 & -1 \end{pmatrix}$$

이므로 $\mathrm{tr}(AB) = -1+1+3 = 3$, $\mathrm{tr}(BA) = -1+5-1 = 3$으로 정리 2.5의 (iv)가 성립한다.

연습문제

1. 행렬 A, B, C에 대하여 다음 물음에 답하라.

$$A=\begin{pmatrix}-1 & 0 & 2\\ 1 & 3 & -2\end{pmatrix},\ B=\begin{pmatrix}1 & -1 & 2\\ 1 & 2 & -3\end{pmatrix},\ C=\begin{pmatrix}1 & 3\\ -1 & 2\\ 0 & 1\end{pmatrix}$$

① $2A$, $A+B$, $A-2B$를 계산하라.

② $2(A+B)=2A+2B$임을 보여라.

③ $(A+B)C=AC+BC$임을 보여라.

④ AC와 CA를 구하고 두 결과를 비교하라.

2. 행렬 A, B, C에 대하여 다음 물음에 답하라.

$$A=\begin{pmatrix}1 & -1\\ -1 & 1\end{pmatrix},\ B=\begin{pmatrix}1 & 1\\ 1 & a\end{pmatrix},\ C=\begin{pmatrix}-1 & 1\\ -1 & -1\end{pmatrix}$$

① $AB=O$가 되게 하는 실수 a를 구하라.

② $a=-1$일 때 $(A+B)^2\neq A^2+2AB+B^2$임을 보여라.

③ 자연수 k에 대하여 A^k를 구하라.

④ AC와 CA를 구하고 두 결과를 비교하라.

⑤ $a=-1$일 때 $B\neq C$이지만 $AB=AC$가 됨을 보여라.

3. 정방행렬 A, B에 대하여 다음이 성립하는지 성립하지 않는지 보여라. 성립하기 위한 조건을 서술하라.

① $(A+B)(A-B)=A^2-B^2$

② $(A+B)^2=A^2+2AB+B^2$

4. 연습문제 1번의 행렬들을 이용하여 다음이 성립함을 보여라.

① $(A+B)^T=A^T+B^T$

② $(AC)^T=C^TA^T$

5. $m \times n$ 행렬 A에 대하여 다음 물음에 답하라.

① A^TA와 AA^T가 대칭행렬임을 보여라.

② $\mathrm{tr}(AA^T) = \mathrm{tr}(A^TA) \geq 0$임을 보여라.

6. 2차 정방행렬 A가 직교행렬이 되도록 스칼라 a, b를 구하라.

$$A = \begin{pmatrix} \dfrac{1}{\sqrt{2}} & a \\ \dfrac{1}{\sqrt{2}} & b \end{pmatrix}$$

7. n차 정방행렬 A가 멱등행렬일 때, $I_n - A$도 멱등행렬임을 보여라. $A - I_n$이 멱등행렬인지 아닌지 보여라.

8. 행렬 A가 임의의 스칼라 k에 대하여 멱등행렬이 됨을 보여라.

$$A = \begin{pmatrix} k & -k+1 \\ k & -k+1 \end{pmatrix}$$

9. 자연수 n과 행렬 A, B에 대하여 A^n과 B^n을 구하라.

$$A = \begin{pmatrix} 1 & -1 & 0 \\ 0 & 1 & -1 \\ 0 & 0 & 1 \end{pmatrix}, \ B = \begin{pmatrix} -2 & -3 \\ 1 & 1 \end{pmatrix}$$

10. 임의의 정방행렬 A에 대하여 다음이 성립함을 보여라.

① $A + A^T$는 대칭행렬이다.

② $A - A^T$는 반대칭행렬이다.

11. 연습문제 1번의 행렬 A, C를 이용하여 $\mathrm{tr}(AC) = \mathrm{tr}(CA)$임을 보여라.

12. 정리 2.1의 (ii), (vi), (vii)을 증명하라.

13. 정리 2.2의 (ii), (iv)를 증명하라.

14. 정리 2.3의 (i), (iii)을 증명하라.

15. 정리 2.4의 (i)을 증명하라.

16. 정리 2.5의 (iii)을 증명하라.

03

벡터공간

3-1 벡터공간의 정의

수의 체계에서 정의된 연산에 대하여 닫혀 있는지, 교환법칙 등이 성립하는지가 관심의 대상이 되듯이 벡터나 행렬의 집합이 정의된 연산인 합과 스칼라배에 대하여 닫혀 있는지, 관심의 대상이 되는 여러 법칙 등이 만족하는지에 주목하게 된다. 이렇듯 벡터나 행렬의 합과 스칼라배에 대한 중요한 성질을 만족하는 집합을 벡터공간이라 하며 정의는 다음과 같다.

정의 3.1 벡터공간

공집합이 아닌 집합 V의 임의의 원소 a, b와 임의의 스칼라 k에 대하여, $a+b \in V$이고 $ka \in V$라고 하자. 임의의 $a, b, c \in V$와 임의의 스칼라 k, l 에 대하여 다음 조건을 만족하면 V를 벡터공간(vector space)이라 한다.

(i) $a+b=b+a$
(ii) $a+(b+c)=(a+b)+c$
(iii) $a+0=a$를 만족하는 $0 \in V$가 존재한다.
(iv) $a+(-a)=0$을 만족하는 $-a \in V$가 존재한다.
(v) $k(a+b)=ka+kb$
(vi) $(k+l)a=ka+la$
(vii) $(kl)a=k(la)=l(ka)$
(viii) $1a=a$

벡터공간의 정의에서 집합 V의 원소로는 벡터 이외에 행렬과 함수 등도 포함된다. 정의 3.1의 (i)~(iv)는 벡터공간의 원소들의 합에 대한 성질들을 보여주고 있다. (i)과 (ii)는 벡터공간은 교환법칙과 결합법칙이 성립함을 설명하고 있고, (iii)과 (iv)는 합의 항등원과 역원이 V에 존재해야 함을 설명하고 있다. 한편, 정의 3.1의 (v)와 (vi)은 벡터공간의 원소의 스칼라배의 분배법칙이 성립하고 (vii)은 스칼라배의 결합법칙이 성립함을 보여주고 있다.

예제 3.1 다음 물음에 답하라.

① 벡터의 합과 스칼라배의 연산을 정의 1.3의 표준연산으로 정의하였을 때, $\mathbb{R}^n$이 벡터공간인지 보여라.

② $\mathbb{R}^3$의 임의의 벡터 $\boldsymbol{a}, \boldsymbol{b}$와 스칼라 k에 대하여, 벡터의 합과 스칼라배의 연산을

$$\boldsymbol{a}+\boldsymbol{b}=\begin{pmatrix}a_1\\a_2\\a_3\end{pmatrix}+\begin{pmatrix}b_1\\b_2\\b_3\end{pmatrix}=\begin{pmatrix}a_1+b_1\\a_2-b_2\\a_3+b_3\end{pmatrix},\quad k\boldsymbol{a}=k\begin{pmatrix}a_1\\a_2\\a_3\end{pmatrix}=\begin{pmatrix}ka_1\\ka_2\\ka_3\end{pmatrix} \tag{3.1}$$

과 같이 정의하였을 때, $\mathbb{R}^3$가 벡터공간인지 보여라.

③ $V=\left\{\boldsymbol{a}\ \middle|\ \boldsymbol{a}=\begin{pmatrix}a_1\\a_2\end{pmatrix},\ a_i>0,\ i=1,2\right\}$이고 벡터의 합과 스칼라배의 연산을 정의 1.3의 표준연산으로 정의하였을 때, V가 벡터공간인지 보여라.

풀이

① 벡터의 합과 스칼라배의 연산이 정의 1.3과 같이 표준연산으로 정의하였을 때, $\mathbb{R}^n$의 임의의 벡터 $\boldsymbol{a}=\begin{pmatrix}a_1\\a_2\\\vdots\\a_n\end{pmatrix}$, $\boldsymbol{b}=\begin{pmatrix}b_1\\b_2\\\vdots\\b_n\end{pmatrix}$의 합은 $\boldsymbol{a}+\boldsymbol{b}=\begin{pmatrix}a_1+b_1\\a_2+b_2\\\vdots\\a_n+b_n\end{pmatrix}$가 되고 모든 성분 a_i+b_i들은 모두 실수이므로 $\boldsymbol{a}+\boldsymbol{b}\in\mathbb{R}^n$이다. 임의의 스칼라 k에 대해서 $k\boldsymbol{a}=\begin{pmatrix}ka_1\\ka_2\\\vdots\\ka_n\end{pmatrix}$의 모든 성분 ka_i들도 실수이므로 $k\boldsymbol{a}\in\mathbb{R}^n$이다. 그러므로 $\mathbb{R}^n$은 정의한 벡터의 합과 스칼라배에 대해 닫혀 있다.

한편, $\mathbb{R}^n$의 임의의 벡터 $\boldsymbol{a}$, $\boldsymbol{b}$에 대하여 두 벡터의 합 $\boldsymbol{a}+\boldsymbol{b}$와 $\boldsymbol{b}+\boldsymbol{a}$는

$$\boldsymbol{a}+\boldsymbol{b}=\begin{pmatrix}a_1+b_1\\a_2+b_2\\\vdots\\a_n+b_n\end{pmatrix},\quad \boldsymbol{b}+\boldsymbol{a}=\begin{pmatrix}b_1+a_1\\b_2+a_2\\\vdots\\b_n+a_n\end{pmatrix}$$

이고 실수의 성질에 의해 $a_i+b_i=b_i+a_i$로 각 성분은 동일하므로 정의 3.1의 조건 (ⅰ)이 성립한다. 그 외 벡터공간이 되기 위한 조건들도 실수의 성질에 의해 쉽게 보여줄 수 있으므로 생략한다. 따라서 정의 1.3의 표준연산을 갖는 $\mathbb{R}^n$은 벡터공간이다.

② 정의한 벡터의 합에 의해 $\mathbb{R}^3$의 임의의 벡터 $\boldsymbol{a}=\begin{pmatrix}a_1\\a_2\\a_3\end{pmatrix}$, $\boldsymbol{b}=\begin{pmatrix}b_1\\b_2\\b_3\end{pmatrix}$와 스칼라 k에 대하여, 두 벡터의 합과 스칼라배는 식 (3.1)과 같이 되고 $\boldsymbol{a}+\boldsymbol{b}$와 $k\boldsymbol{a}$의 모든 성분들은 실수이므로 $\boldsymbol{a}+\boldsymbol{b}\in\mathbb{R}^3$, $k\boldsymbol{a}\in\mathbb{R}^3$이다. 즉, 정의한 합과 스칼라배에 대해 $\mathbb{R}^3$가 닫혀 있다는 것을 알 수 있다.

하지만, $\mathbb{R}^3$의 임의의 벡터 $\boldsymbol{a}$, $\boldsymbol{b}$에 대하여 두 벡터의 합 $\boldsymbol{a}+\boldsymbol{b}$와 $\boldsymbol{b}+\boldsymbol{a}$는

$$a+b=\begin{pmatrix}a_1+b_1\\a_2-b_2\\a_3+b_3\end{pmatrix},\ b+a=\begin{pmatrix}b_1+a_1\\b_2-a_2\\b_3+a_3\end{pmatrix}$$

이고 두 번째 성분들을 비교하면 $a_2-b_2 \neq b_2-a_2$이므로 $\boldsymbol{a}+\boldsymbol{b} \neq \boldsymbol{b}+\boldsymbol{a}$으로 정의 3.1의 조건 (ⅰ)이 성립되지 않는다. 그러므로 예제 ②에 정의한 벡터의 합의 연산을 갖는 $\mathbb{R}^3$는 벡터공간이 아니다.

③ 정의 1.3의 표준연산으로 벡터의 합과 스칼라배를 정의하였을 때, 모든 성분이 양의 실수인 임의의 두 벡터 $\boldsymbol{a}=\begin{pmatrix}a_1\\a_2\end{pmatrix}$, $\boldsymbol{b}=\begin{pmatrix}b_1\\b_2\end{pmatrix}$에 대하여 두 벡터의 합은 $\boldsymbol{a}+\boldsymbol{b}=\begin{pmatrix}a_1+b_1\\a_2+b_2\end{pmatrix}$ 이고 모든 성분 a_i+b_i들 또한 양의 실수이므로 $\boldsymbol{a}+\boldsymbol{b}\in V$이다.

하지만, 양의 실수가 아닌 임의의 스칼라 k에 대해서 $k\boldsymbol{a}=\begin{pmatrix}ka_1\\ka_2\end{pmatrix}$의 모든 성분 ka_i들은 양의 실수가 아니므로 $k\boldsymbol{a}\notin V$이다. 따라서 V는 스칼라배에 대한 연산이 닫혀 있지 않으므로 벡터공간이 아니다.

영벡터만을 원소로 가지는 $V=\{\mathbf{0}\}$인 벡터의 집합은 $\mathbf{0}+\mathbf{0}=\mathbf{0}$과 임의의 스칼라 k에 대해 $k\mathbf{0}=\mathbf{0}$으로 정의하면 합의 연산과 스칼라배의 연산에 대해 닫혀 있으며, 정의 3.1의 8가지 조건들이 성립하므로 벡터공간이다. 이때 V를 영벡터공간 혹은 자명벡터공간이라 한다.

다음 예제들은 행렬과 함수에 관련된 벡터공간의 예들을 보여주고 있다.

예제 3.2 다음 물음에 답하라.

① 행렬의 합과 스칼라배의 연산을 정의 2.3과 같이 표준연산으로 정의하였을 때, 모든 성분들이 실수인 $m\times n$ 행렬들의 집합인 $M_{m\times n}$이 벡터공간인지 보여라.

② 모든 성분들이 실수인 2×3 행렬들의 집합인 $M_{2\times 3}$의 임의의 행렬 $A=(a_{ij})_{2\times 3}$, $B=(b_{ij})_{2\times 3}$와 스칼라 k에 대하여, 행렬의 합과 스칼라배의 연산을

$$A+B=\begin{pmatrix}a_{11}+b_{11} & a_{12}+b_{12} & a_{13}-b_{13}\\ a_{21}+b_{21} & a_{22}+b_{22} & a_{23}-b_{23}\end{pmatrix},\ kA=\begin{pmatrix}ka_{11} & ka_{12} & ka_{13}\\ ka_{21} & ka_{22} & ka_{23}\end{pmatrix} \quad (3.2)$$

과 같이 정의하였을 때, $M_{2\times 3}$이 벡터공간인지 보여라.

③ 행렬의 합과 스칼라배의 연산을 정의 2.3과 같이 표준연산으로 정의하였을 때, 모든 성분들이 양의 실수인 2차 정방행렬들의 집합인 $M_{2\times 2}^{+}$가 벡터공간인지 보여라.

풀이

① $M_{m\times n}$의 원소인 임의의 행렬 $A=(a_{ij})_{m\times n}$, $B=(b_{ij})_{m\times n}$와 스칼라 k에 대하여,

정의 2.3에서 정의한 행렬의 합과 스칼라배에 의하여 두 행렬 A와 B의 합과 스칼라배는

$$A+B=(a_{ij}+b_{ij}),\ kA=(ka_{ij})$$

가 된다. 모든 $i=1,2,\cdots,m$과 $j=1,2,\cdots,n$에 대하여 행렬 $A+B$의 (i,j) 성분인 $a_{ij}+b_{ij}$는 실수이므로 $A+B\in M_{m\times n}$으로 행렬의 합에 대해 닫혀 있고, 행렬 kA의 (i,j) 성분인 ka_{ij} 또한 실수이므로 $kA\in M_{m\times n}$으로 행렬의 스칼라배에 대해 닫혀 있다. $m\times n$차원 영행렬인 $O_{m\times n}$ 행렬과 임의의 행렬 A에 대한 $-A$ 행렬도 모든 성분이 실수이므로 $O_{m\times n}\in M_{m\times n}$, $-A\in M_{m\times n}$이 된다. 그러므로 정의 3.1의 조건 (iii)과 (iv)가 성립한다.

한편, 행렬의 합과 스칼라배의 성질을 보여주고 있는 정리 2.1은 벡터공간이 되기 위한 정의 3.1의 그 외의 조건들도 성립함을 보여주고 있다. 따라서 행렬의 합과 스칼라배의 연산이 정의 2.3과 같이 표준연산으로 정의하였을 때, $M_{m\times n}$은 벡터공간이다.

② $M_{2\times 3}$의 원소인 임의의 행렬 $A=(a_{ij})_{2\times 3}$, $B=(b_{ij})_{2\times 3}$와 스칼라 k에 대하여, 두 행렬의 합과 스칼라배는 식 (3.2)와 같이 정의되고 $A+B$와 kA의 모든 성분들은 실수이므로 $A+B\in M_{2\times 3}$, $kA\in M_{2\times 3}$이다. 즉, 정의한 행렬의 합과 스칼라배에 대해 $M_{2\times 3}$이 닫혀 있다는 것을 알 수 있다.

하지만, $M_{2\times 3}$의 임의의 행렬 A, B에 대하여 두 행렬의 합 $A+B$와 $B+A$는

$$A+B=\begin{pmatrix} a_{11}+b_{11} & a_{12}+b_{12} & a_{13}-b_{13} \\ a_{21}+b_{21} & a_{22}+b_{22} & a_{23}-b_{23} \end{pmatrix}$$

$$B+A=\begin{pmatrix} b_{11}+a_{11} & b_{12}+a_{12} & b_{13}-a_{13} \\ b_{21}+a_{21} & b_{22}+a_{22} & b_{23}-a_{23} \end{pmatrix}$$

이고 (1, 3) 성분과 (2, 3) 성분들을 각각 비교하면 $a_{13}-b_{13}\neq b_{13}-a_{13}$, $a_{23}-b_{23}\neq b_{23}-a_{23}$이므로 $A+B\neq B+A$으로 정의 3.1의 조건 (i)이 성립되지 않는다. 그러므로 식 (3.2)에 정의한 행렬의 합의 연산을 갖는 $M_{2\times 3}$은 벡터공간이 아니다.

③ 정의 2.3의 표준연산으로 행렬의 합과 스칼라배를 정의하였을 때, 모든 성분이 양의 실수인 행렬의 집합인 $M_{2\times 2}^{+}$의 임의의 행렬 $A=(a_{ij})_{2\times 2}$, $B=(b_{ij})_{2\times 2}$에 대하여 두 행렬의 합은 $A+B=(a_{ij}+b_{ij})_{2\times 2}$이고 모든 $i=1,\ 2$와 $j=1,\ 2$에 대하여 성분 $a_{ij}+b_{ij}$들 또한 양의 실수이므로 $A+B\in M_{2\times 2}^{+}$이다.

하지만, 양의 실수가 아닌 임의의 스칼라 k에 대해서 $kA=(ka_{ij})_{2\times 2}$의 모든 성분 ka_{ij}들은 양의 실수가 아니므로 $kA\not\in M_{2\times 2}^{+}$이다. 따라서 $M_{2\times 2}^{+}$는 스칼라배에 대한 연산이 닫혀 있지 않으므로 벡터공간이 아니다.

예제 3.3 다음 물음에 답하라.

① 폐구간 $[a,\ b]$에서 정의되고 연속인 실함수의 집합을 $C[a,\ b]$라 하자. 즉,

$$C[a,\ b]=\{f(x)|f(x)\text{는 연속},\ x\in[a,b]\}$$

이다. $C[a,\ b]$의 원소인 임의의 함수 f, g와 스칼라 k에 대하여, 함수의 합과 스칼라배의 연산을

$$(f+g)(x)=f(x)+g(x),\quad (kf)(x)=kf(x) \tag{3.3}$$

와 같이 정의하였을 때, $C[a,\ b]$가 벡터공간인지 보여라.

② 폐구간 $[a,\ b]$에서 정의되고 연속이며 양의 값을 갖는 실함수의 집합을 $C^+[a,\ b]$라 하자. 즉,

$$C^+[a,\ b]=\{f(x)|f(x)>0\text{이고 연속},\ x\in[a,b]\}$$

이다. $C^+[a,\ b]$의 원소인 임의의 함수 f, g와 스칼라 k에 대하여, 함수의 합과 스칼라배의 연산을 식 (3.3)과 같이 정의하였을 때, $C^+[a,\ b]$가 벡터공간인지 보여라.

풀이

① 식 (3.3)과 같이 함수의 합과 스칼라배의 연산을 정의하였을 때, $C[a,\ b]$의 임의의 함수 f, g의 합 $f(x)+g(x)$는 폐구간 $[a,b]$에서 정의되고 연속이므로 $f+g\in C[a,b]$이다. 임의의 스칼라 k에 대해서 $kf(x)$ 또한 폐구간 $[a,b]$에서 정의되고 연속이므로 $kf\in C[a,b]$이다. 따라서 $C[a,\ b]$는 식 (3.3)에서 정의한 함수의 합과 스칼라배에 대해 닫혀 있다.
한편, 정의 3.1의 8가지 조건들도 연속 함수의 성질에 의하여 성립함을 쉽게 보일 수 있으므로 $C[a,\ b]$는 정의된 함수의 합과 스칼라배에 대하여 벡터공간이다. 조건 (iii)의 영벡터는 $C[a,\ b]$의 원소 중 상수함수 0에 해당한다.

② 식 (3.3)과 같이 함수의 합과 스칼라배의 연산을 정의하였을 때, $C^+[a,\ b]$의 임의의 함수 f, g의 합 $f(x)+g(x)$는 폐구간 $[a,b]$에서 정의되고 양의 값을 가지며 연속이므로 $f+g\in C^+[a,b]$이다.
하지만, 양이 아닌 임의의 스칼라 k에 대해서 $kf(x)$는 폐구간 $[a,b]$에서 정의되고 연속이지만 $kf(x)$는 양이 아닌 값을 가지므로 $kf\not\in C^+[a,b]$이다. 따라서 $C^+[a,\ b]$는 스칼라배에 대한 연산이 닫혀 있지 않으므로 벡터공간이 아니다.

3-2 부분공간

이차원 유클리드의 공간 $\mathbb{R}^2$에 속하는 어떤 직선 위의 점들로 구성된 벡터의 집합은 벡터공간일까? $\mathbb{R}^2$에서 성분이 모두 양수인 점들로 구성된 벡터의 집합은 벡터공간일까? 어떤 벡터공간의 부분집합이 벡터공간이 되면 부분공간이라 하고 다음과 같이 정의한다.

정의 3.2 | 부분공간

공집합이 아닌 W가 벡터공간 V의 부분집합이고 V에서 정의된 합과 스칼라배에 대하여 W가 벡터공간이 되면, W를 V의 부분공간(subspace)이라 한다.

벡터공간 V에서 정의한 합과 스칼라배에 대하여 부분집합 W가 부분공간이 되는지 보이기 위해서는 정의 3.1의 조건들을 살펴야 한다. W는 V의 부분집합이고 합과 스칼라배의 정의를 동일하게 적용하므로 벡터공간이 되는 조건들 중 바로 성립이 되는 것들이 있다. 다음의 정리는 벡터공간 V의 부분집합 W가 V의 부분공간일 필요충분조건을 제시하고 있다.

정리 3.1

공집합이 아닌 W가 벡터공간 V의 부분집합일 때, W가 V의 부분공간이 되기 위한 필요충분조건은 다음과 같다.

(i) 임의의 $\boldsymbol{a}, \boldsymbol{b} \in W$에 대하여, $\boldsymbol{a}+\boldsymbol{b} \in W$
(ii) $\boldsymbol{a} \in W$일 때, 임의의 스칼라 k에 대하여 $k\boldsymbol{a} \in W$

증명 W가 벡터공간이므로 충분조건은 자명하므로 필요조건만 증명한다. W가 벡터공간 V의 부분집합이므로 벡터공간이 되는 정의 3.1의 조건 중에서 (iii)과 (iv)를 제외하고는 모두 성립한다. W가 정의 3.1의 조건 (vi)와 (viii)을 만족하므로 임의의 $\boldsymbol{a} \in W$에 대하여

$$\boldsymbol{a} = 1\boldsymbol{a} = (1+0)\boldsymbol{a} = 1\boldsymbol{a} + 0\boldsymbol{a} = \boldsymbol{a} + 0\boldsymbol{a}$$

이므로 $0 \cdot \boldsymbol{a} = \boldsymbol{0}$ 이며, 위 조건 (ii)에 의해 $\boldsymbol{0} \in W$이다. 따라서 정의 3.1의 조건 (iii)이 성립한다. 한편,

$$\boldsymbol{0} = 0\boldsymbol{a} = (1+(-1))\boldsymbol{a} = 1\boldsymbol{a} + (-1)\boldsymbol{a} = \boldsymbol{a} + (-1)\boldsymbol{a}$$

이므로 $(-1)\boldsymbol{a} = -\boldsymbol{a}$가 된다. 위 조건 (ii)에 의해 $-\boldsymbol{a} \in W$ 이다. 따라서 정의 3.1의 조건 (iv)가 성립한다. ♣

예제 3.4 벡터의 합과 스칼라배의 연산을 정의 1.3의 표준연산으로 정의하였을 때, W가 V의 부분공간인지 보여라.

① $V = \mathbb{R}^2$, $W = \left\{ \boldsymbol{a} \;\middle|\; \boldsymbol{a} = \begin{pmatrix} a \\ 2a \end{pmatrix},\ a \in \mathbb{R} \right\}$

② $V=\mathbb{R}^2,\ \ W=\left\{\boldsymbol{a}\ \middle|\ \boldsymbol{a}=\begin{pmatrix}a_1\\a_2\end{pmatrix},\ a_i>0,\ i=1,2\right\}$

③ $V=\mathbb{R}^3,\ \ W=\left\{\boldsymbol{a}\ \middle|\ \boldsymbol{a}=\begin{pmatrix}a_1\\1\\a_2\end{pmatrix},\ a_1, a_2\in\mathbb{R}\right\}$

풀이

① 예제 3.1의 ①에 의하여 $V=\mathbb{R}^2$는 벡터공간이다. $\mathbb{R}^2$의 부분집합인 W의 임의의 벡터 $\boldsymbol{a}=\begin{pmatrix}a\\2a\end{pmatrix}$, $\boldsymbol{b}=\begin{pmatrix}b\\2b\end{pmatrix}$에 대하여, 두 벡터의 합은 $\boldsymbol{a}+\boldsymbol{b}=\begin{pmatrix}a+b\\2(a+b)\end{pmatrix}$이므로, 두 번째 성분은 첫 번째 성분의 2배가 된다. 따라서 $\boldsymbol{a}+\boldsymbol{b}\in W$이다.
한편, 임의의 스칼라 k에 대하여 $k\boldsymbol{a}=\begin{pmatrix}ka\\2ka\end{pmatrix}$이고, 두 번째 성분은 첫 번째 성분의 2배이므로 $k\boldsymbol{a}\in W$이다. 부분공간이 되기 위한 정리 3.1의 두 필요충분조건이 성립하므로, W는 $\mathbb{R}^2$의 부분공간이다.

② 위 예제 ①처럼 $V=\mathbb{R}^2$는 벡터공간이다. W는 모든 성분들이 양의 실수를 가지는 벡터들만의 집합이고 $\mathbb{R}^2$의 부분집합이다. W의 임의의 벡터 $\boldsymbol{a}=\begin{pmatrix}a_1\\a_2\end{pmatrix}$, $\boldsymbol{b}=\begin{pmatrix}b_1\\b_2\end{pmatrix}$에 대하여, 두 벡터의 합은 $\boldsymbol{a}+\boldsymbol{b}=\begin{pmatrix}a_1+b_1\\a_2+b_2\end{pmatrix}$이고 두 성분 a_1+a_2와 b_1+b_2은 모두 양의 실수이므로 $\boldsymbol{a}+\boldsymbol{b}\in W$이다.
하지만, 임의의 스칼라 k 대하여, $k\boldsymbol{a}=\begin{pmatrix}ka_1\\ka_2\end{pmatrix}$가 되고 $k<0$인 경우에는 $k\boldsymbol{a}\not\in W$이다. 따라서 정리 3.1의 부분공간이 되기 위한 필요충분조건 (ii)가 성립하지 않으므로 W는 $\mathbb{R}^2$의 부분공간이 아니다.

③ 위 예제 ①처럼 예제 3.1의 ①에 의하여 $\mathbb{R}^3$도 벡터공간이다. W는 두 번째 성분이 1인 벡터들만의 집합이고 $\mathbb{R}^3$의 부분집합이다. W의 임의의 벡터 $\boldsymbol{a}=\begin{pmatrix}a_1\\1\\a_2\end{pmatrix}$와 $\boldsymbol{b}=\begin{pmatrix}b_1\\1\\b_2\end{pmatrix}$에 대하여, 두 벡터의 합은 $\boldsymbol{a}+\boldsymbol{b}=\begin{pmatrix}a_1+b_1\\2\\a_2+b_2\end{pmatrix}$가 되고 두 번째 성분이 2가 되므로 두 번째 성분이 1인 벡터들만의 집합인 W의 원소가 되지 않는다. 즉, $\boldsymbol{a}+\boldsymbol{b}\not\in W$이다.
또한, 임의의 스칼라 k 대하여, $k\boldsymbol{a}=\begin{pmatrix}ka_1\\k\\ka_2\end{pmatrix}$가 되고 $k=1$인 경우 이외에는 $k\boldsymbol{a}\not\in W$이다. 따라서 정리 3.1의 부분공간이 되기 위한 필요충분조건들이 모두 성립하지 않으므로 W는 $\mathbb{R}^3$의 부분공간이 아니다.

예제 3.5 행렬의 합과 스칼라배의 연산을 정의 2.3의 표준연산으로 정의하였을 때, W가 V의 부분공간인지 보여라.

① $V=M_{m\times n}$, $W=\{A\,|\,(1,\ 1)$ 성분이 0, $A\in M_{m\times n}\}$

② $V=M_{2\times 2}$, $W=\{A\,|$ 모든 성분이 양의 실수, $A\in M_{2\times 2}\}$

풀이

① 예제 3.2의 ①에서 $M_{m\times n}$은 정의 2.3의 행렬의 합과 스칼라배의 연산에 대하여 벡터공간임을 보였다. (1, 1) 성분이 0인 $m\times n$ 행렬들의 집합인 W는 $M_{m\times n}$의 부분집합이다. W의 임의의 행렬 A, B와 스칼라 k에 대하여, 두 행렬의 합 $A+B$는 (1, 1) 성분이 0이며 그 외의 성분들은 모두 실수이므로 $A+B\in W$이다.
한편, 임의의 스칼라 k에 대하여, kA 또한 (1, 1) 성분이 0이고 그 외의 성분은 모두 실수이므로 $kA\in W$이다. 부분공간이 되기 위한 정리 3.1의 두 필요충분조건이 성립하므로, $M_{m\times n}$의 부분집합인 W는 부분공간이다.

② 예제 3.2의 ①에 의해서 $m=n=2$인 경우에 $M_{2\times 2}$는 정의 2.3의 행렬의 합과 스칼라배의 연산에 대하여 벡터공간이 된다. 모든 성분이 양의 실수인 2차 정방행렬들의 집합인 W는 $M_{2\times 2}$의 부분집합이다. W의 임의의 행렬 A, B와 스칼라 k에 대하여, 두 행렬의 합 $A+B$는 모든 성분이 양의 실수이므로 $A+B\in W$이다.
하지만, 양이 아닌 임의의 스칼라 k에 대하여, kA의 모든 성분들은 양이 아닌 실수이므로 $kA\not\in W$이다. 부분공간이 되기 위한 정리 3.1의 두 필요충분조건의 (ii)가 성립하지 않으므로 $M_{2\times 2}$의 부분집합인 W는 부분공간이 아니다.

예제 3.6 함수의 합과 스칼라배의 연산을 식 (3.3)과 같이 정의하였을 때, W가 V의 부분공간인지 보여라.

① $V=C[a,\ b]$, $W=\{f|f$는 단조증가함수, $f\in C[a,\ b]\}$

② $V=C[a,\ b]$, $W=\left\{f\,\middle|\,\int_a^b f(x)dx=0,\ f\in C[a,\ b]\right\}$

풀이

① 예제 3.3의 ①에 의하면 식 (3.3)의 함수의 합과 스칼라배의 연산에 대하여 $V=C[a,\ b]$는 벡터공간임을 보였다. 연속이고 단조증가인 함수의 집합인 W는 $C[a,\ b]$의 부분집합이다. W의 임의의 함수 f와 g에 대해서 $(f+g)(x)=f(x)+g(x)$는 연속이고 단조증가함수이므로 $f+g\in W$이다.
하지만 양이 아닌 임의의 스칼라 k에 대하여, $(kf)(x)=kf(x)$는 연속이지만 단조감소함수가 되므로 $kf\not\in W$가 된다. 부분공간이 되기 위한 정리 3.1의 두 필요충분조건의 (ii)가 성립하지 않으므로 $C[a,\ b]$의 부분집합인 W는 부분공간이 아니다.

② 위 예제에서 설명하였듯이, 식 (3.3)의 함수의 합과 스칼라배의 연산에 대하여

$V = C[a, b]$는 벡터공간이다. 연속이고 $\int_a^b f(x)dx = 0$을 만족하는 함수의 집합인 W는 $C[a, b]$의 부분집합이다. W의 임의의 함수 f와 g에 대해서 $(f+g)(x) = f(x)+g(x)$는 연속이고

$$\int_a^b \{f(x)+g(x)\}dx = \int_a^b f(x)dx + \int_a^b g(x)dx = 0$$

이므로 $f+g \in W$이다.

한편, 임의의 스칼라 k에 대하여, $(kf)(x) = kf(x)$는 연속이고 또한

$$\int_a^b kf(x)dx = k\int_a^b f(x)dx = 0$$

이므로 $kf \in W$가 된다. 부분공간이 되기 위한 정리 3.1의 두 필요충분조건들이 성립하므로 $C[a, b]$의 부분집합인 W는 부분공간이다.

그림 3.1의 (a)와 (b)는 각각 예제 3.4의 ①과 ③의 벡터공간 V와 부분집합 W를 보여주고 있다. 예제 3.4의 ①의 W는 $\mathbb{R}^2$ 상에서 $y = 2x$를 만족하는 x와 y를 성분으로 하는 벡터의 집합이며 예제 3.4의 ③의 W는 $\mathbb{R}^3$ 상에서 $y = 1$인 평면 위의 x와 z를 첫 번째와 세 번째 성분으로 하는 집합이다.

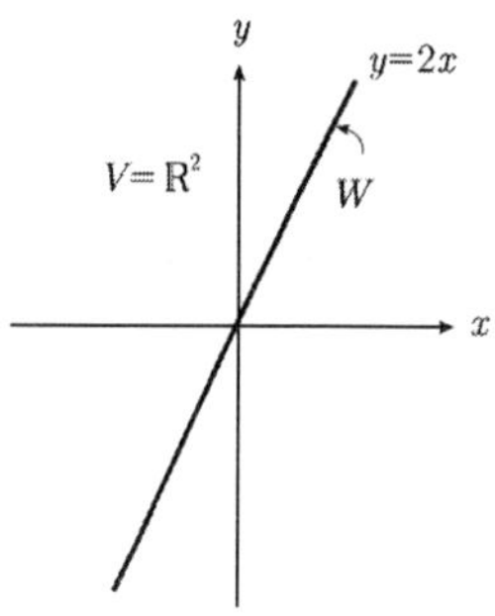

(a)

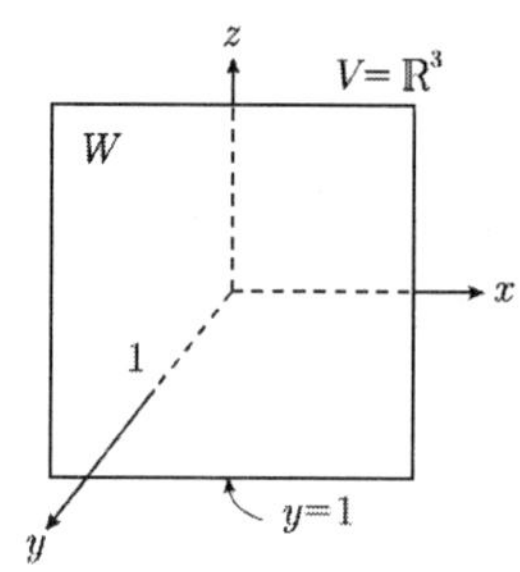

(b)

그림 3.1

3-3 일차결합과 생성집합

벡터공간에서 정의된 합과 스칼라배를 활용한 벡터공간의 어떤 원소들의 결합으로 특별한 벡터를 만들 수 있을까? 그 원소들의 결합으로 만들 수 있는 벡터의 집합은 무엇이 될까? 이러한 개념에 대해 알아보기 위해 먼저 일차결합의 정의를 살펴보자.

정의 3.3 | 일차결합

V가 벡터공간이고 $\boldsymbol{a}_1, \boldsymbol{a}_2, \cdots, \boldsymbol{a}_n$이 V의 원소일 때, 스칼라 $k_1, k_2, \cdots, k_n$에 대하여

$$k_1\boldsymbol{a}_1 + k_2\boldsymbol{a}_2 + \cdots + k_n\boldsymbol{a}_n$$

을 $\boldsymbol{a}_1, \boldsymbol{a}_2, \cdots, \boldsymbol{a}_n$의 일차결합(linear combination) 혹은 선형결합이라 한다.

예제 3.7 다음 물음에 답하라.

① $\mathbb{R}^3$의 벡터 $\boldsymbol{a}_1 = \begin{pmatrix} 1 \\ -1 \\ 0 \end{pmatrix}$, $\boldsymbol{a}_2 = \begin{pmatrix} -1 \\ 2 \\ 1 \end{pmatrix}$, $\boldsymbol{a}_3 = \begin{pmatrix} 3 \\ -1 \\ -2 \end{pmatrix}$의 일차결합 $2\boldsymbol{a}_1 - 3\boldsymbol{a}_2 + \boldsymbol{a}_3$를 구하라.

② 2차 정방행렬의 집합 $M_{2\times2}$의 행렬 $A = \begin{pmatrix} 1 & 0 \\ 0 & -1 \end{pmatrix}$, $B = \begin{pmatrix} -1 & 1 \\ -1 & 2 \end{pmatrix}$, $C = \begin{pmatrix} -2 & 0 \\ 1 & 1 \end{pmatrix}$의 일차결합 $3A - B + 2C$를 구하라.

③ $3x^2 - 2x + 5$는 $C[0, 1]$의 원소 1, x, x^2의 일차결합임을 설명하라.

④ $\mathbb{R}^2$의 벡터 $\boldsymbol{x}$가 $\boldsymbol{a}_1$과 $\boldsymbol{a}_2$의 일차결합으로 표현되는지 보여라.

$$\boldsymbol{a}_1 = \begin{pmatrix} 1 \\ -1 \end{pmatrix}, \ \boldsymbol{a}_2 = \begin{pmatrix} 2 \\ 1 \end{pmatrix}, \ \boldsymbol{x} = \begin{pmatrix} 0 \\ 3 \end{pmatrix}$$

⑤ 2차 정방행렬의 집합 $M_{2\times2}$의 행렬 C가 A와 B의 일차결합으로 표현되는지 보여라.

$$A = \begin{pmatrix} 1 & 0 \\ 0 & -1 \end{pmatrix}, \ B = \begin{pmatrix} -1 & 1 \\ -1 & 2 \end{pmatrix}, \ C = \begin{pmatrix} 1 & 2 \\ -1 & 0 \end{pmatrix}$$

⑥ $C[-1, 1]$의 함수 $h(x)$가 $f(x)$와 $g(x)$의 일차결합으로 표현되는지 보여라.

$$f(x) = 2x^2 + 3, \ g(x) = x^2 - x + 2, \ h(x) = x^2 + x + 1$$

풀이

① $2\boldsymbol{a}_1 - 3\boldsymbol{a}_2 + \boldsymbol{a}_3 = 2\begin{pmatrix} 1 \\ -1 \\ 0 \end{pmatrix} - 3\begin{pmatrix} -1 \\ 2 \\ 1 \end{pmatrix} + \begin{pmatrix} 3 \\ -1 \\ -2 \end{pmatrix}$

$$=\begin{pmatrix}2\\-2\\0\end{pmatrix}+\begin{pmatrix}3\\-6\\-3\end{pmatrix}+\begin{pmatrix}3\\-1\\-2\end{pmatrix}=\begin{pmatrix}8\\-9\\-5\end{pmatrix}$$

② $3A-B+2C=3\begin{pmatrix}1&0\\0&-1\end{pmatrix}-\begin{pmatrix}-1&1\\-1&2\end{pmatrix}+2\begin{pmatrix}-2&0\\1&1\end{pmatrix}$

$$=\begin{pmatrix}3&0\\0&-3\end{pmatrix}+\begin{pmatrix}1&-1\\1&-2\end{pmatrix}+\begin{pmatrix}-4&0\\2&2\end{pmatrix}=\begin{pmatrix}0&-1\\3&-3\end{pmatrix}$$

③ $3x^2-2x+5$는 $C[0,1]$의 원소 1, x, x^2을 각각 5, -2, 3 스칼라배하여 합한 $3\times x^2-2\times x+5\times 1$로 1, x, x^2의 일차결합 형태이다.

④ $\boldsymbol{x}=k_1\boldsymbol{a}_1+k_2\boldsymbol{a}_2$을 만족하는 스칼라 k_1과 k_2를 찾아보자.

$$\begin{pmatrix}0\\3\end{pmatrix}=k_1\begin{pmatrix}1\\-1\end{pmatrix}+k_2\begin{pmatrix}2\\1\end{pmatrix}=\begin{pmatrix}k_1\\-k_1\end{pmatrix}+\begin{pmatrix}2k_2\\k_2\end{pmatrix}=\begin{pmatrix}k_1+2k_2\\-k_1+k_2\end{pmatrix}$$

이므로 $k_1+2k_2=0$과 $-k_1+k_2=3$의 해는 $k_1=-2$와 $k_2=1$이다. 그러므로 $\boldsymbol{x}=-2\boldsymbol{a}_1+1\boldsymbol{a}_2$로 $\boldsymbol{x}$는 $\boldsymbol{a}_1$과 $\boldsymbol{a}_2$의 일차결합으로 표현된다.

⑤ $C=k_1A+k_2B$를 만족하는 스칼라 k_1과 k_2를 찾아보자.

$$\begin{pmatrix}1&2\\-1&0\end{pmatrix}=k_1\begin{pmatrix}1&0\\0&-1\end{pmatrix}+k_2\begin{pmatrix}-1&1\\-1&2\end{pmatrix}$$

$$=\begin{pmatrix}k_1&0\\0&-k_1\end{pmatrix}+\begin{pmatrix}-k_2&k_2\\-k_2&2k_2\end{pmatrix}=\begin{pmatrix}k_1-k_2&k_2\\-k_2&-k_1+2k_2\end{pmatrix}$$

이므로 (2, 1) 성분을 비교하면 $k_2=1$이고 (1, 2) 성분에 의하여 $k_2=2$가 되어 모순이다. 그러므로 C는 A와 B의 일차결합으로 표현되지 않는다.

⑥ $h(x)=k_1f(x)+k_2g(x)$의 성립을 위해서 $k_1=1$과 $k_2=-1$을 선택하면 됨을 쉽게 보일 수 있다. 그러므로 $h(x)$는 $f(x)$와 $g(x)$의 일차결합으로 표현된다.

예제 3.7의 예들처럼 벡터공간의 어떤 원소들의 일차결합에 의해 만들어지는 벡터공간의 원소들이 있는가 하면 그렇지 못한 경우도 있다. 이와 관련한 개념에 대해 알아보자.

정의 3.4 생성집합

V가 벡터공간이고 $S=\{\boldsymbol{a}_1,\boldsymbol{a}_2,\cdots,\boldsymbol{a}_n\}\subset V$에 대하여, S의 원소에 의한 일차결합에 의해 만들어지는 집합 $W=\{\boldsymbol{x}\mid \boldsymbol{x}=k_1\boldsymbol{a}_1+k_2\boldsymbol{a}_2+\cdots+k_n\boldsymbol{a}_n,\ k_i\in\mathbb{R}\}$는 집합 S에 의하여 생성(span)된다고 한다. 이때 S를 W의 생성집합(spanning set)이라 하며 $W=\text{span}(S)$ 혹은 $W=\text{span}\{\boldsymbol{a}_1,\boldsymbol{a}_2,\cdots,\boldsymbol{a}_n\}$이라 표기한다.

예제 3.8 $W = \text{span}(S)$인지 보여라.

① $S = \{\boldsymbol{a}_1, \boldsymbol{a}_2\}$, $\boldsymbol{a}_1 = \begin{pmatrix} 1 \\ -1 \end{pmatrix}$, $\boldsymbol{a}_2 = \begin{pmatrix} 2 \\ 1 \end{pmatrix}$, $W = \mathbb{R}^2$

② $S = \{\boldsymbol{a}_1, \boldsymbol{a}_2\}$, $\boldsymbol{a}_1 = \begin{pmatrix} 1 \\ -1 \end{pmatrix}$, $\boldsymbol{a}_2 = \begin{pmatrix} 2 \\ -2 \end{pmatrix}$, $W = \mathbb{R}^2$

③ $S = \{\boldsymbol{e}_1, \boldsymbol{e}_2, \boldsymbol{e}_3\}$, $W = \mathbb{R}^3$

④ $S = \{A_1, A_2\}$, $A_1 = \begin{pmatrix} 1 & 0 \\ 0 & 1 \end{pmatrix}$, $A_2 = \begin{pmatrix} 0 & 1 \\ 1 & 0 \end{pmatrix}$, $W = M_{2\times 2}$

⑤ $S = \{1, x\}$, $W = \{a + bx \mid a, b \in \mathbb{R}\}$

풀이

① $\mathbb{R}^2$의 임의의 $\boldsymbol{x} = \begin{pmatrix} x_1 \\ x_2 \end{pmatrix}$에 대하여 $\boldsymbol{a}_1$, $\boldsymbol{a}_2$의 일차결합인 $\boldsymbol{x} = k_1\boldsymbol{a}_1 + k_2\boldsymbol{a}_2$가 성립하는 스칼라 k_1과 k_2가 존재하면 $\mathbb{R}^2 = \text{span}(S)$가 된다.

$$\begin{pmatrix} x_1 \\ x_2 \end{pmatrix} = k_1\begin{pmatrix} 1 \\ -1 \end{pmatrix} + k_2\begin{pmatrix} 2 \\ 1 \end{pmatrix} = \begin{pmatrix} k_1 \\ -k_1 \end{pmatrix} + \begin{pmatrix} 2k_2 \\ k_2 \end{pmatrix} = \begin{pmatrix} k_1 + 2k_2 \\ -k_1 + k_2 \end{pmatrix}$$

이므로, 벡터 $\boldsymbol{x}$의 성분 x_1과 x_2을 사용하여 스칼라 $k_1 = \dfrac{x_1 - 2x_2}{3}$과 $k_2 = \dfrac{x_1 + x_2}{3}$를 선택하면 $\mathbb{R}^2$의 임의의 벡터를 생성할 수 있다. 따라서 $\mathbb{R}^2 = \text{span}(S)$이다.

② $\mathbb{R}^2$의 임의의 $\boldsymbol{x} = \begin{pmatrix} x_1 \\ x_2 \end{pmatrix}$에 대하여 $\boldsymbol{a}_1$, $\boldsymbol{a}_2$의 일차결합인 $\boldsymbol{x} = k_1\boldsymbol{a}_1 + k_2\boldsymbol{a}_2$가 성립하는 스칼라 k_1과 k_2을 찾아보자.

$$\begin{pmatrix} x_1 \\ x_2 \end{pmatrix} = k_1\begin{pmatrix} 1 \\ -1 \end{pmatrix} + k_2\begin{pmatrix} 2 \\ -2 \end{pmatrix} = \begin{pmatrix} k_1 \\ -k_1 \end{pmatrix} + \begin{pmatrix} 2k_2 \\ -2k_2 \end{pmatrix} = \begin{pmatrix} k_1 + 2k_2 \\ -k_1 - 2k_2 \end{pmatrix}$$

로 $k_1 + 2k_2 = x_1$, $-k_1 - 2k_2 = x_2$가 성립해야 하므로 두 성분 x_1, x_2가 $x_1 = -x_2$인 경우의 $\mathbb{R}^2$의 벡터들만 생성가능하다. 그러므로 $\mathbb{R}^2 \neq \text{span}(S)$이다.

③ 벡터 $\boldsymbol{e}_1, \boldsymbol{e}_2, \boldsymbol{e}_3$는 $\mathbb{R}^3$의 기본단위벡터이다. $\mathbb{R}^3$의 임의의 $\boldsymbol{x} = \begin{pmatrix} x_1 \\ x_2 \\ x_3 \end{pmatrix}$에 대하여

$$\begin{pmatrix} x_1 \\ x_2 \\ x_3 \end{pmatrix} = k_1\begin{pmatrix} 1 \\ 0 \\ 0 \end{pmatrix} + k_2\begin{pmatrix} 0 \\ 1 \\ 0 \end{pmatrix} + k_3\begin{pmatrix} 0 \\ 0 \\ 1 \end{pmatrix} = \begin{pmatrix} k_1 \\ 0 \\ 0 \end{pmatrix} + \begin{pmatrix} 0 \\ k_2 \\ 0 \end{pmatrix} + \begin{pmatrix} 0 \\ 0 \\ k_3 \end{pmatrix} = \begin{pmatrix} k_1 \\ k_2 \\ k_3 \end{pmatrix} \quad (3.4)$$

이므로 $k_1 = x_1$, $k_2 = x_2$, $k_3 = x_3$이면 $\boldsymbol{x}$는 $\boldsymbol{e}_1, \boldsymbol{e}_2, \boldsymbol{e}_3$의 일차결합으로 표현된다. 따라서 $\boldsymbol{x}$의 각 성분 x_1, x_2, x_3를 스칼라 k_1, k_2, k_3로 선택하면 $\mathbb{R}^3$의 모든 벡터를 생성할 수 있다. 그러므로 $\mathbb{R}^3 = \text{span}(S)$이다.

④ $M_{2\times 2}$의 임의의 $X = \begin{pmatrix} x_{11} & x_{12} \\ x_{21} & x_{22} \end{pmatrix}$에 대하여 $X = k_1A_1 + k_2A_2$가 되는 k_1과 k_2가 존재하면 $M_{2\times 2} = \text{span}(S)$이다.

$$\begin{pmatrix} x_{11} & x_{12} \\ x_{21} & x_{22} \end{pmatrix} = k_1\begin{pmatrix} 1 & 0 \\ 0 & 1 \end{pmatrix} + k_2\begin{pmatrix} 0 & 1 \\ 1 & 0 \end{pmatrix} = \begin{pmatrix} k_1 & 0 \\ 0 & k_1 \end{pmatrix} + \begin{pmatrix} 0 & k_2 \\ k_2 & 0 \end{pmatrix} = \begin{pmatrix} k_1 & k_2 \\ k_2 & k_1 \end{pmatrix}$$

이므로 $k_1 = x_{11} = x_{22}$, $k_2 = x_{12} = x_{21}$이 된다. 그러므로 성분들이 $x_{11} = x_{22}$, $x_{12} = x_{21}$인 2차 정방행렬들만 생성가능하다. 따라서 $M_{2\times 2} \neq \text{span}(S)$이다.

⑤ W의 임의의 $f(x) = a + bx$에 대하여 $f(x) = k_1 \times 1 + k_2 \times x$가 되는 k_1, k_2가 존재하면 $W = \text{span}(S)$이다. $k_1 = a$, $k_2 = b$를 선택하면 W의 모든 함수를 생성할 수 있다. 그러므로 $W = \text{span}(S)$이다.

정리 3.2

벡터공간 V에 대해서 $S = \{\boldsymbol{a}_1, \boldsymbol{a}_2, \cdots, \boldsymbol{a}_n\} \subset V$일 때, $W = \text{span}(S)$는 V의 부분공간이다.

증명 벡터공간의 부분집합이 부분공간이 되기 위한 필요충분조건인 정리 3.1의 (ⅰ)과 (ⅱ)가 성립함을 보이자. S는 W의 생성집합이므로 임의의 $\boldsymbol{x}$, $\boldsymbol{y} \in W$는 스칼라 k_1, $\cdots$, k_n과 l_1, $\cdots$, l_n에 의해서

$$\boldsymbol{x} = k_1\boldsymbol{a}_1 + k_2\boldsymbol{a}_2 + \cdots + k_n\boldsymbol{a}_n,\ \boldsymbol{y} = l_1\boldsymbol{a}_1 + l_2\boldsymbol{a}_2 + \cdots + l_n\boldsymbol{a}_n$$

이라 표현할 수 있다. 그리고

$$\boldsymbol{x} + \boldsymbol{y} = (k_1 + l_1)\boldsymbol{a}_1 + (k_2 + l_2)\boldsymbol{a}_2 + \cdots + (k_n + l_n)\boldsymbol{a}_n$$

이고 $\boldsymbol{x} + \boldsymbol{y} \in W$임은 자명하다. 임의의 스칼라 k에 대해서도

$$k\boldsymbol{x} = (kk_1)\boldsymbol{a}_1 + (kk_2)\boldsymbol{a}_2 + \cdots + (kk_n)\boldsymbol{a}_n$$

이고 $k\boldsymbol{x} \in W$이므로 정리 3.1의 (ⅰ)과 (ⅱ)가 성립한다. ♣

예제 3.8의 ③에 의하면 $\mathbb{R}^3$의 모든 벡터들은 자신의 i번째 성분으로 $\boldsymbol{e}_i$를 스칼라배하여 이들의 합인 일차결합으로 표현됨을 식 (3.4)로 알 수 있다. 일반적으로 $\mathbb{R}^n$의 벡터들은 $\boldsymbol{e}_i$의 일차결합으로 만들어질 때 각 스칼라들이 그들의 i번째 성분이 된다.

한편, 예제 3.8의 ②에서 S의 두 벡터 $\boldsymbol{a}_1$과 $\boldsymbol{a}_2$는 $2\boldsymbol{a}_1 = \boldsymbol{a}_2$가 성립한다. 즉, 아래 그림 3.2의 (a)에서 $\boldsymbol{a}_1$과 $\boldsymbol{a}_2$는 $\mathbb{R}^2$에서 한 직선상에 놓여 있다. 어떤 k_1과 k_2를 선택하더라도 $y = -x$ 위의 벡터 이외의 $\mathbb{R}^2$의 벡터들은 $\boldsymbol{a}_1$과 $\boldsymbol{a}_2$의 일차결합으로 표현되지 않는다. $\mathbb{R}^3$의 경우에도 S의 세 벡터 $\boldsymbol{a}_1, \boldsymbol{a}_2, \boldsymbol{a}_3$가 그림 3.2의 (b)처럼 세 벡터가 한 평면 위에 놓이게 되면 그 평면 위에 있지 않는 $\mathbb{R}^3$의 벡터들은 $\boldsymbol{a}_1, \boldsymbol{a}_2, \boldsymbol{a}_3$의 일차결합으로 만들어지지 않는

다. 이처럼 S의 원소들에 대한 어떤 제약조건이나 상호관련성의 유무에 대한 개념을 다음 절에서 살펴보자.

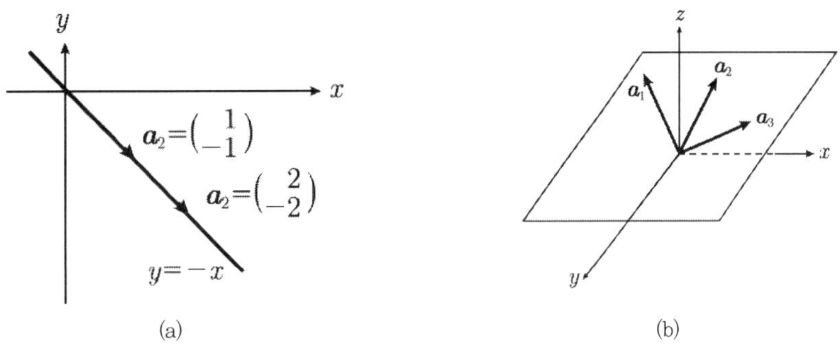

그림 3.2

3-4 일차독립과 일차종속

정의 3.5 | 일차독립과 일차종속

공집합이 아닌 $S=\{a_1, a_2, \cdots, a_n\}$가 벡터공간 V의 부분집합일 때, 적어도 하나가 0이 아닌 스칼라 $k_1, k_2, \cdots, k_n$에 대하여

$$k_1a_1+k_2a_2+\cdots+k_na_n=0 \tag{3.5}$$

을 만족하면 S 혹은 $a_1, a_2, \cdots, a_n$을 일차종속(linearly dependent) 혹은 선형종속이라 한다. 한편, $k_1=k_2=\cdots=k_n=0$ 인 경우에만 식 (3.5)를 만족하면 S 혹은 $a_1, a_2, \cdots, a_n$을 일차독립(linearly independent) 혹은 선형독립이라 한다.

예제 3.8의 ②는 그림 3.2의 (a)에서 보듯이 $2a_1=a_2$이므로 $2a_1-a_2=0$으로 표현된다. 식 (3.5)에서 $k_1=2$와 $k_2=-1$를 선택하면, k_1, k_2가 모두 0이 아닌 경우에도 a_1과 a_2의 일차결합으로 영벡터를 만들 수 있다. 따라서 $S=\{a_1, a_2\}$는 일차종속이다. 그림 3.2의 (b)는 $\mathbb{R}^3$에서 원점을 지나는 평면 위의 세 벡터는 두 벡터의 일차결합으로 나머지 한 벡터를 표현할 수 있으므로 어떤 스칼라 k_1과 k_2에 의한 $a_3=k_1a_1+k_2a_2$의 관계가 되다. 즉, $k_1\boldsymbol{a}_1 + k_2\boldsymbol{a}_2 - \boldsymbol{a}_3 = \mathbf{0}$의 관계가 성립하여 $\boldsymbol{a}_1, \boldsymbol{a}_2, \boldsymbol{a}_3$는 일차종속이 된다. 일반적으로 $S = \{\boldsymbol{a}_1, \boldsymbol{a}_2, \cdots, \boldsymbol{a}_n\}$이 일차종속이라면 S의 한 원소가 나머지 원소들의 일차결합으로 표현된다는 것을 의미한다. 예를 들면, 식 (3.5)에서 $k_n \neq 0$인 경우에

$$\boldsymbol{a}_n = -\frac{k_1}{k_n}\boldsymbol{a}_1 - \frac{k_2}{k_n}\boldsymbol{a}_2 - \cdots - \frac{k_{n-1}}{k_n}\boldsymbol{a}_{n-1}$$

로 $\boldsymbol{a}_n$은 $\boldsymbol{a}_1, \boldsymbol{a}_2, \cdots, \boldsymbol{a}_{n-1}$의 일차결합으로 만들어진다. 일차종속은 그 외에 다음과 같은

$$k_{n-1}\boldsymbol{a}_{n-1} + k_n\boldsymbol{a}_n = -k_1\boldsymbol{a}_1 - k_2\boldsymbol{a}_2 - \cdots - k_{n-2}\boldsymbol{a}_{n-2}$$

다양한 형태로 $\boldsymbol{a}_1, \boldsymbol{a}_2, \cdots, \boldsymbol{a}_n$의 관계가 존재한다는 것으로 설명할 수 있다.

예제 3.9 S가 일차독립인지 일차종속인지 보여라.

① $S = \{\boldsymbol{a}_1, \boldsymbol{a}_2\}$, $\boldsymbol{a}_1 = \begin{pmatrix} 1 \\ -1 \end{pmatrix}$, $\boldsymbol{a}_2 = \begin{pmatrix} 2 \\ 1 \end{pmatrix}$

② $S = \{\boldsymbol{a}_1, \boldsymbol{a}_2\}$, $\boldsymbol{a}_1 = \begin{pmatrix} 1 \\ -1 \end{pmatrix}$, $\boldsymbol{a}_2 = \begin{pmatrix} 2 \\ -2 \end{pmatrix}$

③ $S = \{\boldsymbol{a}_1, \boldsymbol{a}_2, \boldsymbol{a}_3\}$, $\boldsymbol{a}_1 = \begin{pmatrix} 1 \\ -1 \\ 1 \end{pmatrix}$, $\boldsymbol{a}_2 = \begin{pmatrix} 0 \\ 1 \\ -1 \end{pmatrix}$, $\boldsymbol{a}_3 = \begin{pmatrix} 1 \\ 0 \\ 0 \end{pmatrix}$

④ $S = \{A_1, A_2, A_3\}$, $A_1 = \begin{pmatrix} 1 & -1 \\ 0 & 1 \end{pmatrix}$, $A_2 = \begin{pmatrix} 1 & 0 \\ -1 & 1 \end{pmatrix}$, $A_3 = \begin{pmatrix} 0 & -1 \\ 1 & 0 \end{pmatrix}$

⑤ $S = \{1 + 2x^2,\ x + x^2,\ 1 + 2x\}$

풀이

① 적어도 하나가 0이 아닌 어떤 스칼라 k_1, k_2에 대하여,

$$k_1\boldsymbol{a}_1 + k_2\boldsymbol{a}_2 = k_1\begin{pmatrix} 1 \\ -1 \end{pmatrix} + k_2\begin{pmatrix} 2 \\ 1 \end{pmatrix} = \begin{pmatrix} k_1 \\ -k_1 \end{pmatrix} + \begin{pmatrix} 2k_2 \\ k_2 \end{pmatrix} = \begin{pmatrix} k_1 + 2k_2 \\ -k_1 + k_2 \end{pmatrix} = \begin{pmatrix} 0 \\ 0 \end{pmatrix}$$

이 성립하면 S는 일차종속이다. 따라서 $k_1 + 2k_2 = 0$과 $-k_1 + k_2 = 0$을 만족하는 모두 0이 아닌 k_1과 k_2를 구해보자. 스칼라 k_1과 k_2를 $k_1 + 2k_2 = 0$과 $-k_1 + k_2 = 0$을 연립하여 구하면 $k_1 = k_2 = 0$ 이외의 해가 존재하지 않으므로 S는 일차독립이다.

② 적어도 하나가 0이 아닌 어떤 스칼라 k_1, k_2에 대하여,

$$k_1\boldsymbol{a}_1+k_2\boldsymbol{a}_2=k_1\begin{pmatrix}1\\-1\end{pmatrix}+k_2\begin{pmatrix}2\\-2\end{pmatrix}=\begin{pmatrix}k_1\\-k_1\end{pmatrix}+\begin{pmatrix}2k_2\\-2k_2\end{pmatrix}=\begin{pmatrix}k_1+2k_2\\-k_1-2k_2\end{pmatrix}=\begin{pmatrix}0\\0\end{pmatrix}$$

이 성립하면 S는 일차종속이다. 두 조건 $k_1+2k_2=0$과 $-k_1-2k_2=0$은 동일한 식이므로 $k_1=-2k_2$가 되는 스칼라 k_1과 k_2는 모두 해가 된다. 따라서 $k_1=k_2=0$ 이외의 해가 존재하므로 S는 일차종속이다.

③ 적어도 하나가 0이 아닌 어떤 스칼라 k_1, k_2, k_3에 대하여,

$$k_1\boldsymbol{a}_1+k_2\boldsymbol{a}_2+k_3\boldsymbol{a}_3=k_1\begin{pmatrix}1\\-1\\1\end{pmatrix}+k_2\begin{pmatrix}0\\1\\-1\end{pmatrix}+k_3\begin{pmatrix}1\\0\\0\end{pmatrix}$$

$$=\begin{pmatrix}k_1\\-k_1\\k_1\end{pmatrix}+\begin{pmatrix}0\\k_2\\-k_2\end{pmatrix}+\begin{pmatrix}k_3\\0\\0\end{pmatrix}=\begin{pmatrix}k_1+k_3\\-k_1+k_2\\k_1-k_2\end{pmatrix}=\begin{pmatrix}0\\0\\0\end{pmatrix}$$

이 성립하면 S는 일차종속이다. 세 조건 $k_1+k_3=0$, $-k_1+k_2=0$, $k_1-k_2=0$을 연립하여 풀면 $k_1=k_2=k_3=0$ 이외에 $k_1=k_2=-k_3$를 만족하는 스칼라 k_1, k_2, k_3는 모두 해가 된다. 그러므로 S는 일차종속이다.

④ 적어도 하나가 0이 아닌 어떤 스칼라 k_1, k_2, k_3에 대하여,

$$k_1A_1+k_2A_2+k_3A_3=k_1\begin{pmatrix}1&-1\\0&1\end{pmatrix}+k_2\begin{pmatrix}1&0\\-1&1\end{pmatrix}+k_3\begin{pmatrix}0&-1\\1&0\end{pmatrix}$$

$$=\begin{pmatrix}k_1&-k_1\\0&k_1\end{pmatrix}+\begin{pmatrix}k_2&0\\-k_2&k_2\end{pmatrix}+\begin{pmatrix}0&-k_3\\k_3&0\end{pmatrix}$$

$$=\begin{pmatrix}k_1+k_2&-k_1-k_3\\-k_2+k_3&k_1+k_2\end{pmatrix}=\begin{pmatrix}0&0\\0&0\end{pmatrix}$$

이 성립하면 S는 일차종속이다. 네 조건 $k_1+k_2=0$, $-k_1-k_3=0$, $-k_2+k_3=0$, $k_1+k_2=0$을 풀면 $k_1=-k_2=-k_3$가 되는 스칼라 k_1, k_2, k_3가 해가 된다. 그러므로 $k_1=k_2=k_3=0$ 이외의 해가 존재하므로 S는 일차종속이다.

⑤ 적어도 하나가 0이 아닌 어떤 스칼라 k_1, k_2, k_3에 대하여,

$$k_1(1+2x^2)+k_2(x+x^2)+k_3(1+2x)$$
$$=(k_1+k_3)+(k_2+2k_3)x+(2k_1+k_2)x^2=0$$

이 성립하면 S는 일차종속이다. 세 식 $k_1+k_3=0$, $k_2+2k_3=0$, $2k_1+k_2=0$을 풀면 $k_1=k_2=k_3=0$ 이외의 해가 존재하지 않는다. 따라서 S는 일차독립이다.

3-5 기저와 차원

어떤 벡터공간을 생성하는 원소의 개수가 최소가 되게 하는 생성집합에 대해 알아보자.

정의 3.6 기저

공집합이 아닌 $S=\{\boldsymbol{a}_1, \boldsymbol{a}_2, \cdots, \boldsymbol{a}_n\}$가 벡터공간 V의 부분집합일 때 다음을 만족하면 S를 V의 기저(basis)라 한다.

(i) S는 일차독립이다.
(ii) $V=\text{span}(S)$이다.

정의 3.6에 의하면, 기저는 벡터공간을 생성하기 위해 최소의 개수를 원소로 가지는 벡터공간의 부분집합을 의미하는 것으로, 그들이 일차독립이라는 것이 최소의 개수가 될 수 있는 조건이 된다.

예제 3.10 S가 V의 기저인지 보여라.

① $S=\{\boldsymbol{a}_1, \boldsymbol{a}_2\}$, $\boldsymbol{a}_1=\begin{pmatrix}1\\-1\end{pmatrix}$, $\boldsymbol{a}_2=\begin{pmatrix}2\\1\end{pmatrix}$, $V=\mathbb{R}^2$

② $S=\{\boldsymbol{e}_1, \boldsymbol{e}_2, \boldsymbol{e}_3\}$, $V=\mathbb{R}^3$

③ $S=\{\boldsymbol{a}_1, \boldsymbol{a}_2, \boldsymbol{a}_3\}$, $\boldsymbol{a}_1=\begin{pmatrix}1\\-1\end{pmatrix}$, $\boldsymbol{a}_2=\begin{pmatrix}2\\1\end{pmatrix}$, $\boldsymbol{a}_3=\begin{pmatrix}0\\-3\end{pmatrix}$, $V=\mathbb{R}^2$

④ $S=\{A_1,\ A_2,\ A_3\}$, $A_1=\begin{pmatrix}0&1\\0&0\end{pmatrix}$, $A_2=\begin{pmatrix}0&0\\1&0\end{pmatrix}$, $A_3=\begin{pmatrix}0&0\\0&1\end{pmatrix}$,

$V=\{A\,|\,(1,\ 1)$ 성분이 0이고 $A\in M_{2\times 2}\}$

⑤ $S=\{1+2x^2,\ x+x^2,\ 1+2x\}$, $V=\{a+bx+cx^2\,|\,a,\ b,\ c\in\mathbb{R}\}$

풀이

① 예제 3.8의 ①에서 $\mathbb{R}^2=\text{span}(S)$임을 보였고, 예제 3.9의 ①에서 S는 일차독립임을 보였다. 그러므로 S는 $\mathbb{R}^2$의 기저이다.

② 예제 3.8의 ③에서 $\mathbb{R}^3=\text{span}(S)$을 보였다. 한편,

$$k_1\boldsymbol{e}_1+k_2\boldsymbol{e}_2+k_3\boldsymbol{e}_3=\begin{pmatrix}k_1\\0\\0\end{pmatrix}+\begin{pmatrix}0\\k_2\\0\end{pmatrix}+\begin{pmatrix}0\\0\\k_3\end{pmatrix}=\begin{pmatrix}k_1\\k_2\\k_3\end{pmatrix}=\begin{pmatrix}0\\0\\0\end{pmatrix}$$

이고 $k_1=k_2=k_3=0$인 해 이외에는 다른 해가 존재하지 않으므로 S는 일차독립이다.

따라서 S는 $\mathbb{R}^3$의 기저이다.

③ $\mathbb{R}^2$의 임의의 벡터 $\boldsymbol{x}=\begin{pmatrix} x_1 \\ x_2 \end{pmatrix}$에 대하여 $\boldsymbol{x}=k_1\boldsymbol{a}_1+k_2\boldsymbol{a}_2+k_3\boldsymbol{a}_3$가 성립하는 스칼라 k_1, k_2, k_3가 존재하면 $\mathbb{R}^2=\text{span}(S)$이다.

$$\begin{pmatrix} x_1 \\ x_2 \end{pmatrix}=k_1\begin{pmatrix} 1 \\ -1 \end{pmatrix}+k_2\begin{pmatrix} 2 \\ 1 \end{pmatrix}+k_3\begin{pmatrix} 0 \\ -3 \end{pmatrix}$$

$$=\begin{pmatrix} k_1 \\ -k_1 \end{pmatrix}+\begin{pmatrix} 2k_2 \\ k_2 \end{pmatrix}+\begin{pmatrix} 0 \\ -3k_3 \end{pmatrix}=\begin{pmatrix} k_1+2k_2 \\ -k_1+k_2-3k_3 \end{pmatrix}$$

이고 두 조건 $k_1+2k_2=x_1$과 $-k_1+k_2-3k_3=x_2$의 해가 되는 k_1, k_2, k_3는 무수히 많이 존재한다. 그러므로 $\mathbb{R}^2=\text{span}(S)$이다.

하지만 $\boldsymbol{a}_3=2\boldsymbol{a}_1-\boldsymbol{a}_2$의 관계를 가진다. 즉, $2\boldsymbol{a}_1-\boldsymbol{a}_2-\boldsymbol{a}_3=\boldsymbol{0}$이므로 S는 일차종속이다. 따라서 S는 $\mathbb{R}^2$의 기저가 아니다.

④ V의 임의의 행렬 $X=\begin{pmatrix} 0 & a_{12} \\ a_{21} & a_{22} \end{pmatrix}$에 대하여 $X=k_1A_1+k_2A_2+k_3A_3$가 성립하는 스칼라 k_1, k_2, k_3가 존재하면 $V=\text{span}(S)$이다.

$$\begin{pmatrix} 0 & a_{12} \\ a_{21} & a_{22} \end{pmatrix}=k_1\begin{pmatrix} 0 & 1 \\ 0 & 0 \end{pmatrix}+k_2\begin{pmatrix} 0 & 0 \\ 1 & 0 \end{pmatrix}+k_3\begin{pmatrix} 0 & 0 \\ 0 & 1 \end{pmatrix}$$

$$=\begin{pmatrix} 0 & k_1 \\ 0 & 0 \end{pmatrix}+\begin{pmatrix} 0 & 0 \\ k_2 & 0 \end{pmatrix}+\begin{pmatrix} 0 & 0 \\ 0 & k_3 \end{pmatrix}=\begin{pmatrix} 0 & k_1 \\ k_2 & k_3 \end{pmatrix}$$

이고 $k_1=a_{12}$, $k_2=a_{21}$, $k_3=a_{22}$의 해를 가진다. 따라서 $V=\text{span}(S)$이다.

한편, $k_1A_1+k_2A_2+k_3A_3=O_{2\times 2}$를 만족하는 k_1, k_2, k_3는 $k_1=k_2=k_3=0$뿐이므로 S는 일차독립이다. 따라서 S는 V의 기저이다.

⑤ 예제 3.9의 ⑤에서 S는 일차독립임을 보였다. 한편, W의 임의의 함수 $f(x)=a+bx+cx^2$에 대하여 $f(x)=k_1(1+2x^2)+k_2(x+x^2)+k_3(1+2x)=(k_1+k_3)+(k_2+2k_3)x+(2k_1+k_2)x^2$가 되는 스칼라 k_1, k_2, k_3가 존재하면 $V=\text{span}(S)$이다. 세 식 $k_1+k_3=a$, $k_2+2k_3=b$, $2k_1+k_2=c$를 연립하여 풀면

$$k_1=\frac{2a-b+c}{4},\ k_2=\frac{-2a+b+c}{2},\ k_3=\frac{2a+b-c}{4}$$

가 되므로 $V=\text{span}(S)$이다. 그러므로 S는 V의 기저이다.

예제 3.10의 ③은 $\mathbb{R}^2$을 생성하는 최소의 원소를 가지고 있는 예제 3.10의 ①의 S에 그들의 일차결합으로 만들 수 있는 한 원소를 추가한 것이기에 그들 사이의 일차독립의 조건이 어긋나게 된다. 이것은 앞에서 설명하였던 벡터공간을 생성할 수 있는 최소 개수의 원소를 가지는 부분집합이 기저라는 개념을 보여주고 있는 것이다. 이에 대한 정리는 다음과 같다.

정리 3.3

$S=\{\boldsymbol{a}_1, \boldsymbol{a}_2, \cdots, \boldsymbol{a}_n\}$가 벡터공간 V의 기저이면, n개보다 많은 원소로 구성된 집합은 일차종속이다.

증명 임의의 자연수 m, n에 대하여 $m>n$이고, V의 부분집합 $T=\{\boldsymbol{b}_1, \boldsymbol{b}_2, \cdots, \boldsymbol{b}_m\}$에 대하여 적어도 하나가 0이 아닌 어떤 스칼라 k_1, k_2, $\cdots$, k_m이 다음과 같이

$$k_1\boldsymbol{b}_1+k_2\boldsymbol{b}_2+\cdots+k_m\boldsymbol{b}_m=\mathbf{0} \tag{3.6}$$

가 존재함을 보이면 T는 일차종속이 된다. 집합 $S=\{\boldsymbol{a}_1, \boldsymbol{a}_2, \cdots, \boldsymbol{a}_n\}$는 벡터공간 V의 기저이므로 $V=\text{span}(S)$이고 $\boldsymbol{b}_1, \boldsymbol{b}_2, \cdots, \boldsymbol{b}_m \in V$이므로 모든 $i=1,2,\cdots,m$에 대하여

$$\boldsymbol{b}_i=\ell_{1i}\boldsymbol{a}_1+\ell_{2i}\boldsymbol{a}_2+\cdots+\ell_{ni}\boldsymbol{a}_n \tag{3.7}$$

이 성립하는 적어도 하나가 0이 아닌 스칼라 ℓ_{1i}, ℓ_{2i}, $\cdots$, ℓ_{ni}가 존재한다. 벡터 $\boldsymbol{b}_1$, $\boldsymbol{b}_2$, $\cdots$, $\boldsymbol{b}_m$의 일차결합은 식 (3.7)에 의하여

$$\begin{aligned} & k_1\boldsymbol{b}_1+k_2\boldsymbol{b}_2+\cdots+k_m\boldsymbol{b}_m \\ &= k_1\sum_{i=1}^{n}\ell_{1i}\boldsymbol{a}_i+k_2\sum_{i=1}^{n}\ell_{2i}\boldsymbol{a}_i+\cdots+k_m\sum_{i=1}^{n}\ell_{mi}\boldsymbol{a}_i \\ &= \sum_{j=1}^{m}k_j\left(\sum_{i=1}^{n}\ell_{ji}\boldsymbol{a}_i\right) \\ &= \sum_{j=1}^{m}\left(\sum_{i=1}^{n}k_j\ell_{ji}\right)\boldsymbol{a}_i \\ &= \sum_{i=1}^{n}\left(\sum_{j=1}^{m}k_j\ell_{ji}\right)\boldsymbol{a}_i \end{aligned} \tag{3.8}$$

가 된다. 식 (3.6)에 의하여 식 (3.8)이 0이 되기 위해서는 $\sum_{j=1}^{m}k_j\ell_{ji}=0$, $i=1,2,\cdots,n$이 되어야 한다. 미지수 k_1, k_2, $\cdots$, k_m의 개수는 m개이고, 방정식의 개수는 n개이므로 적어도 하나가 0이 아닌 k_1, k_2, $\cdots$, k_m의 해가 존재한다는 것을 5장의 내용를 통하여 알 수 있으므로 생략하고 5장을 학습한 후 확인하기 바란다. ♣

예제 3.10의 ②처럼 $\mathbb{R}^n$의 기본단위벡터들의 집합인 $S=\{\boldsymbol{e}_1, \boldsymbol{e}_2, \cdots, \boldsymbol{e}_n\}$는 $\mathbb{R}^n$의 기저가 되며, 이 기저를 $\mathbb{R}^n$의 표준기저(standard basis)라 한다. 예제 3.10의 ①과 ②의 S는 각각 $\mathbb{R}^2$와 $\mathbb{R}^3$의 기저들이다. S의 기저의 원소의 수와 $\mathbb{R}^2$와 $\mathbb{R}^3$의 공간의 차원이 동일함을 알 수 있다. 벡터공간의 차원은 다음과 같이 정의한다.

정의 3.7 벡터공간의 차원

벡터공간 V가 n개의 유한기저를 가질 때, V의 차원(dimension)은 기저가 가지는 원소의 수로 정의하며 $\dim V$으로 표시한다. 한편, 벡터공간 V가 유한기저를 가지지 않을 때 V를 무한차원 벡터공간이라 한다.

예제 3.10의 ①과 ②는 $\mathbb{R}^2$와 $\mathbb{R}^3$가 모두 유한기저들을 가지므로 벡터공간 $\mathbb{R}^2$와 $\mathbb{R}^3$의 차원은 각각 $\dim\mathbb{R}^2=2$와 $\dim\mathbb{R}^3=3$이 된다. 정리 3.3은 벡터의 차원으로도 설명된다. 즉, 벡터공간 V의 차원이 n이면 그보다 많은 수의 원소들을 가지는 S는 일차종속이다. 예제 3.10의 ③에서 $\dim\mathbb{R}^2=2$이지만 S의 벡터의 수는 3이므로 S는 일차종속이 된다. 한편, 영벡터공간의 차원은 0이라 정의한다.

정의 3.8 직교기저와 정규직교기저

$S=\{\boldsymbol{a}_1, \boldsymbol{a}_2, \cdots, \boldsymbol{a}_n\}$가 벡터공간 V의 기저이고 임의의 $i\neq j$에 대하여 $\boldsymbol{a}_i$와 $\boldsymbol{a}_j$가 직교하면 S는 V의 직교기저(orthogonal basis)라고 한다. 한편, $\boldsymbol{a}_1, \boldsymbol{a}_2, \cdots, \boldsymbol{a}_n$의 크기가 모두 1인 V의 직교기저인 S를 정규직교기저(orthonormal basis)라고 한다.

예제 3.11 S가 벡터공간 V의 직교기저인지 아닌지를 밝혀라. 직교기저인 경우에 정규직교기저가 되도록 S의 원소들을 구하라.

① $S=\{\boldsymbol{a}_1,\boldsymbol{a}_2\}$, $\boldsymbol{a}_1=\begin{pmatrix}1\\-1\end{pmatrix}$, $\boldsymbol{a}_2=\begin{pmatrix}2\\1\end{pmatrix}$, $V=\mathbb{R}^2$

② $S=\{\boldsymbol{a}_1,\boldsymbol{a}_2\}$, $\boldsymbol{a}_1=\begin{pmatrix}1\\-1\end{pmatrix}$, $\boldsymbol{a}_2=\begin{pmatrix}-2\\2\end{pmatrix}$, $V=\mathbb{R}^2$

③ $S=\{\boldsymbol{e}_1,\boldsymbol{e}_2,\boldsymbol{e}_3\}$, $V=\mathbb{R}^3$

풀이

① 예제 3.10의 ①에서 S는 $\mathbb{R}^2$의 기저임을 보였다. 한편, $\boldsymbol{a}_1\circ\boldsymbol{a}_2=\begin{pmatrix}1\\-1\end{pmatrix}\circ\begin{pmatrix}2\\1\end{pmatrix}=1\times 2+(-1)\times 1=1$이므로 $\boldsymbol{a}_1$과 $\boldsymbol{a}_2$가 직교하지 않는다. 그러므로 S는 $\mathbb{R}^2$의 직교기저가 아니다.

② $\mathbb{R}^2=\mathrm{span}(S)$이고 S는 일차독립임을 쉽게 보여줄 수 있으므로 생략한다. 따라서 S는 $\mathbb{R}^2$의 기저이다. 또한,

$$\boldsymbol{a}_1\circ\boldsymbol{a}_2=\begin{pmatrix}1\\-1\end{pmatrix}\circ\begin{pmatrix}-2\\2\end{pmatrix}=1\times(-2)+(-1)\times 2=0$$

이므로 $\boldsymbol{a}_1$과 $\boldsymbol{a}_2$는 직교한다. 그러므로 S는 $\mathbb{R}^2$의 직교기저이다. $\| \boldsymbol{a}_1 \| = \sqrt{1^2+(-1)^2} = \sqrt{2}$ 이고 $\| \boldsymbol{a}_2 \| = \sqrt{(-2)^2+2^2} = \sqrt{8}$ 이므로 크기를 1로 한 다음을 S의 원소로 하면 S는 $\mathbb{R}^2$의 정규직교기저가 된다.

$$\boldsymbol{a}_1 = \begin{pmatrix} \frac{1}{\sqrt{2}} \\ \frac{1}{\sqrt{2}} \end{pmatrix}, \ \boldsymbol{a}_2 = \begin{pmatrix} -\frac{2}{\sqrt{8}} \\ \frac{2}{\sqrt{8}} \end{pmatrix}$$

③ 예제 3.10의 ②에서 S는 $\mathbb{R}^3$의 기저임을 보였다. 기본단위벡터들 $\boldsymbol{e}_1, \boldsymbol{e}_2, \boldsymbol{e}_3$는 서로 직교하며 그 크기가 1이므로 S는 $\mathbb{R}^3$의 정규직교기저이다.

정리 3.4 그람-슈미트 직교화

$S = \{\boldsymbol{a}_1, \boldsymbol{a}_2, \cdots, \boldsymbol{a}_n\}$가 벡터공간 V의 기저일 때, $Q = \{\boldsymbol{q}_1, \boldsymbol{q}_2, \cdots, \boldsymbol{q}_n\}$가 벡터공간 V의 직교기저이다. 여기서 $\boldsymbol{q}_1, \boldsymbol{q}_2, \cdots, \boldsymbol{q}_n$은 $\boldsymbol{a}_1, \boldsymbol{a}_2, \cdots, \boldsymbol{a}_n$에 의해 만들어지며 다음과 같다.

$$\begin{aligned} \boldsymbol{q}_1 &= \boldsymbol{a}_1 \\ \boldsymbol{q}_2 &= \boldsymbol{a}_2 - \mathrm{proj}_{\boldsymbol{q}_1}^{\boldsymbol{a}_2} \\ \boldsymbol{q}_3 &= \boldsymbol{a}_3 - \mathrm{proj}_{\boldsymbol{q}_1}^{\boldsymbol{a}_3} - \mathrm{proj}_{\boldsymbol{q}_2}^{\boldsymbol{a}_3} \\ &\vdots \\ \boldsymbol{q}_n &= \boldsymbol{a}_n - \mathrm{proj}_{\boldsymbol{q}_1}^{\boldsymbol{a}_n} - \cdots - \mathrm{proj}_{\boldsymbol{q}_{n-1}}^{\boldsymbol{a}_n} \end{aligned}$$

증명 증명은 생략한다.

벡터공간 V의 직교기저인 Q의 원소들을 그 크기를 1로 한 다음의

$$\boldsymbol{q}_i^* = \frac{\boldsymbol{q}_i}{\| \boldsymbol{q}_i \|}, \ i = 1, 2, \cdots, n$$

들을 원소로 하는 $Q^* = \{\boldsymbol{q}_1^*, \boldsymbol{q}_2^*, \cdots, \boldsymbol{q}_n^*\}$는 벡터공간 V의 정규직교기저임이 자명하다.

예제 3.12 벡터공간 V의 직교기저인 S를 그람-슈미트 직교화를 이용하여 정규직교기저를 구하라.

① $S = \{\boldsymbol{a}_1, \boldsymbol{a}_2\}$, $\boldsymbol{a}_1 = \begin{pmatrix} 1 \\ -1 \end{pmatrix}$, $\boldsymbol{a}_2 = \begin{pmatrix} 2 \\ 1 \end{pmatrix}$, $V = \mathbb{R}^2$

② $S = \{\boldsymbol{a}_1, \boldsymbol{a}_2, \boldsymbol{a}_3\}$, $\boldsymbol{a}_1 = \begin{pmatrix} 1 \\ 1 \\ 0 \end{pmatrix}$, $\boldsymbol{a}_2 = \begin{pmatrix} 1 \\ 2 \\ 1 \end{pmatrix}$, $\boldsymbol{a}_3 = \begin{pmatrix} -1 \\ 1 \\ 1 \end{pmatrix}$, $V = \mathbb{R}^3$

풀이

① 예제 3.10의 ①에서 S는 $\mathbb{R}^2$의 기저임을 보였다. 그람-슈미트 직교화에 의하여

$$\boldsymbol{q}_1=\boldsymbol{a}_1=\begin{pmatrix}1\\-1\end{pmatrix},$$

$$\begin{aligned}\boldsymbol{q}_2&=\boldsymbol{a}_2-\mathrm{Proj}_{\boldsymbol{q}_1}^{\boldsymbol{a}_2}=\boldsymbol{a}_2-\frac{\boldsymbol{a}_2\circ\boldsymbol{q}_1}{\|\boldsymbol{q}_1\|^2}\boldsymbol{q}_1\\&=\begin{pmatrix}2\\1\end{pmatrix}-\frac{2\times1+1\times(-1)}{(\sqrt{1^2+(-1)^2})^2}\begin{pmatrix}1\\-1\end{pmatrix}=\begin{pmatrix}2\\1\end{pmatrix}-\frac{1}{2}\begin{pmatrix}1\\-1\end{pmatrix}\\&=\begin{pmatrix}\frac{3}{2}\\\frac{3}{2}\end{pmatrix}\end{aligned}$$

를 원소로 하는 $Q=\{\boldsymbol{q}_1,\boldsymbol{q}_2\}$는 $\mathbb{R}^2$의 직교기저이다. 한편,

$$\boldsymbol{q}_1^*=\frac{\boldsymbol{q}_1}{\|\boldsymbol{q}_1\|}=\frac{1}{\sqrt{1^2+(-1)^2}}\begin{pmatrix}1\\-1\end{pmatrix}=\begin{pmatrix}\frac{1}{\sqrt{2}}\\-\frac{1}{\sqrt{2}}\end{pmatrix},$$

$$\boldsymbol{q}_2^*=\frac{\boldsymbol{q}_2}{\|\boldsymbol{q}_2\|}=\frac{1}{\sqrt{\left(\frac{3}{2}\right)^2+\left(\frac{3}{2}\right)^2}}\begin{pmatrix}\frac{3}{2}\\\frac{3}{2}\end{pmatrix}=\frac{2}{3\sqrt{2}}\begin{pmatrix}\frac{3}{2}\\\frac{3}{2}\end{pmatrix}=\begin{pmatrix}\frac{1}{\sqrt{2}}\\\frac{1}{\sqrt{2}}\end{pmatrix}$$

를 원소로 하는 $Q^*=\{\boldsymbol{q}_1^*,\boldsymbol{q}_2^*\}$는 $\mathbb{R}^2$의 정규직교기저이다.

② S가 $\mathbb{R}^3$의 기저임을 보이는 과정은 생략한다. 그람-슈미트 직교화에 의하여

$$\boldsymbol{q}_1=\boldsymbol{a}_1=\begin{pmatrix}1\\1\\0\end{pmatrix},$$

$$\begin{aligned}\boldsymbol{q}_2&=\boldsymbol{a}_2-\mathrm{Proj}_{\boldsymbol{q}_1}^{\boldsymbol{a}_2}=\boldsymbol{a}_2-\frac{\boldsymbol{a}_2\circ\boldsymbol{q}_1}{\|\boldsymbol{q}_1\|^2}\boldsymbol{q}_1=\begin{pmatrix}1\\2\\1\end{pmatrix}-\frac{1\times1+2\times1+1\times0}{(\sqrt{1^2+1^2+0^2})^2}\begin{pmatrix}1\\1\\0\end{pmatrix}\\&=\begin{pmatrix}1\\2\\1\end{pmatrix}-\frac{3}{2}\begin{pmatrix}1\\1\\0\end{pmatrix}=\begin{pmatrix}-\frac{1}{2}\\\frac{1}{2}\\1\end{pmatrix}\end{aligned}$$

$$\begin{aligned}\boldsymbol{q}_3&=\boldsymbol{a}_3-\mathrm{Proj}_{\boldsymbol{q}_2}^{\boldsymbol{a}_3}-\mathrm{Proj}_{\boldsymbol{q}_1}^{\boldsymbol{a}_3}=\boldsymbol{a}_3-\frac{\boldsymbol{a}_3\circ\boldsymbol{q}_2}{\|\boldsymbol{q}_2\|^2}\boldsymbol{q}_2-\frac{\boldsymbol{a}_3\circ\boldsymbol{q}_1}{\|\boldsymbol{q}_1\|^2}\boldsymbol{q}_1\\&=\begin{pmatrix}-1\\1\\1\end{pmatrix}-\frac{2}{\frac{3}{2}}\begin{pmatrix}-\frac{1}{2}\\\frac{1}{2}\\1\end{pmatrix}-\frac{0}{2}\begin{pmatrix}1\\1\\0\end{pmatrix}=\begin{pmatrix}-1\\1\\1\end{pmatrix}-\begin{pmatrix}-\frac{2}{3}\\\frac{2}{3}\\\frac{4}{3}\end{pmatrix}\\&=\begin{pmatrix}-\frac{1}{3}\\\frac{1}{3}\\-\frac{1}{3}\end{pmatrix}\end{aligned}$$

를 원소로 하는 $Q=\{\boldsymbol{q}_1, \boldsymbol{q}_2, \boldsymbol{q}_3\}$는 $\mathbb{R}^3$의 직교기저이다. 한편,

$$\boldsymbol{q}_1{}^* = \frac{\boldsymbol{q}_1}{\|\boldsymbol{q}_1\|} = \frac{1}{\sqrt{1^2+1^2+0^2}}\begin{pmatrix}1\\1\\0\end{pmatrix} = \begin{pmatrix}\frac{1}{\sqrt{2}}\\ \frac{1}{\sqrt{2}}\\ 0\end{pmatrix},$$

$$\boldsymbol{q}_2{}^* = \frac{\boldsymbol{q}_2}{\|\boldsymbol{q}_2\|} = \frac{1}{\sqrt{\left(-\frac{1}{2}\right)^2+\left(\frac{1}{2}\right)^2+1^2}}\begin{pmatrix}-\frac{1}{2}\\ \frac{1}{2}\\ 1\end{pmatrix} = \begin{pmatrix}-\frac{1}{\sqrt{6}}\\ \frac{1}{\sqrt{6}}\\ \frac{2}{\sqrt{6}}\end{pmatrix},$$

$$\boldsymbol{q}_3{}^* = \frac{\boldsymbol{q}_3}{\|\boldsymbol{q}_3\|} = \frac{1}{\sqrt{\left(-\frac{1}{3}\right)^2+\left(\frac{1}{3}\right)^2+\left(-\frac{1}{3}\right)^2}}\begin{pmatrix}-\frac{1}{3}\\ \frac{1}{3}\\ -\frac{1}{3}\end{pmatrix} = \begin{pmatrix}-\frac{1}{\sqrt{3}}\\ \frac{1}{\sqrt{3}}\\ -\frac{1}{\sqrt{3}}\end{pmatrix}$$

를 원소로 하는 $Q^*=\{\boldsymbol{q}_1{}^*, \boldsymbol{q}_2{}^*, \boldsymbol{q}_3{}^*\}$는 $\mathbb{R}^3$의 정규직교기저이다.

연습문제

1. $\mathbb{R}^2$의 벡터 $\boldsymbol{a}$, $\boldsymbol{b}$와 스칼라 k에 대하여 벡터의 합과 스칼라배의 연산을 다음과 같이 정의하였을 때, $\mathbb{R}^2$가 벡터공간인지 보여라.

$$\boldsymbol{a}+\boldsymbol{b} = \begin{pmatrix} a_1 \\ a_2 \end{pmatrix} + \begin{pmatrix} b_1 \\ b_2 \end{pmatrix} = \begin{pmatrix} a_1+b_1 \\ a_2+b_2 \end{pmatrix}$$

$$k\boldsymbol{a} = k\begin{pmatrix} a_1 \\ a_2 \end{pmatrix} = \begin{pmatrix} ka_1 \\ 2ka_2 \end{pmatrix}$$

2. $V = \left\{ \boldsymbol{a} \;\middle|\; \boldsymbol{a} = \begin{pmatrix} a_1 \\ a_2 \end{pmatrix},\ a_1 > 0,\ a_2 < 0 \right\}$이고 벡터의 합과 스칼라배의 연산을 정의 1.3의 표준연산으로 정의하였을 때, V가 벡터공간인지 보여라.

3. $D_{n \times n}$을 n차 대각행렬의 집합이라고 하자. 행렬의 합과 스칼라배의 연산을 정의 2.3의 표준연산으로 정의하였을 때, $D_{n \times n}$이 벡터공간인지 보여라.

4. $V = \{ f(x) \mid f(x) = a_0 + a_1 x + a_2 x^2,\ a_0, a_1, a_2 \in \mathbb{R} \}$이고 함수의 합과 스칼라배의 연산을 식 (3.3)과 같이 표준연산으로 정의하였을 때, V가 벡터공간인지 보여라.

5. 벡터의 합과 스칼라배의 연산을 정의 1.3의 표준연산으로 정의하였을 때, 다음의 W가 $\mathbb{R}^3$의 부분공간인지 보여라.

① $W = \left\{ \boldsymbol{a} \;\middle|\; \boldsymbol{a} = \begin{pmatrix} a \\ 2a \\ 3a \end{pmatrix},\ a \in \mathbb{R} \right\}$

② $W = \left\{ \boldsymbol{a} \;\middle|\; \boldsymbol{a} = \begin{pmatrix} a_1 \\ 0 \\ a_2 \end{pmatrix},\ a_1, a_2 \in \mathbb{R} \right\}$

6. $M_{2\times 2}$를 2×2 행렬의 집합이라 하자. 행렬의 합과 스칼라배의 연산을 정의 2.3의 표준연산으로 정의하였을 때, 다음의 W가 $M_{2\times 2}$의 부분공간인지 보여라.

① $W = \{A \mid A\text{는 대칭행렬}, A \in M_{2\times 2}\}$

② $W = \{A \mid |A| = 0,\ A \in M_{2\times 2}\}$

7. 다음의 W가 연습문제 4의 V의 부분공간인지 보여라.

① $W = \{f(x) \mid f(x) = a_0 + a_2 x^2,\ a_0, a_2 \in \mathbb{R}\}$

② $W = \{f(x) \mid f(x) = ax^2,\ a < 0\}$

8. $S = \{\boldsymbol{a}_1, \boldsymbol{a}_2\}$, $\boldsymbol{a}_1 = \begin{pmatrix} 0 \\ 1 \\ -1 \end{pmatrix}$, $\boldsymbol{a}_2 = \begin{pmatrix} 1 \\ 1 \\ 0 \end{pmatrix}$일 때 $\mathbb{R}^3 = \mathrm{span}(S)$인지 보여라.

9. $S = \{A_1, A_2, A_3\}$, $A_1 = \begin{pmatrix} 1 & 0 \\ 0 & 0 \end{pmatrix}$, $A_2 = \begin{pmatrix} 0 & 1 \\ 0 & 0 \end{pmatrix}$, $A_3 = \begin{pmatrix} 0 & 0 \\ 1 & 0 \end{pmatrix}$일 때 $\mathrm{span}(S)$를 구하라.

10. $S = \{1, x, x^2, x^3\}$일 때 $\mathrm{span}(S)$를 구하라.

11. S가 일차독립인지 일차종속인지 보여라.

① $S = \{\boldsymbol{a}_1, \boldsymbol{a}_2, \boldsymbol{a}_3\}$, $\boldsymbol{a}_1 = \begin{pmatrix} 1 \\ -1 \\ 1 \end{pmatrix}$, $\boldsymbol{a}_2 = \begin{pmatrix} 0 \\ 1 \\ -1 \end{pmatrix}$, $\boldsymbol{a}_3 = \begin{pmatrix} 1 \\ 0 \\ 1 \end{pmatrix}$

② $S = \{A, B, C\}$, $A = \begin{pmatrix} 1 & -1 \\ 0 & 2 \end{pmatrix}$, $B = \begin{pmatrix} 0 & 1 \\ 2 & -1 \end{pmatrix}$, $C = \begin{pmatrix} 2 & -3 \\ -2 & 5 \end{pmatrix}$

③ $S = \{1,\ x,\ x^2,\ x^2 + 3x + 2\}$

12. 연습문제 11의 ①에서 S가 $\mathbb{R}^3$의 기저인지 아닌지를 보여라. 기저인 경우에 차원은 무엇인가?

13. 연습문제 9에서 S가 $W=\left\{A \;\middle|\; A=\begin{pmatrix} a & b \\ c & 0 \end{pmatrix},\ \ a,\ b,\ c \in \mathbb{R}\right\}$의 기저인지 보여라. 기저인 경우에 차원은 무엇인가?

14. $S=\{1,\ x,\ x^2,\ x^3,\ \cdots\}$일 때 $\mathrm{span}(S)$는 무엇인가? S가 $\mathrm{span}(S)$의 기저인지 보이고 차원에 대해 논하라.

15. S가 벡터공간 V의 직교기저인지 아닌지를 밝혀라. 직교기저인 경우에는 정규직교기저를 구하고, 직교기저가 아닌 경우에는 그람–슈미트를 이용하여 정규직교기저를 구하라.

① $S=\{\boldsymbol{a}_1, \boldsymbol{a}_2\},\ \boldsymbol{a}_1=\begin{pmatrix} 1 \\ -2 \end{pmatrix},\ \boldsymbol{a}_2=\begin{pmatrix} 2 \\ 1 \end{pmatrix},\ V=\mathbb{R}^2$

② $S=\{\boldsymbol{a}_1, \boldsymbol{a}_2\},\ \boldsymbol{a}_1=\begin{pmatrix} 1 \\ -2 \end{pmatrix},\ \boldsymbol{a}_2=\begin{pmatrix} 1 \\ 1 \end{pmatrix},\ V=\mathbb{R}^2$

③ $S=\{\boldsymbol{a}_1, \boldsymbol{a}_2, \boldsymbol{a}_3\},\ \boldsymbol{a}_1=\begin{pmatrix} 1 \\ 1 \\ 1 \end{pmatrix},\ \boldsymbol{a}_2=\begin{pmatrix} 1 \\ -1 \\ -1 \end{pmatrix},\ \boldsymbol{a}_3=\begin{pmatrix} 1 \\ 0 \\ 1 \end{pmatrix},\ V=\mathbb{R}^3$

04

행렬식과 역행렬

4-1 행렬식의 정의

이 장에서는 5장에 소개할 일차연립방정식을 효율적으로 풀기 위해 필요한 행렬의 행렬식과 역행렬의 개념을 알아보고자 한다.

자연수 $1, 2, \cdots, n$을 중복되지 않게 배열하는 것을 순열(permutation)이라 하고 순열의 총가지수는 $n!$이다. 어떤 순열 내에서 작은 수가 큰 수보다 뒤에 위치하면 반전(inversion)이라 한다. 전체 반전의 개수를 반전수(number of inversion)라 하고, 반전수가 짝수이면 우순열이라 하며 홀수이면 기순열이라 한다. 예를 들어 자연수 $(1, 2, 3)$의 순열은 다음과 같이 $3! = 6$가지 경우가 있다.

$$(1, 2, 3), (1, 3, 2), (2, 1, 3), (2, 3, 1), (3, 1, 2), (3, 2, 1) \tag{4.1}$$

위 순열 중 $(2, 3, 1)$은 2가 1보다 앞에 있으며 3도 1보다 앞에 있기 때문에 반전수가 2이며 우순열이다. 따라서 위 6가지의 순열의 반전수는 차례로 0, 1, 1, 2, 2, 3이 된다.

n차 정방행렬 $A = (a_{ij})$에서 각 행과 열에서 중복됨이 없이 하나씩 선택하여 만든 성분들의 곱 $a_{1j_1}a_{2j_2}\cdots a_{nj_n}$을 생각하자. 여기서 $(j_1, j_2, \cdots, j_n)$은 자연수 $(1, 2, \cdots, n)$의 순열이다. 이를 이용하여 정방행렬의 행렬식을 다음과 같이 정의한다.

정의 4.1 행렬식

n차 정방행렬 $A = (a_{ij})$의 행렬식(determinant)을 $|A|$라 표기하고 다음과 같이 정의한다.

$$|A| = \sum_{\text{모든 } (j_1, j_2, \cdots, j_n)} \pm a_{1j_1}a_{2j_2}\cdots a_{nj_n} \tag{4.2}$$

여기서 $a_{1j_1}a_{2j_2}\cdots a_{nj_n}$에 해당되는 순열$(j_1, j_2, \cdots, j_n)$이 우순열이면 $+$를 사용하고 기순열이면 $-$를 사용한다.

식 (4.2)의 행렬식에서 $\sum$는 $(1, 2, \cdots, n)$의 순열의 총 수 $n!$개의 합을 나타내고 우순열과 기순열의 수는 동수로 각각 $\frac{n!}{2}$개다. 스칼라인 1차 정방행렬은 성분 그 자체가 행렬식이 된다.

예제 4.1 다음 정방행렬의 행렬식을 구하라.

① $A=\begin{pmatrix} a_{11} & a_{12} \\ a_{21} & a_{22} \end{pmatrix}$

② $A=\begin{pmatrix} a_{11} & a_{12} & a_{13} \\ a_{21} & a_{22} & a_{23} \\ a_{31} & a_{32} & a_{33} \end{pmatrix}$

③ $\begin{pmatrix} 1 & 3 \\ 2 & 2 \end{pmatrix}$, $\begin{pmatrix} 2 & 0 & 0 \\ 0 & 3 & 0 \\ 0 & 0 & 2 \end{pmatrix}$, $\begin{pmatrix} 2 & -1 & 3 \\ 1 & 3 & 0 \\ -1 & 1 & 2 \end{pmatrix}$

풀이

① A는 2차 정방행렬이므로 $(1, 2)$의 가능한 순열은 $(1, 2)$와 $(2, 1)$이고, 각각의 반전수는 0과 1로 우순열과 기순열이다. 그러므로

$$|A|=\sum_{\text{모든 }(j_1, j_2)} \pm a_{1j_1}a_{2j_2}=a_{11}a_{22}-a_{12}a_{21} \tag{4.3}$$

이다.

② A는 3차 정방행렬이고 $(1, 2, 3)$의 순열들은 모두 6가지로 식 (4.1)과 같다. 각 순열의 우순열과 기순열을 반영하면

$$|A|=a_{11}a_{22}a_{33}-a_{11}a_{23}a_{32}-a_{12}a_{21}a_{33}+a_{12}a_{23}a_{31}+a_{13}a_{21}a_{32}-a_{13}a_{22}a_{31} \tag{4.4}$$

이 된다.

③ 식 (4.3)에 의하여 2차 정방행렬의 행렬식은

$$\begin{vmatrix} 1 & 3 \\ 2 & 2 \end{vmatrix}=1\times2-3\times2=-4$$

이고, 식 (4.4)에 의하여 3차 정방행렬의 행렬식은 각각

$$\begin{aligned}&\begin{vmatrix} 2 & 0 & 0 \\ 0 & 3 & 0 \\ 0 & 0 & 2 \end{vmatrix}\\ &=2\times3\times2-2\times0\times0-0\times0\times2+0\times0\times0\\ &\quad+0\times0\times0-0\times3\times0=12\end{aligned}$$

$$\begin{aligned}&\begin{vmatrix} 2 & -1 & 3 \\ 1 & 3 & 0 \\ -1 & 1 & 2 \end{vmatrix}\\ &=2\times3\times2-2\times0\times1-(-1)\times1\times2+(-1)\times0\times(-1)\\ &\quad+3\times1\times1-3\times3\times(-1)\\ &=12-0+2+0+3+9=26\end{aligned}$$

이 된다.

예제 4.1의 ③의 2차 정방행렬의 행렬식의 절댓값은 그림 4.1과 같이 두 벡터 $\boldsymbol{a}_1=\begin{pmatrix} 1 \\ 2 \end{pmatrix}$, $\boldsymbol{a}_2=\begin{pmatrix} 3 \\ 2 \end{pmatrix}$로 만들어진 평행사변형의 면적 4가 됨을 알 수 있다.

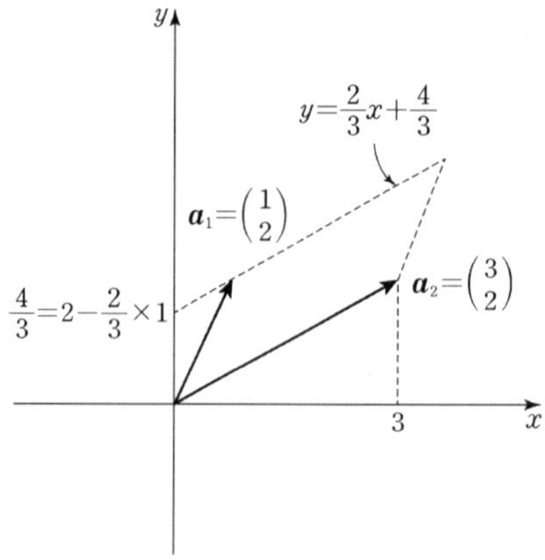

그림 4.1

즉, $3\times\frac{4}{3}=3\times\left(2-\frac{2}{3}\times 1\right)=3\times 2-2\times 1=4$는 $\boldsymbol{a}_1$과 $\boldsymbol{a}_2$로 구성된 2차 정방행렬의 행렬식의 절댓값이다. 이와 비슷하게, 3차 정방행렬의 세 벡터로 만들어진 평행육면체의 체적은 3차 정방행렬의 행렬식의 절댓값과 동일하다. 간단한 예로서, 그림 4.2는 예제 4.1의 ③의 3차 대각행렬의 세 벡터로 만들어진 평행육면체의 체적이 3차 대각행렬의 행렬식의 절댓값이 동일함을 보여주고 있다.

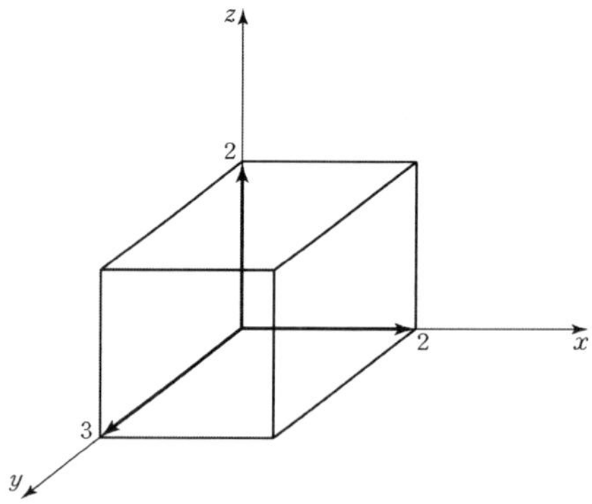

그림 4.2

한편, 예제 4.1의 식 (4.3)에 의하면 2차 정방행렬 $A=\begin{pmatrix}a & b\\ c & d\end{pmatrix}$의 행렬식은 $|A|=ad-bc$로 쉽게 기억할 수 있다. 예제 4.1의 ②의 3차 정방행렬의 행렬식은 아래 그림 4.3과 같

이 사루스(Sarrus)의 법칙으로 계산할 수 있다. 중복되지 않게 각 행과 열에서 한 성분씩 선택하여 세 수의 곱을 계산하고 실선으로 된 곱들은 +를, 점선으로 된 곱들은 −를 취하여 전체의 합을 계산하다. 사루스의 법칙은 3차 정방행렬에만 적용된다.

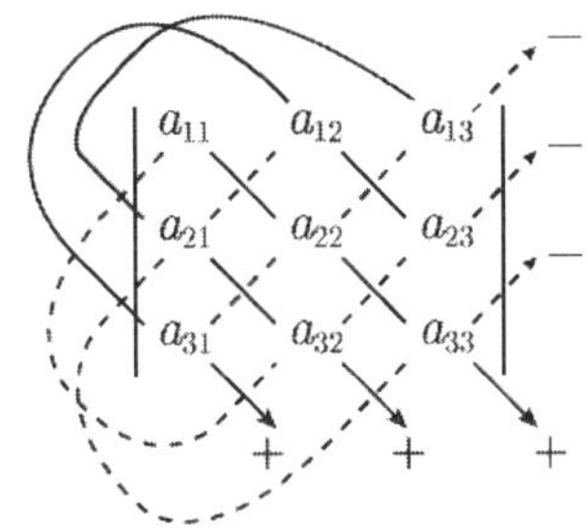

그림 4.3 사루스의 법칙

4-2 여인수 전개

n차 정방행렬의 한 행과 한 열을 제거한 $(n-1)$차 정방행렬을 소행렬이라 하며 소행렬의 행렬식을 이용하여 n차 정방행렬의 행렬식을 구하는 방법을 알아보자.

정의 4.2 여인수

n차 정방행렬 $A=(a_{ij})$의 i행과 j열을 제외한 $(n-1)$차 정방행렬을 A_{ij}라 하면 $|A_{ij}|$를 성분 a_{ij}의 소행렬식(minor determinant)이라 하고 a_{ij}의 여인수(cofactor) C_{ij}는 다음과 같이 정의한다.

$$C_{ij}=(-1)^{i+j}|A_{ij}|,\ i=1,2,\cdots,n,\ j=1,2,\cdots,n$$

n차 정방행렬은 n^2개의 성분을 가지므로 여인수는 n^2개가 존재한다. 여인수에 의한 n차 정방행렬의 행렬식은 다음과 같이 계산된다.

정리 4.1　여인수 전개

n차 정방행렬 $A=(a_{ij})$에 대하여 다음이 성립한다.

(i) 임의의 $i=1, 2, \cdots, n$에 대하여

$$|A|=a_{i1}C_{i1}+a_{i2}C_{i2}+\cdots+a_{in}C_{in}=\sum_{j=1}^{n}a_{ij}C_{ij} \tag{4.5}$$

(ii) 임의의 $j=1, 2, \cdots, n$에 대하여

$$|A|=a_{1j}C_{1j}+a_{2j}C_{2j}+\cdots+a_{nj}C_{nj}=\sum_{i=1}^{n}a_{ij}C_{ij} \tag{4.6}$$

증명 수학적 귀납법으로 증명하지만, 생략하고 $n=2$, 3일 때 행렬식이 식 (4.5)가 됨을 확인해보자. 스칼라의 행렬식은 스칼라 자체가 행렬식이 되므로 2차 정방행렬 $A=\begin{pmatrix}a_{11} & a_{12}\\ a_{21} & a_{22}\end{pmatrix}$의 여인수는 $C_{11}=(-1)^{1+1}a_{22}$, $C_{12}=(-1)^{1+2}a_{21}$이다. 그러므로 행렬식 $|A|=a_{11}a_{22}-a_{12}a_{21}$은 식 (4.5)의

$$a_{11}C_{11}+a_{12}C_{12}=a_{11}(-1)^{1+1}a_{22}+a_{12}(-1)^{1+2}a_{21}=a_{11}a_{22}-a_{12}a_{21}$$

와 동일함을 알 수 있다.

3차 정방행렬 $A=\begin{pmatrix}a_{11} & a_{12} & a_{13}\\ a_{21} & a_{22} & a_{23}\\ a_{31} & a_{32} & a_{33}\end{pmatrix}$의 여인수 C_{11}, C_{12}, C_{13}을 구해보면

$$C_{11}=(-1)^{1+1}\begin{vmatrix}a_{22} & a_{23}\\ a_{32} & a_{33}\end{vmatrix}=a_{22}a_{33}-a_{23}a_{32},$$

$$C_{12}=(-1)^{1+2}\begin{vmatrix}a_{21} & a_{23}\\ a_{31} & a_{33}\end{vmatrix}=-(a_{21}a_{33}-a_{23}a_{31}),$$

$$C_{13}=(-1)^{1+3}\begin{vmatrix}a_{21} & a_{22}\\ a_{31} & a_{32}\end{vmatrix}=a_{21}a_{32}-a_{22}a_{31}$$

이므로 식 (4.5)는 다음과 같이 계산된다.

$$\begin{aligned}&a_{11}C_{11}+a_{12}C_{12}+a_{13}C_{13}\\ &=a_{11}(a_{22}a_{33}-a_{23}a_{32})-a_{12}(a_{21}a_{33}-a_{23}a_{31})+a_{13}(a_{21}a_{32}-a_{22}a_{31})\\ &=a_{11}a_{22}a_{33}-a_{11}a_{23}a_{32}-a_{12}a_{21}a_{33}+a_{12}a_{23}a_{31}+a_{13}a_{21}a_{32}-a_{13}a_{22}a_{31}\end{aligned}$$

따라서 식 (4.4)의 3차 정방행렬 A의 행렬식과 동일하다. ♣

정리 4.1의 여인수 전개에 의한 행렬식의 계산을 정의로 간주하기도 한다. 식 (4.5)의 행렬식은 임의의 i행의 성분들 a_{i1}, a_{i2}, $\cdots$, a_{in}의 여인수들을 이용한 여인수 전개이고,

식 (4.6)의 행렬식은 임의의 j열의 성분들 a_{1j}, a_{2j}, $\cdots$, a_{nj}의 여인수들의 여인수 전개에 의한 것이다. 따라서 행렬식을 계산할 때 0 성분들을 많이 포함하고 있는 행이나 열을 선택하여 여인수 전개를 활용하는 것이 편리하다.

예제 4.2 여인수 전개를 이용하여 다음 행렬의 행렬식을 구하라.

① $A=\begin{pmatrix} 3 & -4 \\ 2 & 1 \end{pmatrix}$

② $B=\begin{pmatrix} 2 & 1 & 1 \\ 1 & -2 & 2 \\ 3 & 1 & 2 \end{pmatrix}$

③ $C=\begin{pmatrix} 1 & 0 & 2 & 3 \\ -1 & 1 & -1 & 1 \\ 3 & 0 & -2 & 1 \\ 1 & -1 & 3 & 2 \end{pmatrix}$

풀이

① 행렬 A의 1행의 여인수를 구하면

$$C_{11}=(-1)^{1+1}\times 1=1,\ C_{12}=(-1)^{1+2}\times 2=-2$$

이다. 그러므로

$$|A|=3\times C_{11}+(-4)\times C_{12}=3\times 1+(-4)\times(-2)=11$$

이다.

② 행렬 B의 1열의 여인수를 구하면

$$C_{11}=(-1)^{1+1}\times\begin{vmatrix} -2 & 2 \\ 1 & 2 \end{vmatrix},\ C_{21}=(-1)^{2+1}\times\begin{vmatrix} 1 & 1 \\ 1 & 2 \end{vmatrix},$$

$$C_{31}=(-1)^{3+1}\times\begin{vmatrix} 1 & 1 \\ -2 & 2 \end{vmatrix}$$

이므로

$$C_{11}=1\times(-4-2)=-6,\ C_{21}=(-1)\times(2-1)=-1,$$

$$C_{31}=1\times(2+2)=4$$

가 된다. 그러므로

$$|B|=2\times C_{11}+1\times C_{21}+3\times C_{31}=2\times(-6)+1\times(-1)+3\times 4=-1$$

이다.

③ 행렬 C에서 2열이 다른 행이나 열보다 0을 많이 포함하고 있다. 따라서 C의 2열의 여인수를 이용한 C의 행렬식의 여인수 전개는

$$|C|=0\times C_{12}+1\times C_{22}+0\times C_{32}+(-1)\times C_{42}=C_{22}-C_{42}$$

이므로 C_{22}와 C_{42}를 구하면

$$C_{22}=(-1)^{2+2}\begin{vmatrix}1 & 2 & 3\\ 3 & -2 & 1\\ 1 & 3 & 2\end{vmatrix}$$
$$=1\times(-1)^{1+1}\begin{vmatrix}-2 & 1\\ 3 & 2\end{vmatrix}+2\times(-1)^{1+2}\begin{vmatrix}3 & 1\\ 1 & 2\end{vmatrix}+3\times(-1)^{1+3}\begin{vmatrix}3 & -2\\ 1 & 3\end{vmatrix}$$
$$=1\times(-7)+2\times(-5)+3\times 11=16$$
$$C_{42}=(-1)^{4+2}\begin{vmatrix}1 & 2 & 3\\ -1 & -1 & 1\\ 3 & -2 & 1\end{vmatrix}$$
$$=1\times(-1)^{1+1}\begin{vmatrix}-1 & 1\\ -2 & 1\end{vmatrix}+2\times(-1)^{1+2}\begin{vmatrix}-1 & 1\\ 3 & 1\end{vmatrix}+3\times(-1)^{1+3}\begin{vmatrix}-1 & -1\\ 3 & -2\end{vmatrix}$$
$$=1\times 1+2\times 4+3\times 5=24$$

이다. 그러므로 $|C|=C_{22}-C_{42}=16-24=-8$이다.

위 예제 4.2에서 알 수 있듯이 4차 정방행렬의 행렬식은 3차 정방행렬의 소행렬식을 4회 계산하여야 하고 각 3차 정방행렬의 소행렬식은 3회의 2차 정방행렬의 소행렬식을 구하여 얻어진다. 그러므로 행렬식은 구하고자 하는 정방행렬의 차원이 커질수록 계산량은 매우 방대해진다.

다음 절은 행렬식의 성질들을 보여주고 있다. 이들을 이용하여 행렬식을 계산하는 방법을 살펴보자.

4-3 행렬식의 성질

다음은 행렬식의 성질들이다.

정리 4.2 행렬식의 성질

n차 정방행렬 A, B와 임의의 스칼라 k에 대하여 다음이 성립한다.

(i) A가 삼각행렬이고 대각성분들이 $a_{11}, a_{22}, \cdots, a_{nn}$이면 $|A|=a_{11}a_{22}\cdots a_{nn}$이다.
(ii) $|A|=|A^T|$
(iii) B가 A의 임의의 두 행 혹은 두 열을 서로 바꾸어 만들어진 행렬이면 $|B|=-|A|$이다.
(iv) A의 임의의 두 행 혹은 두 열이 같으면 $|A|=0$이다.

(v) A의 한 행 혹은 한 열이 모두 0이면 $|A|=0$이다.
(vi) B가 A의 한 행 혹은 한 열에 스칼라 k를 곱해서 만들어진 행렬이면 $|B|=k|A|$이다.
(vii) B가 A의 한 행 혹은 한 열에 스칼라 k를 곱하여 A의 다른 행 혹은 다른 열에 더하여 만들어진 것이면 $|B|=|A|$이다.
(viii) $|kA|=k^n|A|$
(ix) $|AB|=|A||B|$

증명 (i), (ii), (v), (vi), (viii), (ix)는 생략한다.

(iii) n차 정방행렬 A, B를 $A=(a_{ij})_{n\times n}$, $B=(b_{ij})_{n\times n}$이라 하자. B가 A의 l행과 m행을 교환하여 만들어진 행렬이라 하면 $i\neq l$과 $i\neq m$인 모든 i와 j에 대하여 $b_{ij}=a_{ij}$가 된다. B의 l행 성분들은 A의 m행 성분들이므로 $b_{lj}=a_{mj}$이고 B의 m행 성분들은 A의 l행 성분들이므로 $b_{mj}=a_{lj}$가 된다. 그러므로 식 (4.2)에 의하면

$$\begin{aligned}|B| &= \sum_{\text{모든 }(j_1,\, j_2,\, \cdots,\, j_n)} \pm\, b_{1j_1} b_{2j_2} \cdots b_{lj_l} \cdots b_{mj_m} \cdots b_{nj_n} \\ &= \sum_{\text{모든 }(j_1,\, j_2,\, \cdots,\, j_n)} \pm\, a_{1j_1} a_{2j_2} \cdots a_{mj_l} \cdots a_{lj_m} \cdots a_{nj_n} \\ &= \sum_{\text{모든 }(j_1,\, j_2,\, \cdots,\, j_n)} \pm\, a_{1j_1} a_{2j_2} \cdots a_{lj_m} \cdots a_{mj_l} \cdots a_{nj_n}\end{aligned}$$

이 된다. 순열 $(j_1, j_2, \cdots, j_m, \cdots, j_l, \cdots, j_n)$과 $(j_1, j_2, \cdots, j_l, \cdots, j_m, \cdots, j_n)$에서 j_m와 j_l을 맞바꿔 놓을 경우 반전수의 차이는 $2(m-l)-1$로 홀수만큼 차이가 생긴다. 그러므로 $|B|=-|A|$가 된다.

(iv) 행렬 A는 두 행이 동일하다고 하자. 행렬 B는 A의 동일한 두 행이 바뀌어 만들어진 것이라 하면 $A=B$이다. 그러므로 $|A|=|B|$이다. 또한 (iii)에 의해서 $|B|=-|A|$이다. 따라서 $|A|=|B|=-|A|$이므로 $|A|=0$이다.

(vii) 행렬 $B=(b_{ij})$는 A의 l행을 k배하여 m행에 더하여 만들어진 것이라 하자. 그러므로 $i\neq m$이 모든 i와 j에 대하여 $b_{ij}=a_{ij}$가 되고 모든 $j=1, 2, \cdots, n$에 대하여 $b_{mj}=a_{mj}+ka_{lj}$가 된다. 식 (4.2)에 의하면

$$\begin{aligned}|B| &= \sum_{\text{모든 }(j_1,\, j_2,\, \cdots,\, j_n)} \pm\, b_{1j_1} b_{2j_2} \cdots b_{lj_l} \cdots b_{mj_m} \cdots b_{nj_n} \\ &= \sum_{\text{모든 }(j_1,\, j_2,\, \cdots,\, j_n)} \pm\, a_{1j_1} a_{2j_2} \cdots a_{lj_l} \cdots (a_{mj_m}+ka_{lj_m}) \cdots a_{nj_n} \\ &= \sum_{\text{모든 }(j_1,\, j_2,\, \cdots,\, j_n)} \pm\, a_{1j_1} a_{2j_2} \cdots a_{lj_l} \cdots a_{mj_m} \cdots a_{nj_n} \\ &\quad + k \sum_{\text{모든 }(j_1,\, j_2,\, \cdots,\, j_n)} \pm\, a_{1j_1} a_{2j_2} \cdots a_{lj_l} \cdots a_{lj_m} \cdots a_{nj_n}\end{aligned}$$

가 된다. 위 식에서 $k \sum_{\text{모든 }(j_1,\, j_2,\, \cdots,\, j_n)} \pm\, a_{1j_1} a_{2j_2} \cdots a_{lj_l} \cdots a_{lj_m} \cdots a_{nj_n}$은 l행과 m행이 동일한 정방행렬의 행렬식이므로 (iv)에 의해 0이다. 그러므로 $|A|=|B|$이다. ♣

예제 4.3 여인수 전개를 사용하여 다음 물음에 답하라.

① $A=\begin{pmatrix} a_{11} & 0 & 0 \\ a_{21} & a_{22} & 0 \\ a_{31} & a_{32} & a_{33} \end{pmatrix}$일 때 $|A|=a_{11}a_{22}a_{33}$임을 보여라.

② $A=\begin{pmatrix} 2 & -1 & 3 \\ 1 & 3 & 0 \\ -1 & 1 & 2 \end{pmatrix}$일 때 $|A|$와 $|2A|$를 구하라.

③ $B=\begin{pmatrix} 2 & 3 & -1 \\ 1 & 0 & 3 \\ -1 & 2 & 1 \end{pmatrix}$는 위 예제 ②의 행렬 A의 2열과 3열을 교환한 행렬이다. 행렬식 $|B|$를 구하고 위 예제 ②의 행렬식 $|A|$와 비교하라.

④ $A=\begin{pmatrix} 2 & -1 & 3 \\ 1 & 3 & 0 \\ 2 & -1 & 3 \end{pmatrix}$의 $|A|$가 0이 됨을 보여라.

⑤ $B=\begin{pmatrix} 2k & -k & 3k \\ 1 & 3 & 0 \\ -1 & 1 & 2 \end{pmatrix}$는 위 예제 ②의 행렬 A의 1행을 k배한 행렬이고, $C=\begin{pmatrix} 2 & -1 & 3 \\ 1+2k & 3-k & 3k \\ -1 & 1 & 2 \end{pmatrix}$는 행렬 A의 1행을 k배하여 2행에 더한 행렬이다. 행렬식 $|B|$와 $|C|$를 구하고 위 예제 ②의 행렬식 $|A|$와 비교하라.

⑥ $A=\begin{pmatrix} 2 & -1 \\ 1 & 3 \end{pmatrix}$, $B=\begin{pmatrix} 1 & -1 \\ 2 & 1 \end{pmatrix}$일 때 $|AB|=|A|\,|B|$임을 보여라.

풀이

① 1행의 여인수를 이용한 여인수 전개로 행렬 A의 행렬식 $|A|$를 구하면

$$|A|=a_{11}\times(-1)^{1+1}\begin{vmatrix} a_{22} & 0 \\ a_{32} & a_{33} \end{vmatrix}+0\times(-1)^{1+2}\begin{vmatrix} a_{21} & 0 \\ a_{31} & a_{33} \end{vmatrix}+0\times(-1)^{1+3}\begin{vmatrix} a_{21} & a_{22} \\ a_{31} & a_{32} \end{vmatrix}$$
$$=a_{11}a_{22}a_{33}+0+0=a_{11}a_{22}a_{33}$$

가 된다. 그러므로 대각행렬인 A의 대각성분들의 곱으로 행렬식이 구해진다.

② 1행의 여인수를 이용한 여인수 전개로 행렬 A의 행렬식 $|A|$를 구하면

$$|A|=2\times(-1)^{1+1}\begin{vmatrix} 3 & 0 \\ 1 & 2 \end{vmatrix}+(-1)\times(-1)^{1+2}\begin{vmatrix} 1 & 0 \\ -1 & 2 \end{vmatrix}+3\times(-1)^{1+3}\begin{vmatrix} 1 & 3 \\ -1 & 1 \end{vmatrix}$$
$$=2\times6+1\times2+3\times4=26$$

이 되고, 행렬식 $|2A|$를 $2A$의 1행의 여인수를 이용한 여인수 전개로 구하면

$$|2A|=\begin{vmatrix} 4 & -2 & 6 \\ 2 & 6 & 0 \\ -2 & 2 & 4 \end{vmatrix}$$
$$=4\times(-1)^{1+1}\begin{vmatrix} 6 & 0 \\ 2 & 4 \end{vmatrix}+(-2)\times(-1)^{1+2}\begin{vmatrix} 2 & 0 \\ -2 & 4 \end{vmatrix}+6\times(-1)^{1+3}\begin{vmatrix} 2 & 6 \\ -2 & 2 \end{vmatrix}$$
$$=4\times24+2\times8+6\times16=208$$

이 된다. 즉, $|2A|=2^3|A|$가 성립함을 알 수 있다.

③ 1행의 여인수를 이용한 여인수 전개로 행렬 B의 행렬식 $|B|$를 구하면

$$|B|=2\times(-1)^{1+1}\begin{vmatrix}0&3\\2&1\end{vmatrix}+3\times(-1)^{1+2}\begin{vmatrix}1&3\\-1&1\end{vmatrix}+(-1)\times(-1)^{1+3}\begin{vmatrix}1&0\\-1&2\end{vmatrix}$$
$$=2\times(-6)+3\times(-4)+(-1)\times2=-26$$

이 된다. 행렬 B는 A의 2열과 3열의 위치를 바꾸어 만들어진 것이므로 예제 ②의 결과와 비교해 보면 $|A|=-|B|$가 성립함을 알 수 있다.

④ 행렬 A의 2행의 여인수를 이용한 여인수 전개로 행렬식 $|A|$를 구하면

$$|A|=1\times(-1)^{2+1}\begin{vmatrix}-1&3\\-1&3\end{vmatrix}+3\times(-1)^{2+2}\begin{vmatrix}2&3\\2&3\end{vmatrix}+0\times(-1)^{2+3}\begin{vmatrix}2&-1\\2&-1\end{vmatrix}$$
$$=1\times0+3\times0+0\times0=0$$

이 된다. 행렬 A는 두 행이 동일하므로 행렬식이 0이다.

⑤ 행렬 B의 1행의 여인수를 이용한 여인수 전개로 행렬식 $|B|$를 구하면

$$|B|=2k\times(-1)^{1+1}\begin{vmatrix}3&0\\1&2\end{vmatrix}+(-k)\times(-1)^{1+2}\begin{vmatrix}1&0\\-1&2\end{vmatrix}+3k\times(-1)^{1+3}\begin{vmatrix}1&3\\-1&1\end{vmatrix}$$
$$=k(2\times6+1\times2+3\times4)=26k$$

이며, C의 2행의 여인수를 이용하여 여인수 전개로 행렬식 $|C|$를 구하면

$$|C|=(1+2k)\times(-1)^{2+1}\begin{vmatrix}-1&3\\1&2\end{vmatrix}+(3-k)\times(-1)^{2+2}\begin{vmatrix}2&3\\-1&2\end{vmatrix}$$
$$+3k\times(-1)^{2+3}\begin{vmatrix}2&-1\\-1&1\end{vmatrix}$$
$$=(1+2k)\times5+(3-k)\times7+3k\times(-1)$$
$$=1\times5+3\times7+2k\times5+(-k)\times7+3k\times(-1)=26$$

이 된다. 행렬 B는 예제 ②의 행렬 A의 1행을 k배하여 만들어진 것이므로 $|B|=k|A|$가 성립하고, 행렬 C는 행렬 A의 1행을 k배하여 2행에 더하여 만들어진 것으로 $|C|=|A|$가 성립함을 알 수 있다.

⑥ 2차 정방행렬 A, B의 행렬식을 각각 구하면

$$|A|=2\times(-1)^{1+1}\times3+(-1)\times(-1)^{1+2}\times1=6+1=7$$
$$|B|=1\times(-1)^{1+1}\times1+(-1)\times(-1)^{1+2}\times2=1+2=3$$

이 되고, AB의 행렬식을 구하면

$$AB=\begin{pmatrix}2&-1\\1&3\end{pmatrix}\begin{pmatrix}1&-1\\2&1\end{pmatrix}=\begin{pmatrix}0&-3\\7&2\end{pmatrix}$$
$$|AB|=0\times(-1)^{1+1}\times2+(-3)\times(-1)^{1+2}\times7=21$$

이다. 따라서 $|AB|=|A||B|$가 성립함을 알 수 있다.

복잡하고 많은 계산량이 필요한 행렬식 연산에서 정리 4.2의 행렬식의 성질들을 적절히 활용하여 삼각행렬을 만들면 행렬식은 변하지 않고 대각성분들의 곱으로 원하는 행렬식을 구할 수 있다.

예제 4.4 행렬식의 성질들을 이용하여 예제 4.2의 행렬 B, C를 삼각행렬로 만들어 행렬식을 구하라.

풀이

3차 정방행렬 $B=\begin{pmatrix}2&1&1\\1&-2&2\\3&1&2\end{pmatrix}$를 상삼각행렬 형태로 만들어 보자. 즉, 대각성분 아래의 성분들을 모두 0으로 만들어 보자. 먼저, 행렬 B의 1행을 $-\frac{1}{2}$배하고 $-\frac{3}{2}$배하여 각각 2행과 3행에 더하면 정리 4.2의 (vii)에 의하여

$$|B|=\begin{vmatrix}2&1&1\\1&-2&2\\3&1&2\end{vmatrix}=\begin{vmatrix}2&1&1\\0&-\frac{5}{2}&\frac{3}{2}\\3&1&2\end{vmatrix}=\begin{vmatrix}2&1&1\\0&-\frac{5}{2}&\frac{3}{2}\\0&-\frac{1}{2}&\frac{1}{2}\end{vmatrix}$$

이 되고, (3, 2) 성분을 0을 만들기 위하여 2행을 $-\frac{1}{5}$배하여 3행에 더하면

$$|B|=\begin{vmatrix}2&1&1\\0&-\frac{5}{2}&\frac{3}{2}\\0&-\frac{1}{2}&\frac{1}{2}\end{vmatrix}=\begin{vmatrix}2&1&1\\0&-\frac{5}{2}&\frac{3}{2}\\0&0&\frac{1}{5}\end{vmatrix}$$

이다. 삼각행렬의 행렬식인 $|B|=2\times(-\frac{5}{2})\times\frac{1}{5}=-1$이 된다.

4차 정방행렬 C를 정리 4.2를 활용하여 행렬식은 변하지 않도록 하면서 상삼각행렬 형태로 만들어 보자. 행렬 C의 1행과 4행을 맞바꾼 후 1열과 2열을 교환하면 정리 4.2의 (iii)에 의하여

$$|C|=\begin{vmatrix}1&0&2&3\\-1&1&-1&1\\3&0&-2&1\\1&-1&3&2\end{vmatrix}=(-1)\times\begin{vmatrix}1&-1&3&2\\-1&1&-1&1\\3&0&-2&1\\1&0&2&3\end{vmatrix}=(-1)^2\times\begin{vmatrix}-1&1&3&2\\1&-1&-1&1\\0&3&-2&1\\0&1&2&3\end{vmatrix}\tag{4.7}$$

이 된다. 1행을 1배하여 2행에 더해주면 정리 4.2의 (vii)에 의하여 행렬식은 변하지 않으므로

$$|C|=(-1)^2\times\begin{vmatrix}-1&1&3&2\\0&0&2&3\\0&3&-2&1\\0&1&2&3\end{vmatrix}\tag{4.8}$$

이 된다. 2행과 4행을 맞바꾼 후 2행을 -3배하여 3행에 더해주면

$$|C|=(-1)^3\times\begin{vmatrix}-1&1&3&2\\0&1&2&3\\0&3&-2&1\\0&0&2&3\end{vmatrix}=(-1)^3\times\begin{vmatrix}-1&1&3&2\\0&1&2&3\\0&0&-8&-8\\0&0&2&3\end{vmatrix}$$

가 된다. 마지막으로 (4, 3) 성분을 0으로 만들기 위하여 3행을 $\frac{1}{4}$배하여 4행에 더해주면

$$|C| = (-1)^3 \times \begin{vmatrix} -1 & 1 & 3 & 2 \\ 0 & 1 & 2 & 3 \\ 0 & 0 & -8 & -8 \\ 0 & 0 & 0 & 1 \end{vmatrix} \tag{4.9}$$

이 되어 삼각행렬의 행렬식인 $(-1)^3 \times (-1) \times 1 \times (-8) \times 1 = -8$이 C의 행렬식이 된다.

예제 4.4에서 삼각행렬을 만드는 과정은 유일하지 않고 다양하게 존재하지만 구해지는 행렬식은 유일하다.

4-4 역행렬의 정의

실수 체계에서 임의의 실수 a의 역수는 $\frac{1}{a}$이다. 행렬에서도 실수에서의 역수와 같은 의미를 가지고 있는 행렬이 역행렬이다. 역행렬은 정방행렬인 경우에 정의하며 그 정의는 다음과 같다.

정의 4.3 | 역행렬

n차 정방행렬 A에 대하여

$$AB = BA = I_n \tag{4.10}$$

이 성립하는 n차 정방행렬 B가 존재하면 B를 A의 역행렬(inverse matrix)이라 하고 A^{-1}라 표기한다.

A^{-1}가 A의 역행렬이므로 식 (4.10)으로부터 $AA^{-1} = A^{-1}A = I_n$이 성립한다. A의 역행렬 A^{-1}가 존재하면 A는 가역(invertible)이라고 하며 A를 가역행렬(invertible matrix) 혹은 정칙행렬(nonsingular matrix)이라 한다. 가역이 아닌 행렬 A는 비가역행렬(noninvertible matrix) 혹은 비정칙행렬(singular matrix)이라 한다.

> **정리 4.3 역행렬의 유일성**
>
> n차 정방행렬 A가 가역행렬이면 A^{-1}는 유일하다.

증명 n차 정방행렬 B와 C가 모두 A의 역행렬이라 가정하자. 그러면

$$AB = BA = I_n, \quad AC = CA = I_n$$

이 성립하므로

$$B = BI_n = B(AC) = (BA)C = I_nC = C$$

가 되어 $B = C$이다. 따라서 A의 역행렬은 유일하게 존재한다. ♣

예제 4.5 A와 B가 서로 역행렬 관계임을 보여라.

① $A = \begin{pmatrix} 3 & -4 \\ 2 & 1 \end{pmatrix}$, $B = \begin{pmatrix} \frac{1}{11} & \frac{4}{11} \\ -\frac{2}{11} & \frac{3}{11} \end{pmatrix}$

② $A = \begin{pmatrix} 2 & 1 & 1 \\ 1 & -2 & 2 \\ 3 & 1 & 1 \end{pmatrix}$, $B = \begin{pmatrix} -1 & 0 & 1 \\ \frac{5}{4} & -\frac{1}{4} & -\frac{3}{4} \\ \frac{7}{4} & \frac{1}{4} & -\frac{5}{4} \end{pmatrix}$

풀이

① $$AB = \begin{pmatrix} 3 & -4 \\ 2 & 1 \end{pmatrix}\begin{pmatrix} \frac{1}{11} & \frac{4}{11} \\ -\frac{2}{11} & \frac{3}{11} \end{pmatrix} = \begin{pmatrix} \frac{3}{11}+\frac{8}{11} & \frac{12}{11}-\frac{12}{11} \\ \frac{2}{11}-\frac{2}{11} & \frac{8}{11}+\frac{3}{11} \end{pmatrix} = I_2$$

$$BA = \begin{pmatrix} \frac{1}{11} & \frac{4}{11} \\ -\frac{2}{11} & \frac{3}{11} \end{pmatrix}\begin{pmatrix} 3 & -4 \\ 2 & 1 \end{pmatrix} = \begin{pmatrix} \frac{3}{11}+\frac{8}{11} & -\frac{4}{11}+\frac{4}{11} \\ -\frac{6}{11}+\frac{6}{11} & \frac{8}{11}+\frac{3}{11} \end{pmatrix} = I_2$$

가 된다.

② $$AB = \begin{pmatrix} 2 & 1 & 1 \\ 1 & -2 & 2 \\ 3 & 1 & 1 \end{pmatrix}\begin{pmatrix} -1 & 0 & 1 \\ \frac{5}{4} & -\frac{1}{4} & -\frac{3}{4} \\ \frac{7}{4} & \frac{1}{4} & -\frac{5}{4} \end{pmatrix} = I_3$$

$$BA = \begin{pmatrix} -1 & 0 & 1 \\ \frac{5}{4} & -\frac{1}{4} & -\frac{3}{4} \\ \frac{7}{4} & \frac{1}{4} & -\frac{5}{4} \end{pmatrix}\begin{pmatrix} 2 & 1 & 1 \\ 1 & -2 & 2 \\ 3 & 1 & 1 \end{pmatrix} = I_3$$

가 된다.

다음은 역행렬의 성질들이다.

정리 4.4 역행렬의 성질

n차 정방행렬 A, B가 가역행렬이면 다음이 성립한다.

(i) $(A^{-1})^{-1} = A$
(ii) $(AB)^{-1} = B^{-1}A^{-1}$
(iii) $(kA)^{-1} = \dfrac{1}{k}A^{-1}$, k는 0이 아닌 임의의 스칼라
(iv) $(A^{l})^{-1} = (A^{-1})^{l}$, l은 임의의 자연수
(v) $(A^{T})^{-1} = (A^{-1})^{T}$

증명 (i), (iii), (iv)의 증명은 생략한다.

(ii) 정방행렬 A, B가 가역행렬이므로 역행렬의 정의에 의하여

$$AB(B^{-1}A^{-1}) = (B^{-1}A^{-1})AB = I_n$$

이 성립함을 보인다. 행렬의 곱의 결합법칙에 의하여

$$AB(B^{-1}A^{-1}) = A(BB^{-1})A^{-1} = AI_nA^{-1} = AA^{-1} = I_n$$

이 된다. 비슷하게 $(B^{-1}A^{-1})AB = I_n$이 성립함을 보일 수 있다.

(v) 행렬의 곱의 전치행렬의 성질인 정리 2.3의 (iv)에 의하여

$$I_n = I_n^{\,T} = (AA^{-1})^T = (A^{-1})^T A^T$$

이다. 또한

$$I_n = I_n^{\,T} = (A^{-1}A)^T = A^T(A^{-1})^T$$

가 된다. 즉,

$$A^T(A^{-1})^T = (A^{-1})^T A^T = I_n$$

이므로 $(A^{-1})^T$는 A^T의 역행렬이다. ♣

예제 4.6 행렬 A와 A^{-1}에 대하여 다음 물음에 답하라.

$$A = \begin{pmatrix} 1 & -1 \\ 1 & 1 \end{pmatrix}, \quad A^{-1} = \begin{pmatrix} \frac{1}{2} & \frac{1}{2} \\ -\frac{1}{2} & \frac{1}{2} \end{pmatrix}$$

① $\left(\dfrac{1}{2}A\right)^{-1}$를 구하라.

② $(A^2)^{-1}$를 구하라.

③ $(A^T)^{-1}$를 구하라.

④ $B=\begin{pmatrix}3&-4\\2&1\end{pmatrix}$, $B^{-1}=\begin{pmatrix}\frac{1}{11}&\frac{4}{11}\\-\frac{2}{11}&\frac{3}{11}\end{pmatrix}$일 때 $(AB)^{-1}$를 구하라.

풀이

① 정리 4.4의 (ⅲ)에 의하여 $\left(\frac{1}{2}A\right)^{-1}=2A^{-1}$이다. 그러므로

$$2A^{-1}=2\begin{pmatrix}\frac{1}{2}&\frac{1}{2}\\-\frac{1}{2}&\frac{1}{2}\end{pmatrix}=\begin{pmatrix}1&1\\-1&1\end{pmatrix}$$

이 $\frac{1}{2}A$의 역행렬이 된다.

② 정리 4.4의 (ⅳ)에 의하여, $(A^2)^{-1}=(A^{-1})^2$이다. 그러므로

$$(A^{-1})^2=A^{-1}A^{-1}=\begin{pmatrix}\frac{1}{2}&\frac{1}{2}\\-\frac{1}{2}&\frac{1}{2}\end{pmatrix}\begin{pmatrix}\frac{1}{2}&\frac{1}{2}\\-\frac{1}{2}&\frac{1}{2}\end{pmatrix}=\begin{pmatrix}0&\frac{1}{2}\\-\frac{1}{2}&0\end{pmatrix}$$

이 A^2의 역행렬이 된다.

③ 정리 4.4의 (ⅴ)에 의하여 $(A^T)^{-1}=(A^{-1})^T$이다. 그러므로

$$(A^{-1})^T=\begin{pmatrix}\frac{1}{2}&\frac{1}{2}\\-\frac{1}{2}&\frac{1}{2}\end{pmatrix}=\begin{pmatrix}\frac{1}{2}&-\frac{1}{2}\\\frac{1}{2}&\frac{1}{2}\end{pmatrix}$$

이 A^T의 역행렬이 된다.

④ 정리 4.4의 (ⅱ)에 의하여 $(AB)^{-1}=B^{-1}A^{-1}$이므로

$$B^{-1}A^{-1}=\begin{pmatrix}\frac{1}{11}&\frac{4}{11}\\-\frac{2}{11}&\frac{3}{11}\end{pmatrix}\begin{pmatrix}\frac{1}{2}&\frac{1}{2}\\-\frac{1}{2}&\frac{1}{2}\end{pmatrix}=\begin{pmatrix}-\frac{3}{22}&\frac{5}{22}\\-\frac{5}{22}&\frac{1}{22}\end{pmatrix}$$

이 AB의 역행렬이 된다.

특이 행렬들의 역행렬에 대한 성질을 살펴보자.

정리 4.5 특이 행렬의 역행렬의 성질

n차 정방행렬 $A=(a_{ij})$에 대하여 다음이 성립한다.

(ⅰ) 행렬 A가 직교행렬이면 $A^{-1}=A^T$이다.
(ⅱ) 행렬 A가 가역이고 대칭행렬이면 A^{-1}도 대칭행렬이다.
(ⅲ) 행렬 A가 가역이고 대각행렬이면 A^{-1}도 대각행렬이고 A^{-1}의 대각성분들은 A의 대각성분들의 역수이다.

증명

(i) n차 정방행렬 A가 직교행렬이면 $AA^T = A^TA = I_n$이므로 식 (4.10)의 역행렬의 정의에 의하면 $A^{-1} = A^T$가 된다.

(ii) 정리 4.4의 (v)에 의하면 n차 정방행렬 A가 대칭이면 $(A^{-1})^T = (A^T)^{-1} = A^{-1}$이므로 A^{-1}도 대칭행렬이다.

(iii) 대각행렬 $A = \mathrm{diag}(a_1, a_2, \cdots, a_n)$이라 하고 $B = \mathrm{diag}\left(\frac{1}{a_1}, \frac{1}{a_2}, \cdots, \frac{1}{a_n}\right)$이라 하면 $AB = BA = I_n$이 성립함을 알 수 있다. ♣

4-5 여인수행렬과 역행렬

4.2절의 행렬식 계산에 활용된 여인수를 이용하여 역행렬을 구하는 방법에 대해 알아보자.

정의 4.4 여인수행렬

n차 정방행렬 $A = (a_{ij})$에 대하여, (i, j) 성분인 a_{ij}의 여인수인 C_{ij}로 구성된 다음의 n차 정방행렬

$$C = \begin{pmatrix} C_{11} & C_{12} & \cdots & C_{1n} \\ C_{21} & C_{22} & \cdots & C_{2n} \\ \vdots & \vdots & \ddots & \vdots \\ C_{n1} & C_{n2} & \cdots & C_{nn} \end{pmatrix}$$

을 A의 여인수행렬(matrix of cofactor)이라고 한다.

정방행렬 A의 여인수행렬의 전치행렬 C^T를 A의 수반행렬(adjoint matrix) 혹은 여행렬(comatrix)이라 하고 $\mathrm{adj}(A)$로 표시한다. A의 수반행렬과 A의 역행렬은 다음과 같은 관계가 있다.

정리 4.6 수반행렬과 역행렬

n차 정방행렬 A가 가역행렬이면, $A^{-1} = \frac{1}{|A|}\mathrm{adj}(A)$가 성립한다.

증명 $A \cdot \frac{1}{|A|}\mathrm{adj}(A) = I_n$이 되는지를 보이도록 한다. 즉, $A \cdot \mathrm{adj}(A) = |A|$임을 보이자. $A \cdot \mathrm{adj}(A)$의 i번째 대각성분은, 모든 $i = 1, 2, \cdots, n$에 대하여

$$a_{i1}C_{i1} + a_{i2}C_{i2} + \cdots + a_{in}C_{in} = |A|$$

가 된다. 모든 $i \neq j$에 대하여 $A \cdot \mathrm{adj}(A)$의 (i, j) 성분은

$$a_{i1}C_{j1} + a_{i2}C_{j2} + \cdots + a_{in}C_{jn} \tag{4.11}$$

이 되고 C_{jk}는 a_{jk} 성분이 있는 j행과 k열을 제외한 소행렬 A_{jk}의 소행렬식에 의한 $(-1)^{j+k}|A_{jk}|$이므로 $C_{j1}, C_{j2}, \cdots, C_{jn}$에는 A의 i행 성분들인 $a_{i1}, a_{i2}, \cdots, a_{1n}$이 포함된 여인수들이다. 그러므로 식 (4.11)은 A의 i행 성분들의 여인수가 아닌 A의 i행이 포함된 여인수들을 사용하였기에 A의 i행으로 두 행을 구성하고 있는 행렬의 행렬식이 된다. 정리 4.2의 (ⅳ)에 의해 두 행이 동일한 행렬의 행렬식은 0이므로 모든 $i \neq j$에 대하여 $A \cdot \mathrm{adj}(A)$의 (i, j) 성분은 0이다. 따라서 $A \cdot \mathrm{adj}(A) = I_n$이다. ♣

예제 4.7 예제 4.5의 행렬 A의 역행렬을 수반행렬을 이용하여 구하라.

풀이

① $A = \begin{pmatrix} 3 & -4 \\ 2 & 1 \end{pmatrix}$의 여인수들을 구하면

$$C_{11} = (-1)^{1+1} \times 1 = 1,\ C_{12} = (-1)^{1+2} \times 2 = -2,$$
$$C_{21} = (-1)^{2+1} \times (-4) = 4,\ C_{22} = (-1)^{2+2} \times 3 = 3$$

이다. 수반행렬은

$$\mathrm{adj}(A) = \begin{pmatrix} C_{11} & C_{21} \\ C_{12} & C_{22} \end{pmatrix} = \begin{pmatrix} 1 & 4 \\ -2 & 3 \end{pmatrix}$$

이고

$$|A| = a_{11}C_{11} + a_{12}C_{12} = 3 \times 1 - (-4) \times 2 = 11$$

이므로 A의 역행렬은

$$A^{-1} = \frac{1}{|A|}\mathrm{adj}(A) = \frac{1}{11}\begin{pmatrix} 1 & 4 \\ -2 & 3 \end{pmatrix}$$

이 된다. 구해진 A^{-1}는 예제 4.5의 ①의 행렬 B와 동일하다.

② $A = \begin{pmatrix} 2 & 1 & 1 \\ 1 & -2 & 2 \\ 3 & 1 & 1 \end{pmatrix}$의 여인수들을 구하면

$$C_{11} = (-1)^{1+1} \times \begin{vmatrix} -2 & 2 \\ 1 & 1 \end{vmatrix} = 1 \times (-2-2) = -4,$$

$$C_{12} = (-1)^{1+2} \times \begin{vmatrix} 1 & 2 \\ 3 & 1 \end{vmatrix} = (-1) \times (1-6) = 5,$$

$$C_{13} = (-1)^{1+3} \times \begin{vmatrix} 1 & -2 \\ 3 & 1 \end{vmatrix} = 1 \times (1+6) = 7,$$

$$C_{21} = (-1)^{2+1} \times \begin{vmatrix} 1 & 1 \\ 1 & 1 \end{vmatrix} = (-1) \times (1-1) = 0,$$

$$C_{22}=(-1)^{2+2}\times\begin{vmatrix}2&1\\3&1\end{vmatrix}=1\times(2-3)=-1,$$

$$C_{23}=(-1)^{2+3}\times\begin{vmatrix}2&1\\3&1\end{vmatrix}=(-1)\times(2-3)=1,$$

$$C_{31}=(-1)^{3+1}\times\begin{vmatrix}1&1\\-2&2\end{vmatrix}=1\times(2+2)=4,$$

$$C_{32}=(-1)^{3+2}\times\begin{vmatrix}2&1\\1&2\end{vmatrix}=(-1)\times(4-1)=-3,$$

$$C_{33}=(-1)^{3+3}\times\begin{vmatrix}2&1\\1&-2\end{vmatrix}=1\times(-4-1)=-5$$

이다. 수반행렬은

$$\text{adj}(A)=\begin{pmatrix}C_{11}&C_{21}&C_{31}\\C_{12}&C_{22}&C_{32}\\C_{13}&C_{23}&C_{33}\end{pmatrix}=\begin{pmatrix}-4&0&4\\5&-1&-3\\7&1&-5\end{pmatrix}$$

이고

$$|A|=a_{11}C_{11}+a_{12}C_{12}+a_{13}C_{13}=2\times(-4)+1\times5+1\times7=4$$

이므로, A의 역행렬은

$$A^{-1}=\frac{1}{|A|}\text{adj}(A)=\frac{1}{4}\begin{pmatrix}-4&0&4\\5&-1&-3\\7&1&-5\end{pmatrix}$$

가 된다. 구해진 A^{-1}는 예제 4.5의 ②의 행렬 B와 동일하다.

예제 4.7의 ①에 의하면 2차 정방행렬 $A=\begin{pmatrix}a&b\\c&d\end{pmatrix}$의 수반행렬은

$$\text{adj}(A)=\begin{pmatrix}d&-b\\-c&a\end{pmatrix}\tag{4.12}$$

임을 알 수 있다.

다음은 역행렬과 행렬식의 관계에 대한 정리이다.

정리 4.7

n차 정방행렬 A가 가역행렬이면 다음이 성립한다.

(i) A가 가역행렬이다의 필요충분조건은 $|A|\neq0$이다.

(ii) $|A^{-1}|=\dfrac{1}{|A|}$

증명

(i) 정리 4.6에 의하여 필요조건은 자명하므로 충분조건을 보인다. n차 정방행렬 A가 가역행렬이므로 $AA^{-1}=A^{-1}A=I_n$이다. 정리 4.2의 (ix)에 의하면

$$|AA^{-1}|=|A^{-1}A|=|A^{-1}||A|=|I_n|=1 \tag{4.13}$$

이 성립한다. 그러므로 $|A|\neq 0$이다.

(ii) n차 정방행렬 A가 가역행렬이므로 식 (4.13)이 성립하고 $|A|\neq 0$이다. 그러므로 식 (4.13)에 의하여 $|A^{-1}|=\dfrac{1}{|A|}$이 성립한다. ♣

예제 4.8 다음 물음에 답하라.

① 예제 4.5의 ②의 행렬 A의 역행렬의 행렬식 $|A^{-1}|$가 $\dfrac{1}{|A|}$임을 보여라.

② $A=\begin{pmatrix}2 & 1 & 1\\ 1 & -2 & 2\\ 3 & -1 & 3\end{pmatrix}$이 가역행렬인지 보여라.

풀이

① 예제 4.7의 결과에 의하면 $A^{-1}=\begin{pmatrix}-1 & 0 & 1\\ \frac{5}{4} & -\frac{1}{4} & -\frac{3}{4}\\ \frac{7}{4} & \frac{1}{4} & -\frac{5}{4}\end{pmatrix}$이다. A^{-1}의 여인수 C_{11}, C_{12}, C_{13}를 구하면

$$C_{11}=(-1)^{1+1}\times\begin{vmatrix}-\frac{1}{4} & -\frac{3}{4}\\ \frac{1}{4} & -\frac{5}{4}\end{vmatrix}=1\times\left(\frac{5}{16}+\frac{3}{16}\right)=\frac{8}{16},$$

$$C_{12}=(-1)^{1+2}\times\begin{vmatrix}\frac{5}{4} & -\frac{3}{4}\\ \frac{7}{4} & -\frac{5}{4}\end{vmatrix}=(-1)\times\left(-\frac{25}{16}+\frac{21}{16}\right)=\frac{4}{16},$$

$$C_{13}=(-1)^{1+3}\times\begin{vmatrix}\frac{5}{4} & -\frac{1}{4}\\ \frac{7}{4} & \frac{1}{4}\end{vmatrix}=1\times\left(\frac{5}{16}+\frac{7}{16}\right)=\frac{12}{16}$$

가 된다. 그러므로 $|A^{-1}|=(-1)\times\dfrac{8}{16}+0\times\dfrac{4}{16}+1\times\dfrac{12}{16}=\dfrac{1}{4}$이므로 $|A^{-1}|=\dfrac{1}{|A|}$이 성립한다.

② $|A| \neq 0$이면 A는 가역행렬이다. A 의 여인수 C_{11}, C_{12}, C_{13}를 구하면

$$C_{11} = (-1)^{1+1} \times \begin{vmatrix} -2 & 2 \\ -1 & 3 \end{vmatrix} = 1 \times (-6+2) = -4,$$

$$C_{12} = (-1)^{1+2} \times \begin{vmatrix} 1 & 2 \\ 3 & 3 \end{vmatrix} = (-1) \times (3-6) = 3,$$

$$C_{13} = (-1)^{1+3} \times \begin{vmatrix} 1 & -2 \\ 3 & -1 \end{vmatrix} = 1 \times (-1+6) = 5$$

가 된다. 그러므로 $|A| = 2 \times (-4) + 1 \times 3 + 1 \times 5 = 0$이 되어 A는 가역행렬이 아니다.

정리 4.8 수반행렬의 성질

n차 정방행렬 A, B가 가역행렬이면 다음이 성립한다.

(i) $\mathrm{adj}(A)$도 가역행렬이다.
(ii) $\mathrm{adj}(AB) = \mathrm{adj}(B)\mathrm{adj}(A)$
(iii) $\mathrm{adj}(kA) = k^{n-1}\mathrm{adj}(A)$, k는 임의의 스칼라
(iv) $\mathrm{adj}(A^{-1}) = (\mathrm{adj}(A))^{-1} = \dfrac{A}{|A|}$

증명 (i), (iii)의 증명은 생략한다.

(ii) 정리 4.4의 (ii)에 의하면 A, B가 가역행렬이면 AB도 가역행렬이다. 따라서 정리 4.6에 의하여

$$(AB)^{-1} = \frac{1}{|AB|}\mathrm{adj}(AB)$$

이므로 정리 4.2의 (ix)와 정리 4.4의 (ii)에 의하면

$$\begin{aligned}\mathrm{adj}(AB) &= |AB|(AB)^{-1} = |A||B|B^{-1}A^{-1} = |B|B^{-1}|A|A^{-1} \\ &= |B|\frac{1}{|B|}\mathrm{adj}(B)|A|\frac{1}{|A|}\mathrm{adj}(A) = \mathrm{adj}(B)\mathrm{adj}(A)\end{aligned}$$

가 성립한다.

(iv) 정리 4.6과 4.7의 (ii)에 의하면

$$(A^{-1})^{-1} = \frac{1}{|A^{-1}|}\mathrm{adj}(A^{-1}) \text{와 } \mathrm{adj}(A^{-1}) = |A^{-1}|(A^{-1})^{-1} = \frac{1}{|A|}A$$

가 성립한다. 한편, 정리 4.6에 의하면 $\mathrm{adj}(A) = |A|A^{-1}$이고

$$(\mathrm{adj}(A))^{-1} = (|A|A^{-1})^{-1} = \frac{1}{|A|}(A^{-1})^{-1} = \frac{1}{|A|}A$$

이므로 $\mathrm{adj}(A^{-1}) = (\mathrm{adj}(A))^{-1}$가 성립한다. ♣

예제 4.9 행렬 A,B에 대하여 다음 물음에 답하라.

$$A=\begin{pmatrix}-2&1\\3&2\end{pmatrix},\quad B=\begin{pmatrix}1&2\\-1&3\end{pmatrix}$$

① $\mathrm{adj}(A)$가 가역행렬임을 보여라.

② $\mathrm{adj}(AB)=\mathrm{adj}(B)\mathrm{adj}(A)$임을 보여라.

③ $\mathrm{adj}(2A)=2\mathrm{adj}(A)$임을 보여라.

④ $\mathrm{adj}(A^{-1})=(\mathrm{adj}(A))^{-1}=\dfrac{A}{|A|}$임을 보여라.

풀이

① 2차 정방행렬의 수반행렬은 식 (4.12)이므로 $\mathrm{adj}(A)=\begin{pmatrix}2&-1\\-3&-2\end{pmatrix}$가 된다. 따라서 $|\mathrm{adj}(A)|=2\times(-2)-(-1)\times(-3)=-7$이므로 정리 4.7의 (ⅰ)에 의하여 $\mathrm{adj}(A)$는 가역행렬이다.

② 두 행렬 A, B의 곱은

$$AB=\begin{pmatrix}-2&1\\3&2\end{pmatrix}\begin{pmatrix}1&2\\-1&3\end{pmatrix}=\begin{pmatrix}-3&-1\\1&12\end{pmatrix}$$

이므로 $\mathrm{adj}(AB)=\begin{pmatrix}12&1\\-1&-3\end{pmatrix}$이 된다. 행렬 A, B의 각각의 수반행렬의 곱은

$$\mathrm{adj}(B)\mathrm{adj}(A)=\begin{pmatrix}3&-2\\1&1\end{pmatrix}\begin{pmatrix}2&-1\\-3&-2\end{pmatrix}=\begin{pmatrix}12&1\\-1&-3\end{pmatrix}$$

이므로 $\mathrm{adj}(AB)=\mathrm{adj}(B)\mathrm{adj}(A)$가 성립한다.

③ 행렬 $2A$와 $2A$의 수반행렬은

$$2A=2\begin{pmatrix}-2&1\\3&2\end{pmatrix}=\begin{pmatrix}-4&2\\6&4\end{pmatrix},\quad \mathrm{adj}(2A)=\begin{pmatrix}4&-2\\-6&-4\end{pmatrix}$$

가 된다. 그리고

$$2\mathrm{adj}(A)=2\begin{pmatrix}2&-1\\-3&-2\end{pmatrix}=\begin{pmatrix}4&-2\\-6&-4\end{pmatrix}$$

이므로 $\mathrm{adj}(2A)=2\mathrm{adj}(A)$가 성립한다.

④ 행렬 A의 행렬식은 $|A|=(-2)\times2-1\times3=-7$이므로 A의 수반행렬에 의한 행렬 A의 역행렬은

$$A^{-1}=\frac{1}{|A|}\mathrm{adj}(A)=\frac{1}{-7}\begin{pmatrix}2&-1\\-3&-2\end{pmatrix}=\begin{pmatrix}-\frac{2}{7}&\frac{1}{7}\\\frac{3}{7}&\frac{2}{7}\end{pmatrix}$$

이다. 그러므로

$$\mathrm{adj}(A^{-1})=\begin{pmatrix}\frac{2}{7}&-\frac{1}{7}\\-\frac{3}{7}&-\frac{2}{7}\end{pmatrix}$$

이다. 그리고, 예제 ①의 결과에 의해서 $|\mathrm{adj}(A)|=-7$과 $\mathrm{adj}(A)=\begin{pmatrix}2&-1\\-3&-2\end{pmatrix}$이므로

$$(\mathrm{adj}(A))^{-1} = \frac{1}{|\mathrm{adj}(A)|}\mathrm{adj}(\mathrm{adj}(A)) = \frac{1}{-7}\begin{pmatrix} -2 & 1 \\ 3 & 2 \end{pmatrix} = \begin{pmatrix} \frac{2}{7} & -\frac{1}{7} \\ -\frac{3}{7} & -\frac{2}{7} \end{pmatrix}$$

가 된다. 한편,

$$\frac{A}{|A|} = \frac{1}{-7}\begin{pmatrix} -2 & 1 \\ 3 & 2 \end{pmatrix} = \begin{pmatrix} \frac{2}{7} & -\frac{1}{7} \\ -\frac{3}{7} & -\frac{2}{7} \end{pmatrix}$$

이므로 $\mathrm{adj}(A^{-1}) = (\mathrm{adj}(A))^{-1} = \frac{A}{|A|}$가 성립한다.

4-6 행렬의 분할

행렬은 행벡터들의 배열로 표기할 수도 있고 열벡터들의 배열로도 표기할 수 있음을 2.1절에서 설명하였다. 행렬의 일차독립인 행이나 열의 수 등을 살펴볼 때 행벡터나 열벡터로 행렬을 나누는 것이 유용할 수 있다. 이처럼 행렬의 연산이나 역행렬 등을 계산할 때 행렬을 분리하여 복잡한 계산을 효율적으로 할 수 있다. 이를 행렬의 분할(partition)이라 한다.

예를 들면 다음의 4×5 행렬 A는 네 개의 행렬로 분할되었다.

$$A = \left(\begin{array}{ccc:cc} a_{11} & a_{12} & a_{13} & a_{14} & a_{15} \\ a_{21} & a_{22} & a_{23} & a_{24} & a_{25} \\ a_{31} & a_{32} & a_{33} & a_{34} & a_{35} \\ \cdots & \cdots & \cdots & \cdots & \cdots \\ a_{41} & a_{42} & a_{43} & a_{44} & a_{45} \end{array}\right) = \begin{pmatrix} A_{11} & A_{12} \\ A_{21} & A_{22} \end{pmatrix}$$

여기서, A_{11}, A_{12}, A_{21}, A_{22}는 부분행렬(submatrix)이라 하며 다음과 같다.

$$A_{11} = \begin{pmatrix} a_{11} & a_{12} & a_{13} \\ a_{21} & a_{22} & a_{23} \\ a_{31} & a_{32} & a_{33} \end{pmatrix}, \ A_{12} = \begin{pmatrix} a_{14} & a_{15} \\ a_{24} & a_{25} \\ a_{34} & a_{35} \end{pmatrix}$$

$$A_{21} = (a_{41} \ a_{42} \ a_{43}), \ A_{12} = (a_{44} \ a_{45})$$

이때 A_{11}과 A_{21}은 열의 수가 같으며 A_{12}와 A_{22}도 열의 수가 동일하다. 비슷하게 A_{11}과 A_{12}, A_{21}과 A_{22}는 각각 행의 수가 동일하다.

위와 같이 $m \times n$ 행렬 A를 네 개의 행렬로 분할하는 일반적인 형태는 다음과 같다.

$$A = \begin{pmatrix} A_{11} & A_{12} \\ A_{21} & A_{22} \end{pmatrix}$$

여기서 A_{11}은 $k \times l$ 행렬이고, A_{12}는 $k \times (n-l)$ 행렬이고, A_{21}은 $(m-k) \times l$ 행렬이며, A_{22}는 $(m-k) \times (n-l)$ 행렬로 A의 부분행렬들이다. 일반적으로 $m \times n$ 행렬 A를 $r \times c$개의 부분행렬들로 아래와 같이 분할할 수 있다.

$$A = \begin{pmatrix} A_{11} & A_{12} & \cdots & A_{1c} \\ A_{21} & A_{22} & \cdots & A_{2c} \\ \vdots & \vdots & \ddots & \vdots \\ A_{r1} & A_{r2} & \cdots & A_{rc} \end{pmatrix}$$

여기서 A_{ij}는 A의 부분행렬들이며 $m_i \times n_i$ 행렬이고 $\sum_{i=1}^{r} m_i = m$, $\sum_{j=1}^{c} n_j = n$을 만족한다.

예제 4.10 행렬 A에 대하여 다음 물음에 답하라.

$$A = \begin{pmatrix} -2 & 3 & 0 & 1 & 5 \\ 1 & -1 & 4 & 2 & 2 \\ 0 & -3 & -6 & -1 & 3 \\ 7 & -1 & 0 & -2 & -4 \end{pmatrix}$$

① 열벡터들을 부분행렬들로 하는 행렬 A를 분할하라.

② 행벡터들을 부분행렬들로 하는 행렬 A를 분할하라.

③ $A=\begin{pmatrix} A_{11} & A_{12} \\ A_{21} & A_{22} \end{pmatrix}$로 분할하는 부분행렬들 $A_{11}, A_{12}, A_{21}, A_{22}$를 구하라. 여기서 A_{11}은 3×3 행렬이다.

④ $A^T=\begin{pmatrix} A_{11}^T & A_{21}^T \\ A_{12}^T & A_{22}^T \end{pmatrix}$가 됨을 보여라.

풀이

① $\boldsymbol{a}_1=\begin{pmatrix} -2 \\ 1 \\ 0 \\ 7 \end{pmatrix}$, $\boldsymbol{a}_2=\begin{pmatrix} 3 \\ -1 \\ -3 \\ -1 \end{pmatrix}$, $\boldsymbol{a}_3=\begin{pmatrix} 0 \\ 4 \\ -6 \\ 0 \end{pmatrix}$, $\boldsymbol{a}_4=\begin{pmatrix} 1 \\ 2 \\ -1 \\ -2 \end{pmatrix}$, $\boldsymbol{a}_5=\begin{pmatrix} 5 \\ 2 \\ 3 \\ -4 \end{pmatrix}$라 하면

$A=(\boldsymbol{a}_1\ \boldsymbol{a}_2\ \boldsymbol{a}_3\ \boldsymbol{a}_4\ \boldsymbol{a}_5)$와 같이 분할된다.

② $\overrightarrow{a_1}=(-2\ 3\ 0\ 1\ 5)$, $\overrightarrow{a_2}=(1\ -1\ 4\ 2\ 2)$, $\overrightarrow{a_3}=(0\ -3\ -6\ -1\ 3)$,
$\overrightarrow{a_4}=(7\ -1\ 0\ -2\ -4)$라 하면

$$A=\begin{pmatrix} \overrightarrow{a_1} \\ \overrightarrow{a_2} \\ \overrightarrow{a_3} \\ \overrightarrow{a_4} \end{pmatrix}$$

와 같이 분할된다.

③ A_{11}은 3차 정방행렬이므로 A_{12}는 3×2행렬이며 A_{21}은 1×3이고 A_{22}는 1×2행렬이 되어야 한다. 따라서 A의 분할행렬은 다음과 같다.

$$A_{11}=\begin{pmatrix} -2 & 3 & 0 \\ 1 & -1 & 4 \\ 0 & -3 & -6 \end{pmatrix},\ A_{12}=\begin{pmatrix} 1 & 5 \\ 2 & 2 \\ -1 & 3 \end{pmatrix}$$

$$A_{21}=(7\ -1\ 0),\ A_{22}=(-2\ -4)$$

④ $$A^T=\begin{pmatrix} -2 & 1 & 0 & \vdots & 7 \\ 3 & -1 & -3 & \vdots & -1 \\ 0 & 4 & -6 & \vdots & 0 \\ \cdots & \cdots & \cdots & \cdots & \cdots \\ 1 & 2 & -1 & \vdots & -2 \\ 5 & 2 & 3 & \vdots & -4 \end{pmatrix}=\begin{pmatrix} A_{11}^T & A_{21}^T \\ A_{12}^T & A_{22}^T \end{pmatrix}$$

임을 알 수 있다.

예제 4.10의 ①과 ②는 2.1절에서 열벡터 혹은 행벡터로 행렬을 표현할 수 있는 것을 행렬의 분할로 설명한 것이다. 예제 4.10의 ④는 A^T를 부분행렬로 표현하면 다음의 두 행렬이 아님을 보여주고 있다.

$$\begin{pmatrix} A_{11}^T & A_{12}^T \\ A_{21}^T & A_{22}^T \end{pmatrix},\ \begin{pmatrix} A_{11} & A_{21} \\ A_{12} & A_{22} \end{pmatrix}$$

행렬 A와 B가 부분행렬들로 분할되고, 분할된 행렬들의 차원이 행렬의 연산에 적합하다면 A와 B의 곱의 연산이 가능하다. 예를 들면, 다음과 같이 행렬 A와 B가 분할된다면

$$A=\begin{pmatrix} A_{11} & A_{12} \\ A_{21} & A_{22} \\ A_{31} & A_{32} \end{pmatrix},\ B=\begin{pmatrix} B_{11} & B_{12} \\ B_{21} & B_{22} \end{pmatrix}$$

A와 B의 곱AB는 다음과 같이 된다.

$$AB=\begin{pmatrix} A_{11}B_{11}+A_{12}B_{21} & A_{11}B_{12}+A_{12}B_{22} \\ A_{21}B_{11}+A_{22}B_{21} & A_{21}B_{12}+A_{22}B_{22} \\ A_{31}B_{11}+A_{32}B_{21} & A_{31}B_{12}+A_{32}B_{22} \end{pmatrix}$$

여기서 위 행렬 AB의 부분행렬들인 A_{ij}들과 B_{kl}들의 곱과 합은 모두 성립이 되도록 행렬 A와 B를 분할하여야 한다.

예제 4.11 행렬 A와 B를 점선과 같이 분할하였을 때, 부분행렬들의 곱과 합으로 AB를 계산하라.

$$A=\begin{pmatrix} 2 & 1 & \vdots & -3 \\ 0 & -1 & \vdots & 1 \\ \cdots & \cdots & \cdots & \cdots \\ -2 & 0 & \vdots & -1 \\ 3 & 1 & \vdots & 2 \end{pmatrix},\ B=\begin{pmatrix} 0 & 1 \\ -1 & 2 \\ \cdots & \cdots \\ 1 & -2 \end{pmatrix}$$

풀이

행렬 A와 B의 부분행렬들을 다음과 같이 표현하면

$$A=\begin{pmatrix} A_{11} & A_{12} \\ A_{21} & A_{22} \end{pmatrix},\ B=\begin{pmatrix} B_{11} \\ B_{21} \end{pmatrix}$$

$$A_{11}=\begin{pmatrix} 2 & 1 \\ 0 & -1 \end{pmatrix},\ A_{12}=\begin{pmatrix} -3 \\ 1 \end{pmatrix},\ A_{21}=\begin{pmatrix} -2 & 0 \\ 3 & 1 \end{pmatrix},\ A_{22}=\begin{pmatrix} -1 \\ 2 \end{pmatrix}$$

$$B_{11}=\begin{pmatrix} 0 & 1 \\ -1 & 2 \end{pmatrix},\ B_{21}=(1\ \ -2)$$

AB의 부분행렬들과 그 결과는 다음과 같다.

$$\begin{aligned} C_{11}=A_{11}B_{11}+A_{12}B_{21} &= \begin{pmatrix} 2 & 1 \\ 0 & -1 \end{pmatrix}\begin{pmatrix} 0 & 1 \\ -1 & 2 \end{pmatrix}+\begin{pmatrix} -3 \\ 1 \end{pmatrix}(1\ \ -2) \\ &= \begin{pmatrix} -1 & 4 \\ 1 & -2 \end{pmatrix}+\begin{pmatrix} -3 & 6 \\ 1 & -2 \end{pmatrix}=\begin{pmatrix} -4 & 10 \\ 2 & -4 \end{pmatrix} \end{aligned}$$

$$C_{22} = A_{21}B_{11} + A_{22}B_{21} = \begin{pmatrix} -2 & 0 \\ 3 & 1 \end{pmatrix}\begin{pmatrix} 0 & 1 \\ -1 & 2 \end{pmatrix} + \begin{pmatrix} -1 \\ 2 \end{pmatrix}(1 \ \ -2)$$

$$= \begin{pmatrix} 0 & -2 \\ -1 & 5 \end{pmatrix} + \begin{pmatrix} -1 & 2 \\ 2 & -4 \end{pmatrix} = \begin{pmatrix} -1 & 0 \\ 1 & 1 \end{pmatrix}$$

$$AB = \begin{pmatrix} C_{11} \\ C_{12} \end{pmatrix} = \begin{pmatrix} -4 & 10 \\ 2 & -4 \\ -1 & 0 \\ 1 & 1 \end{pmatrix}$$

4-7 행렬의 직합과 직적

행렬의 합과 곱의 방법은 2.2절에 언급한 것 외에도 여러 가지 다른 방법이 있다. 수들의 배열이 행렬이므로 원하는 계산을 할 수 있도록 합과 곱이 정의될 수 있다. 그 중에서 분할 행렬의 직합(direct sum)과 직적(direct product)에 대하여 알아보자.

두 행렬 A와 B의 직합은 $\oplus$로 표기하고 A와 B가 부분행렬이 되게 다음과 같이 정의한다.

$$A \oplus B = \begin{pmatrix} A & O \\ O & B \end{pmatrix}$$

여기서 O은 영행렬로 $A \oplus B$가 행렬이 될 수 있도록 그 차원이 정해진다. 행렬 A의 차원이 $m_1 \times n_1$이고 B의 차원이 $m_2 \times n_2$이면 $A \oplus B$의 차원은 $(m_1 + m_2) \times (n_1 + n_2)$가 된다. 부분행렬 A와 B 외의 성분들은 모두 0이다.

일반적으로 k개의 행렬 $A_1, A_2, \ldots, A_k$의 직적은 다음과 같다.

$$\bigoplus_{i=1}^{k} A_i = A_1 \oplus A_2 \oplus \cdots \oplus A_k = \begin{pmatrix} A_1 & O & O & \cdots & O \\ O & A_2 & O & \cdots & O \\ O & O & A_3 & \cdots & O \\ \vdots & \vdots & \vdots & \ddots & \vdots \\ O & O & O & \cdots & A_k \end{pmatrix}$$

행렬 A_i의 차원이 $m_i \times n_i$라면 $\bigoplus_{i=1}^{k} A_i$의 차원은 $\sum_{i=1}^{k} m_i \times \sum_{i=1}^{k} n_i$가 된다.

예제 4.12 행렬 A와 B를 이용하여 다음 물음에 답하라.

$$A = \begin{pmatrix} 2 & 1 & -3 \\ 0 & -1 & 1 \end{pmatrix},\ B = \begin{pmatrix} 0 & 1 \\ -1 & 2 \end{pmatrix}$$

① $A \oplus B$를 구하라.

② $A \oplus (-A)$은 영행렬이 아님을 보여라.

③ $(A \oplus B)^T = A^T \oplus B^T$임을 보여라.

풀이

① $A \oplus B = \begin{pmatrix} A & O \\ O & B \end{pmatrix} = \begin{pmatrix} 2 & 1 & -3 \\ 0 & -1 & 1 \end{pmatrix} \oplus \begin{pmatrix} 0 & 1 \\ -1 & 2 \end{pmatrix} = \begin{pmatrix} 2 & 1 & -3 & 0 & 0 \\ 0 & -1 & 1 & 0 & 0 \\ 0 & 0 & 0 & 0 & 1 \\ 0 & 0 & 0 & -1 & 2 \end{pmatrix}$

② $A \oplus (-A) = \begin{pmatrix} 2 & 1 & -3 \\ 0 & -1 & 1 \end{pmatrix} \oplus \begin{pmatrix} -2 & -1 & 3 \\ 0 & 1 & -1 \end{pmatrix}$

$= \begin{pmatrix} 2 & 1 & -3 & 0 & 0 & 0 \\ 0 & -1 & 1 & 0 & 0 & 0 \\ 0 & 0 & 0 & -2 & -1 & 3 \\ 0 & 0 & 0 & 0 & 1 & -1 \end{pmatrix}$

이므로 영행렬이 아니다.

③ 위 예제 ①의 결과를 이용하면 $(A \oplus B)^T = \begin{pmatrix} 2 & 0 & 0 & 0 \\ 1 & -1 & 0 & 0 \\ -3 & 1 & 0 & 0 \\ 0 & 0 & 0 & -1 \\ 0 & 0 & 1 & 2 \end{pmatrix}$이고

$A^T \oplus B^T = \begin{pmatrix} A^T & O \\ O & B^T \end{pmatrix} = \begin{pmatrix} 2 & 0 \\ 1 & -1 \\ -3 & 1 \end{pmatrix} \oplus \begin{pmatrix} 0 & -1 \\ 1 & 2 \end{pmatrix} = \begin{pmatrix} 2 & 0 & 0 & 0 \\ 1 & -1 & 0 & 0 \\ -3 & 1 & 0 & 0 \\ 0 & 0 & 0 & 1 \\ 0 & 0 & 1 & 2 \end{pmatrix}$

이므로 $(A \oplus B)^T = A^T \oplus B^T$이다.

행렬 $A = (a_{ij})$의 차원이 $m \times n$일 때 행렬 B와의 직적은 $\otimes$로 표기하고 $a_{ij}B$가 부분행렬들이 되게 다음과 같이 정의한다.

$$A \otimes B = \begin{pmatrix} a_{11}B & a_{12}B & \cdots & a_{1n}B \\ a_{21}B & a_{22}B & \cdots & a_{2n}B \\ \vdots & \vdots & \ddots & \vdots \\ a_{m1}B & a_{m2}B & \cdots & a_{mn}B \end{pmatrix}$$

즉, 행렬 B에 a_{ij} 스칼라배한 행렬들을 부분행렬들로 배열한 것이다. 행렬 B의 차원이 $p \times q$이면 $A \otimes B$의 차원은 $mp \times nq$가 된다. 직적을 크로네커의 곱(Kronecker product)이라고도 한다.

예제 4.13 행렬 A, B, C를 이용하여 다음 물음에 답하라.

$$A = (2\ 1\ -3),\ B = \begin{pmatrix} 0 & 1 \\ -1 & 2 \end{pmatrix},\ C = \mathrm{diag}(\lambda_1, \lambda_2, \lambda_3)$$

① $A \otimes B$를 구하라.

② $(A \otimes B)^T = A^T \otimes B^T$임을 보여라.

③ $C \otimes B = \lambda_1 B \oplus \lambda_2 B \oplus \lambda_3 B$임을 보여라.

풀이

① $A \otimes B = 2 \times B + 1 \times B + (-3) \times B = 2 \times \begin{pmatrix} 0 & 1 \\ -1 & 2 \end{pmatrix} + 1 \times \begin{pmatrix} 0 & 1 \\ -1 & 2 \end{pmatrix} + (-3) \times \begin{pmatrix} 0 & 1 \\ -1 & 2 \end{pmatrix}$

$= \begin{pmatrix} 0 & 2 & 0 & 1 & 0 & -3 \\ -2 & 4 & -1 & 2 & 3 & -6 \end{pmatrix}$

② $A^T = \begin{pmatrix} 2 \\ 1 \\ -3 \end{pmatrix},\ B^T = \begin{pmatrix} 0 & -1 \\ 1 & 2 \end{pmatrix}$이므로

$$A^T \otimes B^T = \begin{pmatrix} 2 \times B^T \\ 1 \times B^T \\ -3 \times B^T \end{pmatrix} = \begin{pmatrix} 0 & -2 \\ 2 & 4 \\ 0 & -1 \\ 1 & 2 \\ 0 & 3 \\ -3 & -6 \end{pmatrix}$$

이다. 따라서 $(A \otimes B)^T$와 같다.

③ C는 대각행렬이므로 대각성분들과 B의 곱 외에는 모두 영행렬들이 부분행렬이 된다. 그러므로,

$$C \otimes B = \begin{pmatrix} \lambda_1 B & O & O \\ O & \lambda_2 B & O \\ O & O & \lambda_3 B \end{pmatrix}$$

이 되고 $\lambda_1 B, \lambda_2 B, \lambda_3 B$의 직합이 되므로 $\lambda_1 B \oplus \lambda_2 B \oplus \lambda_3 B$와 같다.

예제 4.13의 ②를 보면, 행렬의 곱의 전치행렬은 $(AB)^T = B^T A^T$이지만 직적의 전치행렬은 $(A \otimes B)^T = A^T \otimes B^T$임을 알 수 있다. 대각행렬과 임의의 행렬과의 직적은 대각행렬의 각 대각성분을 스칼라배한 행렬들의 직합이 됨을 예제 4.13의 ③을 통하여 알 수 있다.

한편, n차 정방행렬 A가 가역행렬이고 다음과 같이 A_{11}이 $m(< n)$차 정방행렬이 되도록 분할된다고 하자.

$$A = \begin{pmatrix} A_{11} & A_{12} \\ A_{21} & A_{22} \end{pmatrix}$$

A_{11}이 정방행렬이면 A_{22}가 정방행렬이 됨은 자명하다. $G = A_{11} - A_{12}A_{22}^{-1}A_{21}$, $H = A_{22} - A_{21}A_{11}^{-1}A_{12}$라 하면 A의 역행렬은

$$A^{-1} = \begin{pmatrix} G^{-1} & -G^{-1}A_{12}A_{22}^{-1} \\ -A_{22}^{-1}A_{21}G^{-1} & A_{22}^{-1} + A_{22}^{-1}A_{21}G^{-1}A_{12}A_{22}^{-1} \end{pmatrix}$$

혹은

$$A^{-1} = \begin{pmatrix} A_{11}^{-1} + A_{11}^{-1}A_{12}H^{-1}A_{21}A_{11}^{-1} & -A_{11}^{-1}A_{12}H^{-1} \\ -H^{-1}A_{21}A_{11}^{-1} & H^{-1} \end{pmatrix} \tag{4.14}$$

가 된다. 단, 여기에 포함된 역행렬들이 존재하는 경우에 성립한다. 또한, 가역인 n차 정방행렬 A의 행렬식은

$$|A| = |A_{11}||H|, \ |A| = |A_{22}||G| \tag{4.15}$$

가 된다.

예제 4.14 예제 4.2의 ③의 행렬 C의 역행렬과 행렬식을 각각 식 (4.14)와 식 (4.15)를 이용하여 구하라.

풀이

4차 정방행렬 C를 다음과 같이

$$C=\begin{pmatrix}A_{11}&A_{12}\\A_{21}&A_{22}\end{pmatrix},\ A_{11}=\begin{pmatrix}1&0\\-1&1\end{pmatrix},\ A_{12}=\begin{pmatrix}2&3\\-1&1\end{pmatrix},$$

$$A_{21}=\begin{pmatrix}3&0\\1&-1\end{pmatrix},\ A_{22}=\begin{pmatrix}-2&1\\3&2\end{pmatrix}$$

분할하자. A_{11}은 가역행렬이므로 식 (4.14)에 의하여

$$A_{11}^{-1}=\begin{pmatrix}1&0\\1&1\end{pmatrix},$$

$$H=A_{22}-A_{21}A_{11}^{-1}A_{12}=\begin{pmatrix}-2&1\\3&2\end{pmatrix}-\begin{pmatrix}3&0\\1&-1\end{pmatrix}\begin{pmatrix}1&0\\1&1\end{pmatrix}\begin{pmatrix}2&3\\-1&1\end{pmatrix}=\begin{pmatrix}-8&-8\\2&3\end{pmatrix}$$

$$H^{-1}=-\frac{1}{8}\begin{pmatrix}3&8\\-2&-8\end{pmatrix}$$

$$A_{11}^{-1}+A_{11}^{-1}A_{12}H^{-1}A_{21}A_{11}^{-1}=\begin{pmatrix}1&0\\1&1\end{pmatrix}+\begin{pmatrix}1&0\\1&1\end{pmatrix}\begin{pmatrix}2&3\\-1&1\end{pmatrix}\left(-\frac{1}{8}\right)\begin{pmatrix}3&8\\-2&-8\end{pmatrix}\begin{pmatrix}3&0\\1&-1\end{pmatrix}\begin{pmatrix}1&0\\1&1\end{pmatrix}$$

$$=\begin{pmatrix}1&-1\\\frac{23}{8}&-2\end{pmatrix}$$

$$-A_{11}^{-1}A_{21}H^{-1}=-\begin{pmatrix}1&0\\1&1\end{pmatrix}\begin{pmatrix}2&3\\-1&1\end{pmatrix}\left(-\frac{1}{8}\right)\begin{pmatrix}3&8\\-2&-8\end{pmatrix}=\begin{pmatrix}0&-1\\-\frac{5}{8}&-3\end{pmatrix}$$

$$-H^{-1}A_{21}A_{11}^{-1}=\frac{1}{8}\begin{pmatrix}3&8\\-2&-8\end{pmatrix}\begin{pmatrix}3&0\\1&-1\end{pmatrix}\begin{pmatrix}1&0\\1&1\end{pmatrix}=\begin{pmatrix}\frac{9}{8}&-1\\-\frac{6}{8}&1\end{pmatrix}$$

이므로

$$C^{-1}=\begin{pmatrix}1&1&0&-1\\-\frac{23}{8}&4&-\frac{5}{8}&-3\\\frac{9}{8}&-1&-\frac{3}{8}&-1\\-\frac{6}{8}&1&\frac{2}{8}&1\end{pmatrix}$$

이다. 식 (4.15)에 의하여

$$|C|=|A_{11}||H|=\{1\times1-0\times(-1)\}\times\{-8\times3-(-8)\times2\}=-8$$

이다.

예제 4.14의 4차 정방행렬의 역행렬을 구하기 위해서는 16개의 여인수들을 가지는 수반행렬의 계산과 여인수들을 이용한 행렬식이 필요하다. 4차 정방행렬을 2차 정방행렬들로 분할하여 그들의 역행렬과 행렬식을 식 (4.14)와 식 (4.15)와 같이 계산하면 4차 정방행렬의 역행렬과 행렬식의 계산량을 줄일 수 있다.

연습문제

1. 행렬 A, B에 대하여 다음의 방법으로 행렬식 $|A|$, $|B|$를 각각 구하라.

$$A=\begin{pmatrix}3&2\\1&4\end{pmatrix},\quad B=\begin{pmatrix}1&-1&2\\2&-3&5\\2&4&2\end{pmatrix}$$

① 행렬식의 정의 4.1

② 여인수 전개

③ 행렬식의 성질을 이용하여 만든 삼각행렬의 행렬식

2. 다음 4차 정방행렬의 행렬식을 여인수 전개와 행렬식의 성질을 이용하여 만든 삼각행렬의 행렬식 계산법으로 구하라.

$$\begin{pmatrix}1&0&2&-1\\0&1&0&2\\3&1&1&-1\\-2&1&-3&0\end{pmatrix}$$

3. 연습문제 1의 행렬 B의 행렬식을 사루스의 법칙을 이용하여 구하라.

4. 다음 행렬 A, B에 대하여 $|A+B|$와 $|A|+|B|$가 같은지 보여라.

$$A=\begin{pmatrix}1&0\\1&2\end{pmatrix},\quad B=\begin{pmatrix}2&1\\1&3\end{pmatrix}$$

5. n차 정방행렬 A, B, C가 다음과 같이 r행을 제외한 다른 성분들은 동일하고 A의 r행이 B의 r행과 C의 r행의 합과 같을 때, $|A|=|B|+|C|$임을 보여라.

$$A=\begin{pmatrix}a_{11}&a_{12}&\cdots&a_{1n}\\a_{21}&a_{22}&\cdots&a_{2n}\\\vdots&\vdots&\ddots&\vdots\\b_{r1}+c_{r1}&b_{r2}+c_{r2}&\cdots&b_{rn}+c_{rn}\\\vdots&\vdots&\ddots&\vdots\\a_{n1}&a_{n2}&\cdots&a_{nn}\end{pmatrix},$$

$$B=\begin{pmatrix} a_{11} & a_{12} & \cdots & a_{1n} \\ a_{21} & a_{22} & \cdots & a_{2n} \\ \vdots & \vdots & \ddots & \vdots \\ b_{r1} & b_{r2} & \cdots & b_{rn} \\ \vdots & \vdots & \ddots & \vdots \\ a_{n1} & a_{n2} & \cdots & a_{nn} \end{pmatrix}, \quad C=\begin{pmatrix} a_{11} & a_{12} & \cdots & a_{1n} \\ a_{21} & a_{22} & \cdots & a_{2n} \\ \vdots & \vdots & \ddots & \vdots \\ c_{r1} & c_{r2} & \cdots & c_{rn} \\ \vdots & \vdots & \ddots & \vdots \\ a_{n1} & a_{n2} & \cdots & a_{nn} \end{pmatrix}$$

6. 3차 정방행렬 A, B에 대하여 다음을 구하라.

$$A=\begin{pmatrix} 2 & 1 & 1 \\ 1 & -2 & 2 \\ 3 & 1 & 2 \end{pmatrix}, \quad B=\begin{pmatrix} 1 & -1 & 2 \\ 2 & -3 & 5 \\ 2 & 4 & 2 \end{pmatrix}$$

① $|A^T|$

② $|3A|$

③ $|AB|$

④ A의 1행과 3행을 교환한 행렬의 행렬식

⑤ A의 2행을 두 배한 행렬의 행렬식

⑥ A의 2행을 -2배하여 1행에 더한 행렬의 행렬식

7. 연습문제 1의 행렬 A, B의 역행렬을 구하라.

8. 연습문제 6의 행렬 A, B에 대하여 다음을 구하라.

① $(AB)^{-1}$

② $(3A)^{-1}$

③ $(A^2)^{-1}$

④ $(A^T)^{-1}$

9. 행렬 A의 역행렬이 A^T가 됨을 보여라. 그 이유를 설명하라.

$$A=\begin{pmatrix} \frac{1}{\sqrt{2}} & -\frac{1}{\sqrt{2}} \\ \frac{1}{\sqrt{2}} & \frac{1}{\sqrt{2}} \end{pmatrix}$$

10. 다음 행렬들 중 가역행렬을 찾고 그 행렬의 역행렬의 행렬식을 구하라.

$$A=\begin{pmatrix} 1 & 2 \\ 3 & 5 \end{pmatrix}, \quad B=\begin{pmatrix} 1 & 2 \\ 3 & 6 \end{pmatrix}$$

11. 연습문제 6의 행렬 A, B에 대하여 다음을 구하라.

① $\mathrm{adj}(AB)$

② $\mathrm{adj}(3A)$

③ $\mathrm{adj}(A^{-1})$

12. 정리 4.2의 (ⅰ), (ⅱ), (ⅷ)을 증명하라.

13. 정리 4.4의 (ⅰ), (ⅲ), (ⅳ)를 증명하라.

14. 정리 4.8의 (ⅰ), (ⅲ)을 증명하라.

15. 2차 정방행렬의 두 벡터가 일차종속일 때, 행렬식이 0이 됨을 보여라. 이 결과와 이들 벡터로 만들어지는 평행사변형의 면적과의 관계를 설명하라.

16. 행렬 A와 B를 점선과 같이 분할하였을 때, 다음 물음에 답하라.

$$A=\begin{pmatrix} 2 & 1 & \vdots & -3 & 1 \\ 0 & -1 & \vdots & 1 & -1 \\ \cdots & \cdots & \cdots & \cdots & \cdots \\ -2 & 0 & \vdots & -1 & 0 \\ 3 & 1 & \vdots & 2 & -2 \end{pmatrix},\ B=\begin{pmatrix} 0 & 1 \\ -1 & 2 \\ \cdots & \cdots \\ 1 & -2 \\ 3 & -1 \end{pmatrix}$$

① 부분행렬들의 곱과 합으로 AB를 계산하라.

② 식 (4.14)와 (4.15)를 이용하여 A^{-1}과 $|A|$를 구하라.

17. 행렬 A, B, C, D에 대하여 다음 물음에 답하라.

$$A=\begin{pmatrix} -1 & 1 \\ 2 & 0 \end{pmatrix},\ B=\begin{pmatrix} 0 & -2 \\ 2 & 3 \end{pmatrix},\ C=\begin{pmatrix} 1 & -1 \\ 1 & 1 \end{pmatrix},\ D=\begin{pmatrix} -3 & -2 \\ 2 & 3 \end{pmatrix}$$

① $(A\oplus B)+(C\oplus D)=(A+C)\oplus(B+D)$임을 보여라.

② $(A\oplus B)(C\oplus D)=AC\oplus BD$임을 보여라.

③ $(A:B)\otimes C=(A\otimes C\ \ B\otimes C)$임을 보여라.

④ $C\otimes(A:B)\neq(C\otimes A\ \ C\otimes B)$임을 보여라.

18. 연습문제 16의 행렬 A의 역행렬과 행렬식을 각각 식 (4.14)와 (4.15)를 이용하여 구하라.

05

일차연립방정식

5-1 일차연립방정식의 정의

지금까지 학습한 행렬의 연산, 행렬식과 역행렬 등의 행렬 이론을 바탕으로 방정식들을 만족하는 해의 존재 여부와 해를 구하는 방법을 알아보자. 먼저, 일차방정식과 일차연립방정식의 정의를 알아보자.

정의 5.1 일차방정식

n개의 미지수 $x_1, x_2, \cdots, x_n$에 대하여, 다음의 방정식

$$a_1x_1 + a_2x_2 + \cdots + a_nx_n = b$$

를 일차방정식(linear equation) 혹은 선형방정식이라 한다. 여기서 $a_1, \cdots, a_n$과 b는 실수이다. $b=0$인 경우의 일차방정식을 동차일차방정식(homogeneous linear equation)이라 한다.

일차방정식들의 모임을 일차연립방정식이라 하며 형태는 다음과 같다.

정의 5.2 일차연립방정식

n개의 미지수 $x_1, \cdots, x_n$에 대하여, 다음 m개의 일차방정식들

$$\begin{cases} a_{11}x_1 + a_{12}x_2 + \cdots + a_{1n}x_n = b_1 \\ a_{21}x_1 + a_{22}x_2 + \cdots + a_{2n}x_n = b_2 \\ \quad\vdots \\ a_{m1}x_1 + a_{m2}x_2 + \cdots + a_{mn}x_n = b_m \end{cases} \tag{5.1}$$

을 일차연립방정식(system of linear equations) 혹은 선형연립방정식이라고 한다. 여기서 $a_{ij}(i=1, \cdots, m,\ j=1, \cdots, n)$와 $b_i(i=1, \cdots, m)$는 실수이다. 모든 $i=1, \cdots, m$에 대하여 $b_i=0$인 일차연립방정식을 동차일차연립방정식(homogeneous system of linear equations)이라 한다.

n개의 미지수를 $x_1 = s_1,\ x_2 = s_2,\ \cdots,\ x_n = s_n$으로 선택하였을 때 일차방정식 혹은 일차연립방정식을 만족하면, $\begin{pmatrix} s_1 \\ s_2 \\ \vdots \\ s_n \end{pmatrix}$을 일차방정식 혹은 일차연립방정식의 해(solution)라 하고, 모든 해들의 집합을 해집합(solution set)이라 한다.

예제 5.1 일차방정식과 일차연립방정식의 해집합을 구하라.

① $x_1 + 2x_2 = 3$

② $\begin{cases} x_1 + 2x_2 = 3 \\ x_1 + x_2 = 2 \end{cases}$

③ $\begin{cases} x_1 + 2x_2 = 3 \\ 2x_1 + 4x_2 = 6 \end{cases}$

④ $\begin{cases} x_1 + 2x_2 = 3 \\ 2x_1 + 4x_2 = 4 \end{cases}$

풀이

① 임의의 실수 c에 대하여 $x_1 = c$와 $x_2 = \frac{3}{2} - \frac{c}{2}$로 선택하면 일차방정식 $x_1 + 2x_2 = 3$을 만족한다. 그러므로 일차방정식의 해집합은 $\left\{ \begin{pmatrix} c \\ \frac{3}{2} - \frac{c}{2} \end{pmatrix} \middle| \; c \in \mathbb{R} \right\}$이 된다.

② 임의의 실수 c에 대하여 $x_1 = c$와 $x_2 = 2 - c$로 선택하면 일차방정식 $x_1 + x_2 = 2$를 만족한다. 해집합은 $\left\{ \begin{pmatrix} c \\ 2-c \end{pmatrix} \middle| \; c \in \mathbb{R} \right\}$이 되고 예제 ①의 해집합과의 교집합은 $c = 1$일 때이므로 일차연립방정식의 해는 $\left\{ \begin{pmatrix} 1 \\ 1 \end{pmatrix} \right\}$이다.

③ $2x_1 + 4x_2 = 6$의 해집합은 예제 ①의 해집합과 동일하므로 두 해집합의 교집합인 $\left\{ \begin{pmatrix} c \\ \frac{3}{2} - \frac{c}{2} \end{pmatrix} \middle| \; c \in \mathbb{R} \right\}$이 일차연립방정식의 해집합이 된다.

④ 임의의 실수 c에 대하여 $x_1 = c$와 $x_2 = 1 - \frac{c}{2}$로 선택하면 일차방정식 $2x_1 + 4x_2 = 4$를 만족한다. 그러므로 해집합은 $\left\{ \begin{pmatrix} c \\ 1 - \frac{c}{2} \end{pmatrix} \middle| \; c \in \mathbb{R} \right\}$이 된다. 예제 ①의 해집합과의 교집합은 공집합이므로 일차연립방정식의 해는 존재하지 않는다.

예제 5.1의 ①의 일차방정식들의 해집합들을 좌표평면에 나타내면 직선이 된다. 예제 ②의 두 일차방정식들의 해집합들인 직선들은 한 점 $(1,\ 1)$에서 만나고, 예제 ③의 해집합인 두 직선은 동일하며, 예제 ④의 해집합인 두 직선의 기울기가 $-\frac{1}{2}$로 동일하고 y절편이 각각 $\frac{3}{2}$과 1이므로 평행하다. 그러므로 공통으로 가지는 해가 없는 경우이다.

일차연립방정식의 해는 유일하게 존재하거나 무수히 많이 존재하거나 혹은 존재하지 않을 수 있다. 해의 존재 여부와 해를 구하는 방법 등에 관하여 행렬을 통하여 규명해보자. 행렬에 의한 일차연립방정식의 표현은 다음과 같다.

n개의 미지수 $x_1, x_2, \cdots, x_n$에 대하여, 식 (5.1)의 일차연립방정식은 다음과 같이 표현할 수 있다.

$$A\boldsymbol{x} = \boldsymbol{b}$$

여기서

$$A = \begin{pmatrix} a_{11} & a_{12} & \cdots & a_{1n} \\ a_{21} & a_{22} & \cdots & a_{2n} \\ \vdots & \vdots & \ddots & \vdots \\ a_{m1} & a_{m2} & \cdots & a_{mn} \end{pmatrix}, \quad \boldsymbol{x} = \begin{pmatrix} x_1 \\ x_2 \\ \vdots \\ x_n \end{pmatrix}, \quad \boldsymbol{b} = \begin{pmatrix} b_1 \\ b_2 \\ \vdots \\ b_m \end{pmatrix}$$

이다. $m \times n$ 행렬인 A는 계수행렬(coefficient matrix)이라 하고, A와 $\boldsymbol{b}$를 합쳐놓은

$$(A : \boldsymbol{b}) = \begin{pmatrix} a_{11} & a_{12} & \cdots & a_{1n} & : & b_1 \\ a_{21} & a_{22} & \cdots & a_{2n} & : & b_2 \\ \vdots & \vdots & \ddots & \vdots & \vdots & \vdots \\ a_{m1} & a_{m2} & \cdots & a_{mn} & : & b_m \end{pmatrix}$$

을 확대계수행렬(augmented matrix)이라 한다.

예제 5.2 일차연립방정식을 행렬로 표현하고 확대계수행렬을 구하라.

① $\begin{cases} x_1 + 2x_2 = 3 \\ x_1 + x_2 = 2 \end{cases}$

② $\begin{cases} x_1 + 2x_2 + x_3 = 3 \\ 2x_1 + x_2 + 2x_3 = 5 \end{cases}$

풀이

① $A\boldsymbol{x} = \boldsymbol{b}$에서 $A = \begin{pmatrix} 1 & 2 \\ 1 & 1 \end{pmatrix}$, $\boldsymbol{x} = \begin{pmatrix} x_1 \\ x_2 \end{pmatrix}$, $\boldsymbol{b} = \begin{pmatrix} 3 \\ 2 \end{pmatrix}$이고 확대계수행렬은 $(A : \boldsymbol{b}) = \begin{pmatrix} 1 & 2 & : & 3 \\ 1 & 1 & : & 2 \end{pmatrix}$이다.

② $A\boldsymbol{x}=\boldsymbol{b}$에서 $A=\begin{pmatrix}1&2&1\\2&1&2\end{pmatrix}$, $\boldsymbol{x}=\begin{pmatrix}x_1\\x_2\\x_3\end{pmatrix}$, $\boldsymbol{b}=\begin{pmatrix}3\\5\end{pmatrix}$이고 확대계수행렬은 $(A:\boldsymbol{b})=$ $\begin{pmatrix}1&2&1&:&3\\2&1&2&:&5\end{pmatrix}$이다.

5-2 기본연산과 일차연립방정식의 해

4.3절에서는 행렬식의 성질을 이용하여 정방행렬을 삼각행렬로 만들어 행렬식을 구하는 것을 학습하였다. 이 절에서 4.3절의 방법을 활용한 일차연립방정식의 해를 찾는 방법을 소개한다.

정의 5.3 기본행연산과 기본열연산

$m\times n$ 행렬 A의 행들에 행해지는 다음의 세 가지 연산을 기본행연산(elementary row operation)이라 한다.

(i) 행렬 A의 두 행을 서로 교환한다.
(ii) 행렬 A의 한 행에 0이 아닌 스칼라 k를 곱한다.
(iii) 행렬 A의 한 행에 0이 아닌 스칼라를 곱하여 다른 한 행에 더한다.

$m\times n$ 행렬 A의 열들에 대하여 위의 연산을 행하는 것을 기본열연산(elementary column operation)이라 한다. 기본행연산과 기본열연산을 통칭하여 기본연산이라 한다.

4.3절의 삼각행렬로 만들어 행렬식을 구하는 과정들은 일련의 기본행연산과 기본열연산을 활용한 것이다. 기본연산을 이용한 일차연립방정식의 해를 구하는 가우스 소거법과 가우스-조르당 소거법에 쓰이는 행사다리꼴행렬과 기약행사다리꼴행렬을 소개한다.

정의 5.4 행사다리꼴행렬

다음을 만족하는 행렬을 행사다리꼴행렬이라 한다.

(i) 각 행에서 왼쪽 성분을 시작으로 처음으로 0이 아닌 성분은 1이다.
(ii) 각 행의 0이 아닌 성분은 바로 위 행의 0이 아닌 성분보다 오른쪽에 있다.
(iii) 모든 성분이 0인 행은 그렇지 않은 행보다 아래에 있다.

정방행렬의 행사다리꼴행렬은 상삼각행렬이며 대각성분이 0과 1로 구성되고 0인 대각성분이 1인 대각성분보다 아래에 있다. 다음은 행사다리꼴행렬의 몇 가지 예를 보여주고 있다.

$$\begin{pmatrix} 1 & 2 & 0 \\ 0 & 1 & 4 \\ 0 & 0 & 1 \end{pmatrix}, \begin{pmatrix} 1 & 3 & -1 & 2 \\ 0 & 1 & 0 & 5 \\ 0 & 0 & 0 & 0 \end{pmatrix}, \begin{pmatrix} 1 & 3 & -1 & 2 \\ 0 & 1 & 0 & 5 \\ 0 & 0 & 1 & -2 \end{pmatrix}$$

예제 5.3 기본행연산을 사용하여 행렬을 행사다리꼴행렬로 만들어라.

① $\begin{pmatrix} 1 & 2 \\ 1 & 1 \end{pmatrix}$

② $\begin{pmatrix} 2 & 1 & 1 \\ 1 & -3 & 2 \\ 3 & -2 & 3 \end{pmatrix}$

③ $\begin{pmatrix} 1 & 0 & 2 & 3 \\ -1 & 1 & -1 & 1 \\ 3 & 0 & -2 & 1 \\ 1 & -1 & 3 & 2 \end{pmatrix}$

풀이

① $(2, 1)$ 성분을 0으로 만들기 위하여 1행에 −1배하여 2행에 더한다.

$$\begin{pmatrix} 1 & 2 \\ 1+1\times(-1) & 1+2\times(-1) \end{pmatrix} = \begin{pmatrix} 1 & 2 \\ 0 & -1 \end{pmatrix}$$

2행을 −1배하여 $(2, 2)$ 성분을 1로 만들어 행사다리꼴행렬로 만든다.

$$\begin{pmatrix} 1 & 2 \\ 0\times(-1) & (-1)\times(-1) \end{pmatrix} = \begin{pmatrix} 1 & 2 \\ 0 & 1 \end{pmatrix}$$

② $(1, 1)$ 성분을 1로 만들기 위하여 1행과 2행을 교환한다.

$$\begin{pmatrix} 1 & -3 & 2 \\ 2 & 1 & 1 \\ 3 & -2 & 3 \end{pmatrix}$$

$(2, 1)$ 성분과 $(3, 1)$ 성분을 0으로 만들기 위하여, 1행에 −2배하여 2행에 더하고 1행에 −3배하여 3행에 더해준다.

$$\begin{pmatrix} 1 & -3 & 2 \\ 2+1\times(-2) & 1+(-3)\times(-2) & 1+2\times(-2) \\ 3+1\times(-3) & -2+(-3)\times(-3) & 3+2\times(-3) \end{pmatrix} = \begin{pmatrix} 1 & -3 & 2 \\ 0 & 7 & -3 \\ 0 & 7 & -3 \end{pmatrix}$$

$(2, 2)$ 성분을 1로 만들기 위하여, 2행을 $\frac{1}{7}$ 배한다.

$$\begin{pmatrix} 1 & -3 & 2 \\ 0\times\frac{1}{7} & 7\times\frac{1}{7} & -3\times\frac{1}{7} \\ 0 & 7 & -3 \end{pmatrix} = \begin{pmatrix} 1 & -3 & 2 \\ 0 & 1 & -\frac{3}{7} \\ 0 & 7 & -3 \end{pmatrix}$$

2행을 −7배하여 3행에 더하여 $(3, 2)$ 성분을 0으로 만들어 행사다리꼴행렬로 만든다.

$$\begin{pmatrix} 1 & -3 & 2 \\ 0 & 1 & -\frac{3}{7} \\ 0+0\times(-7) & 7+1\times(-7) & -3+(-\frac{3}{7})\times(-7) \end{pmatrix} = \begin{pmatrix} 1 & -3 & 2 \\ 0 & 1 & -\frac{3}{7} \\ 0 & 0 & 0 \end{pmatrix}$$

③ $(2, 1)$ 성분, $(3, 1)$ 성분, $(4, 1)$ 성분을 0으로 만들기 위하여 1행을 각각 1배, −3배, −1배하여 2행, 3행, 4행에 더하여 다음의 행렬로 만든다.

$$\begin{pmatrix} 1 & 0 & 2 & 3 \\ 0 & 1 & 1 & 4 \\ 0 & 0 & -8 & -8 \\ 0 & -1 & 1 & -1 \end{pmatrix}$$

$(4, 2)$ 성분을 0으로 만들기 위하여 2행을 1배하여 4행에 더하고 $(3, 3)$ 성분을 1로 만들기 위하여 3행에 $-\frac{1}{8}$ 배하여 다음이 행렬로 만든다.

$$\begin{pmatrix} 1 & 0 & 2 & 3 \\ 0 & 1 & 1 & 4 \\ 0 & 0 & 1 & 1 \\ 0 & 0 & 2 & 3 \end{pmatrix}$$

$(4, 3)$ 성분을 0으로 만들기 위하여 3행을 −2배하여 4행에 더하면 다음과 같이 행사다리꼴행렬이 만들어진다.

$$\begin{pmatrix} 1 & 0 & 2 & 3 \\ 0 & 1 & 1 & 4 \\ 0 & 0 & 1 & 1 \\ 0 & 0 & 0 & 1 \end{pmatrix}$$

기본행연산에 의한 행사다리꼴행렬을 만드는 과정은 유일하지 않고 다양하게 존재한다.

정의 5.5 가우스 소거법

일차연립방정식 $A\boldsymbol{x}=\boldsymbol{b}$의 확대계수행렬 $(A:\boldsymbol{b})$를 기본행연산에 의해 행사다리꼴행렬 $(B:\boldsymbol{c})$를 만들고, $B\boldsymbol{x}=\boldsymbol{c}$의 해를 구하는 과정을 가우스 소거법(Gauss elimination)이라 한다.

예제 5.4 다음 일차연립방정식의 해를 가우스 소거법으로 구하라.

① $\begin{cases} x_1 + 2x_2 = 3 \\ x_1 + x_2 = 2 \end{cases}$

② $\begin{cases} 2x_1 + x_2 + x_3 = 5 \\ x_1 - 3x_2 + 2x_3 = -3 \\ 3x_1 - 2x_2 + 3x_3 = 2 \end{cases}$

풀이

① 일차연립방정식을 $A\boldsymbol{x} = \boldsymbol{b}$로 표현하면 $A = \begin{pmatrix} 1 & 2 \\ 1 & 1 \end{pmatrix}$, $\boldsymbol{x} = \begin{pmatrix} x_1 \\ x_2 \end{pmatrix}$, $\boldsymbol{b} = \begin{pmatrix} 3 \\ 2 \end{pmatrix}$이므로 확대계수행렬은 다음과 같다.

$$(A : \boldsymbol{b}) = \begin{pmatrix} 1 & 2 & : & 3 \\ 1 & 1 & : & 2 \end{pmatrix}$$

$(2,\ 1)$ 성분을 0으로 만들기 위하여 1행에 −1배하여 2행에 더한다.

$$\begin{pmatrix} 1 & 2 & : & 3 \\ 0 & -1 & : & -1 \end{pmatrix}$$

2행을 −1배하여 행사다리꼴행렬을 만든다.

$$\begin{pmatrix} 1 & 2 & : & 3 \\ 0 & 1 & : & 1 \end{pmatrix} \tag{5.2}$$

구해진 행사다리꼴행렬에 의하면 예제 ①의 일차연립방정식이

$$\begin{cases} x_1 + 2x_2 = 3 \\ x_2 = 1 \end{cases}$$

의 일차연립방정식으로 변형되었음을 알 수 있다. 그러므로 $x_2 = 1$이고 이 결과를 $x_1 + 2x_2 = 3$의 일차방정식에 대입하면 $x_1 = 1$을 얻을 수 있다. 따라서 해집합은 $\left\{ \begin{pmatrix} 1 \\ 1 \end{pmatrix} \right\}$이다.

② 일차연립방정식을 $A\boldsymbol{x} = \boldsymbol{b}$로 표현하면 확대계수행렬은 다음과 같다.

$$\begin{pmatrix} 2 & 1 & 1 & : & 5 \\ 1 & -3 & 2 & : & -3 \\ 3 & -2 & 3 & : & 2 \end{pmatrix}$$

1행과 2행을 교환한다.

$$\begin{pmatrix} 1 & -3 & 2 & : & -3 \\ 2 & 1 & 1 & : & 5 \\ 3 & -2 & 3 & : & 2 \end{pmatrix} \tag{5.3}$$

1행에 −2배하여 2행에 더하고 1행에 −3배하여 3행에 더하여 $(2,\ 1)$ 성분과 $(3,\ 1)$ 성분을 0으로 만든다.

$$\begin{pmatrix} 1 & -3 & 2 & : & -3 \\ 0 & 7 & -3 & : & 11 \\ 0 & 7 & -3 & : & 11 \end{pmatrix} \tag{5.4}$$

2행을 $\frac{1}{7}$배하여 2행에서 처음으로 0이 아닌 수를 1로 만든다.

$$\begin{pmatrix} 1 & -3 & 2 & : & -3 \\ 0 & 1 & -\frac{3}{7} & : & \frac{11}{7} \\ 0 & 7 & -3 & : & 11 \end{pmatrix}$$

2행에 (-7)배하여 3행에 더하여 $(3, 2)$ 성분을 0으로 만들어 행사다리꼴행렬을 만든다.

$$\begin{pmatrix} 1 & -3 & 2 & : & -3 \\ 0 & 1 & -\frac{3}{7} & : & \frac{11}{7} \\ 0 & 0 & 0 & : & 0 \end{pmatrix} \tag{5.5}$$

그러므로 예제 ②의 일차연립방정식은

$$\begin{cases} x_1 - 3x_2 + 2x_3 = -3 \\ x_2 - \frac{3}{7}x_3 = \frac{11}{7} \end{cases}$$

로 변형되었다. 임의의 실수 c에 대하여 $x_3 = c$를 선택하면

$$x_2 = \frac{1}{7}(3c+11),\ x_1 = -3 + 3 \times \frac{1}{7}(3c+11) - 2c = -\frac{1}{7}(5c-12)$$

이다. 그러므로 해집합은

$$\left\{ \left. \begin{pmatrix} -\frac{1}{7}(5c-12) \\ \frac{1}{7}(3c+11) \\ c \end{pmatrix} \right| c \in \mathbb{R} \right\}$$

이다.

식 (5.3)의 행렬은 예제 5.4의 ②의 일차연립방정식의 처음 두 일차방정식의 순서를 바꾼 후의 일차연립방정식

$$\begin{cases} x_1 - 3x_2 + 2x_3 = -3 \\ 2x_1 + x_2 + x_3 = 5 \\ 3x_1 - 2x_2 + 3x_3 = 2 \end{cases} \tag{5.6}$$

의 확대계수행렬이다. 식 (5.6)의 첫 일차방정식을 −2배한 $-2x_1 + 6x_2 - 4x_3 = 6$의 일차방정식을 두 번째 일차방정식과 더하면 $7x_2 - 3x_3 = 11$이 되어 미지수 x_1이 소거된다. 이를 표현한 것이 식 (5.4)의 행렬의 2행이다. 따라서 식 (5.4)의 행렬은 다음 일차연립방정식

$$\begin{cases} x_1 - 3x_2 + 2x_3 = -3 \\ 7x_2 - 3x_3 = 11 \\ 7x_2 - 3x_3 = 11 \end{cases}$$

의 확대계수행렬이다. 이렇듯 가우스 소거법은 일차연립방정식을 단순한 형태의 일차연립방정식으로 변형하는 방법이다.

가우스 소거법은 하나의 미지수의 해를 먼저 구하고 나머지 미지수들의 해를 순차적으로 구한다. 순차적 방법이 아닌 모든 미지수들을 각각 독립적으로 구할 수 있는 방법을 소개하고자 기약행사다리꼴행렬을 소개한다.

정의 5.6 기약행사다리꼴행렬

행사다리꼴행렬 중 각 행의 처음으로 0이 아닌 성분 1이 그 열에서도 유일하게 0이 아니면 기약행사다리꼴행렬이라 한다.

다음과 같은 형태의 행렬을 기약행사다리꼴행렬이라 한다.

$$\begin{pmatrix} 1 & 0 & 0 \\ 0 & 1 & 0 \\ 0 & 0 & 1 \end{pmatrix}, \begin{pmatrix} 1 & 0 & 0 & 0 \\ 0 & 1 & 0 & 0 \\ 0 & 0 & 0 & 0 \end{pmatrix}, \begin{pmatrix} 1 & 0 & 0 & 2 \\ 0 & 1 & 0 & 3 \\ 0 & 0 & 1 & 1 \end{pmatrix}$$

행사다리꼴행렬에 대해 기본행연산을 추가적으로 시행하여 기약행사다리꼴행렬을 만들 수 있다. 기약행사다리꼴행렬을 이용한 일차연립방정식의 해를 구하는 가우스-조르당 소거법을 소개한다.

정의 5.7 가우스-조르당 소거법

일차연립방정식 $A\boldsymbol{x}=\boldsymbol{b}$의 확대계수행렬 $(A:\boldsymbol{b})$를 기본행연산에 의해 기약행사다리꼴행렬 $(B:\boldsymbol{c})$를 만들고, $B\boldsymbol{x}=\boldsymbol{c}$의 해를 구하는 과정을 가우스-조르당 소거법(Gauss-Jordan elimination)이라 한다.

예제 5.5 예제 5.4의 일차연립방정식의 해집합을 가우스-조르당 소거법으로 구하라.

풀이

예제 5.4의 풀이에서 식 (5.2)와 (5.5)는 두 일차연립방정식의 행사다리꼴행렬이다. 이를 이용하여 기약행사다리꼴행렬을 구한다.

① 식 (5.2)의 행사다리꼴행렬의 (1, 2) 성분을 0으로 만들기 위하여 2행을 −2배하여 1행에 더한다.

$$\begin{pmatrix} 1+0\times(-2) & 2+1\times(-2) & : & 3+1\times(-2) \\ 0 & 1 & : & 1 \end{pmatrix} = \begin{pmatrix} 1 & 0 & : & 1 \\ 0 & 1 & : & 1 \end{pmatrix}$$

구해진 기약행사다리꼴행렬에 의하면 예제 5.4의 ①의 일차연립방정식이

$$\begin{cases} x_1 = 1 \\ x_2 = 1 \end{cases}$$

의 일차연립방정식으로 변형되었음을 알 수 있다. 그러므로 해집합은 $\left\{\begin{pmatrix} 1 \\ 1 \end{pmatrix}\right\}$이다.

② 식 (5.5)의 행사다리꼴행렬의 (1, 2) 성분을 0으로 만들기 위하여 2행을 3배하여 1행에 더한다. 기약행사다리꼴행렬은 다음과 같이 된다.

$$\begin{pmatrix} 1 & 0 & \frac{5}{7} & : & \frac{12}{7} \\ 0 & 1 & -\frac{3}{7} & : & \frac{11}{7} \\ 0 & 0 & 0 & : & 0 \end{pmatrix}$$

예제 5.4의 ②의 일차연립방정식이

$$\begin{cases} x_1 + \frac{5}{7}x_3 = \frac{12}{7} \\ x_2 - \frac{3}{7}x_3 = \frac{11}{7} \end{cases}$$

의 일차연립방정식으로 변형되었음을 알 수 있다. 임의의 실수 c에 대하여 $x_3 = c$로 선택하면

$$\left\{ \begin{pmatrix} -\frac{1}{7}(5c-12) \\ \frac{1}{7}(3c+11) \\ c \end{pmatrix} \middle| \, c \in \mathbb{R} \right\}$$

의 해집합을 구할 수 있다.

가우스 소거법의 행사다리꼴행렬은 m개의 일차방정식들의 순서를 어떻게 하여 확대계수행렬을 구성하느냐에 따라 기본행연산에 의한 결과는 달라진다. 반면 가우스-조르당 소거법의 기약행사다리꼴행렬은 유일하게 만들어진다. 하지만 가우스 소거법과 가우스-조르당 소거법에 의한 일차연립방정식의 해는 동일하다.

5-3 계수와 일차연립방정식의 해

예제 5.2의 ②의 일차연립방정식과 같이 세 개의 미지수에 대하여 두 개의 일차방정식만 있을 때 가우스 소거법과 가우스-조르당 소거법에서 만들어지는 행사다리꼴행렬과 기약행사다리꼴행렬은 두 개의 행만 가지게 되므로 유일한 해를 가지지 못한다. 예제 5.4의 ②의 일차연립방정식은 비록 미지수가 세 개이고 세 개의 일차방정식이 있지만, 예제 5.4와 5.5의 풀이에서 만들어진 행사다리꼴행렬과 기약행사다리꼴행렬은 모두 0인 행을 하나씩 가지게 되고 해를 구하는 일차방정식은 결국 두 개뿐이므로 유일한 해를 가지지 못하게 된다.

이렇듯 해의 존재 여부와 유일해를 가지는지의 여부는 기본행연산에 의해 모두 0인 행이 만들어지는지 아닌지로 밝힐 수 있다. 적어도 한 성분이 0이 아닌 행의 수에 대한 정의를 알아보자.

정의 5.8 행계수

행렬 A의 행사다리꼴행렬에서 적어도 한 성분이 0이 아닌 행의 수를 행계수(row rank) 혹은 계수(rank)라 하고 $\mathrm{rank}(A)$라 표기한다.

예제 5.6 예제 5.3의 각 행렬의 계수를 구하라.

풀이

예제 5.3의 풀이에서 행사다리꼴행렬의 형태를 살펴보면 2차 정방행렬인 예제 ①의 행사다리꼴행렬은 모두 0인 행이 없으므로 계수는 2이고 3차 정방행렬인 예제 ②의 행사다리꼴행렬은 모두 0인 행이 하나 만들어지므로 계수는 2이다. 예제 ③의 4차 정방행렬의 행사다리꼴행렬은 모두 0인 행이 없으므로 계수는 4이다.

행렬의 계수의 성질은 다음과 같다. 행렬의 계수와 관련한 정리들의 증명은 본 책의 수준을 벗어나므로 생략하고 예제를 통하여 살펴보도록 한다.

정리 5.1 계수의 성질

$m \times n$ 행렬 A에 대하여 다음이 성립한다. 여기서 $\min(x, y)$는 실수 x와 y 중에서 작은 수를 의미한다.

(i) $\text{rank}(A) = \text{rank}(A^T)$
(ii) $\text{rank}(A) \le \min(m, n)$
(iii) $\text{rank}(AB) \le \min(\text{rank}(A), \text{rank}(B))$, B는 $n \times l$ 행렬
(iv) $\text{rank}(A+B) \le \text{rank}(A) + \text{rank}(B)$, B는 $m \times n$ 행렬
(v) $\text{rank}(AA^T) = \text{rank}(A^TA) = \text{rank}(A)$

예제 5.7 행렬 A, B에 대하여 다음 물음에 답하라.

$$A = \begin{pmatrix} 1 & 1 \\ 2 & 1 \\ 3 & 2 \end{pmatrix}, \quad B = \begin{pmatrix} 1 & 2 & 1 \\ 2 & 1 & 2 \end{pmatrix}$$

① $\text{rank}(AB) \le \min(\text{rank}(A), \text{rank}(B))$가 성립함을 보여라.

② $\text{rank}(AA^T) = \text{rank}(A^TA) = \text{rank}(A)$가 성립함을 보여라.

풀이

① A의 1행을 −2배하여 2행에 더하고 1행을 −3배하여 3행에 더한다.

$$\begin{pmatrix} 1 & 1 \\ 0 & -1 \\ 0 & -1 \end{pmatrix}$$

2행을 −1배하여 3행에 더한다. 그리고 2행은 −1배한다.

$$\begin{pmatrix} 1 & 1 \\ 0 & 1 \\ 0 & 0 \end{pmatrix}$$

2행의 성분들을 모두 0으로 만들 수 있는 기본연산이 없으므로 $\text{rank}(A) = 2$이다.
B의 1행을 −2배하여 2행에 더한다.

$$\begin{pmatrix} 1 & 2 & 1 \\ 0 & -3 & 0 \end{pmatrix}$$

2행을 $-\dfrac{1}{3}$배한다.

$$\begin{pmatrix} 1 & 2 & 1 \\ 0 & 1 & 0 \end{pmatrix}$$

2행의 성분들을 모두 0으로 만들 수 없다. 따라서 $\text{rank}(B) = 2$이다. 한편,

$$AB = \begin{pmatrix} 1 & 1 \\ 2 & 1 \\ 3 & 2 \end{pmatrix}\begin{pmatrix} 1 & 2 & 1 \\ 2 & 1 & 2 \end{pmatrix} = \begin{pmatrix} 3 & 3 & 3 \\ 4 & 5 & 4 \\ 7 & 8 & 7 \end{pmatrix}$$

이다. AB의 1행을 $\dfrac{1}{3}$배한다.

$$\begin{pmatrix} 1 & 1 & 1 \\ 4 & 5 & 4 \\ 7 & 8 & 7 \end{pmatrix}$$

AB의 1행을 −4배하여 2행에 더하고, 1행을 −7배하여 3행에 더한다.

$$\begin{pmatrix} 1 & 1 & 1 \\ 0 & 1 & 0 \\ 0 & 1 & 0 \end{pmatrix}$$

2행을 −1배하여 3행에 더한다.

$$\begin{pmatrix} 1 & 1 & 1 \\ 0 & 1 & 0 \\ 0 & 0 & 0 \end{pmatrix}$$

2행의 성분을 모두 0으로 만들 수 없으므로 $\text{rank}(AB)=2$이다. 따라서 $\text{rank}(AB)=\text{rank}(A)=\text{rank}(B)=2$이다.

② $AA^T=\begin{pmatrix} 1 & 1 \\ 2 & 1 \\ 3 & 2 \end{pmatrix}\begin{pmatrix} 1 & 2 & 3 \\ 1 & 1 & 2 \end{pmatrix}=\begin{pmatrix} 2 & 3 & 5 \\ 3 & 5 & 8 \\ 5 & 8 & 13 \end{pmatrix}$이 되고, 먼저 AA^T의 1행을 $\frac{1}{2}$배한다.

$$\begin{pmatrix} 1 & \frac{3}{2} & \frac{5}{2} \\ 3 & 5 & 8 \\ 5 & 8 & 13 \end{pmatrix}$$

1행을 −3배하여 2행에 더하고 1행을 −5배하여 3행에 더한다.

$$\begin{pmatrix} 1 & \frac{3}{2} & \frac{5}{2} \\ 0 & \frac{1}{2} & \frac{1}{2} \\ 0 & \frac{1}{2} & \frac{1}{2} \end{pmatrix}$$

2행을 −1배하여 3행에 더한다. 그리고 2행을 2배한다.

$$\begin{pmatrix} 1 & \frac{3}{2} & \frac{5}{2} \\ 0 & 1 & 1 \\ 0 & 0 & 0 \end{pmatrix}$$

그러므로 $\text{rank}(AA^T)=2$이다. 한편,

$$A^TA=\begin{pmatrix} 1 & 2 & 3 \\ 1 & 1 & 2 \end{pmatrix}\begin{pmatrix} 1 & 1 \\ 2 & 1 \\ 3 & 2 \end{pmatrix}=\begin{pmatrix} 14 & 9 \\ 9 & 6 \end{pmatrix}$$

이 되고, A^TA이 1행을 $\frac{1}{14}$배한 후 1행을 −9배하여 2행에 더한다.

$$\begin{pmatrix} 1 & \frac{9}{14} \\ 0 & \frac{3}{14} \end{pmatrix}$$

2행을 $\frac{14}{3}$배한다.

$$\begin{pmatrix} 1 & \frac{9}{14} \\ 0 & 1 \end{pmatrix}$$

그러므로 $\text{rank}(A^TA)=2$이다. 따라서 $\text{rank}(AA^T)=\text{rank}(A^TA)=\text{rank}(A)=2$이다.

정리 5.1의 (i)에 의하면 $\text{rank}(A)=\text{rank}(A^T)$이므로 기본열연산에 의한 행렬의 계수를 구하여도 기본행연산에 의해 구해진 행렬의 계수와 동일하다.

정리 5.2 계수와 일차독립

$m\times n$ 행렬 A를 구성하고 있는 벡터를 $\boldsymbol{a}_1, \boldsymbol{a}_2, \cdots, \boldsymbol{a}_n$이라 하자. 즉, $A=(\boldsymbol{a}_1\ \boldsymbol{a}_2\ \cdots\ \boldsymbol{a}_n)$이다. 행렬 A의 계수 $\text{rank}(A)$는 $\boldsymbol{a}_1, \boldsymbol{a}_2, \cdots, \boldsymbol{a}_n$중 일차독립인 벡터의 수와 동일하다.

정리 5.1의 (i)에 의하면 $\text{rank}(A)=\text{rank}(A^T)$이므로 $m\times n$ 행렬 A를 구성하고 있는 m개의 행벡터 $\overrightarrow{a_1}, \overrightarrow{a_2}, \cdots, \overrightarrow{a_m}$ 중 일차독립인 벡터의 수와도 $\text{rank}(A)$는 동일하다.

예제 5.8 예제 5.3의 ①과 ②의 행렬을 이용하여 행렬의 계수와 각 행렬을 구성하고 있는 벡터들의 일차독립인 벡터의 수가 같음을 보여라.

풀이

① 예제 5.6에 의해 행렬 $\begin{pmatrix}1&2\\1&1\end{pmatrix}$의 계수는 2이다. 행렬을 구성하고 있는 두 벡터를 $\boldsymbol{a}_1=\begin{pmatrix}1\\1\end{pmatrix}$, $\boldsymbol{a}_2=\begin{pmatrix}2\\1\end{pmatrix}$이라 하면 $\boldsymbol{a}_1$과 $\boldsymbol{a}_2$의 일차결합으로

$$k_1\boldsymbol{a}_1+k_2\boldsymbol{a}_2=k_1\begin{pmatrix}1\\1\end{pmatrix}+k_2\begin{pmatrix}2\\1\end{pmatrix}=\begin{pmatrix}k_1+2k_2\\k_1+k_2\end{pmatrix}=\begin{pmatrix}0\\0\end{pmatrix} \tag{5.7}$$

을 만족하는 스칼라 k_1과 k_2는 자명해인 $k_1=k_2=0$만 존재하므로 $\boldsymbol{a}_1$과 $\boldsymbol{a}_2$는 일차독립이다. 일차독립인 벡터의 수는 2이므로 행렬의 계수와 동일하다.

② 예제 5.6에 의해 행렬

$$\begin{pmatrix}2&1&1\\1&-3&2\\3&-2&3\end{pmatrix}$$

의 계수는 2이다. 행렬을 구성하고 있는 세 벡터를

$$\boldsymbol{a}_1=\begin{pmatrix}2\\1\\3\end{pmatrix},\ \boldsymbol{a}_2=\begin{pmatrix}1\\-3\\-2\end{pmatrix},\ \boldsymbol{a}_3=\begin{pmatrix}1\\2\\3\end{pmatrix}$$

이라 하면 $\boldsymbol{a}_1$, $\boldsymbol{a}_2$, $\boldsymbol{a}_3$의 일차결합으로

$$k_1\boldsymbol{a}_1 + k_2\boldsymbol{a}_2 + k_3\boldsymbol{a}_3 = k_1\begin{pmatrix}2\\1\\3\end{pmatrix} + k_2\begin{pmatrix}1\\-3\\-2\end{pmatrix} + k_3\begin{pmatrix}1\\2\\3\end{pmatrix} = \begin{pmatrix}2k_1+k_2+k_3\\k_1-3k_2+2k_3\\3k_1-2k_2+3k_3\end{pmatrix} = \begin{pmatrix}0\\0\\0\end{pmatrix} \quad (5.8)$$

을 만족하는 스칼라 k_1, k_2, k_3는 자명해인 $k_1 = k_2 = k_3 = 0$ 이외에도 존재한다. 계산과정은 3장에서 학습하였으므로 생략한다. $i \neq j$일 때 임의의 두 벡터 $\boldsymbol{a}_i$와 $\boldsymbol{a}_j$의 일차결합들이 **0**이 되는 해는 모두 자명해만 존재함을 쉽게 보일 수 있다. 따라서 일차독립인 벡터의 수는 2이므로 행렬의 계수와 동일하다.

식 (5.7)은 미지수가 k_1, k_2로 두 개인 동차일차연립방정식이며 식 (5.8) 또한 k_1, k_2, k_3의 미지수를 가지는 동차일차연립방정식이다. 동차일차연립방정식은 일반적으로 해가 모두 0인 자명해만을 갖는 경우와 무수히 많은 해를 갖는 경우뿐이다. 이에 대한 설명은 5.6절의 동차일차연립방정식을 참고하길 바란다.

정의 5.9 최대계수

$m \times n$ 행렬 A에 대하여, $m < n$이고 $\operatorname{rank}(A) = m$이면 A는 최대행계수(full row rank)를 가진다고 하며, $m > n$이고 $\operatorname{rank}(A) = n$이면 A는 최대열계수(full column rank)를 가진다고 한다. A가 n차 정방행렬이고 $\operatorname{rank}(A) = n$이면 최대계수(full rank)를 가진다고 한다.

n차 정방행렬이 최대계수를 가지는 것과 동치인 경우를 알아보자.

정리 5.3

n차 정방행렬 A에 대하여 다음은 동치이다.

(i) A는 가역행렬이다.
(ii) $\operatorname{rank}(A) = n$으로 A는 최대계수를 가진다.
(iii) A의 행벡터 또는 열벡터들은 일차독립이다.

일차연립방정식의 계수행렬과 확대계수행렬의 행렬의 계수를 구하여 일차연립방정식의 해의 존재 여부와 해가 존재할 경우에 유일해인지 혹은 무수히 많은지를 판단할 수 있다.

정리 5.4 계수와 해의 종류

n개의 미지수 $x_1, x_2, \cdots, x_n$과 m개의 일차방정식으로 구성된 일차연립방정식

$$\begin{cases} a_{11}x_1 + a_{12}x_2 + \cdots + a_{1n}x_n = b_1 \\ a_{21}x_1 + a_{22}x_2 + \cdots + a_{2n}x_n = b_2 \\ \quad \vdots \\ a_{m1}x_1 + a_{m2}x_2 + \cdots + a_{mn}x_n = b_m \end{cases}$$

의 계수행렬 A와 확대계수행렬 $(A : \boldsymbol{b})$에 대하여 $\text{rank}\,(A) = \text{rank}\,(A : \boldsymbol{b})$와 일차연립방정식의 해가 존재한다는 것은 동치이며, 다음이 성립한다.

(i) $\text{rank}(A) = \text{rank}(A : \boldsymbol{b}) = n$이면 해가 유일하게 존재한다.
(ii) $\text{rank}(A) = \text{rank}(A : \boldsymbol{b}) < n$이면 해가 무수히 많이 존재한다.
(iii) $\text{rank}(A) \neq \text{rank}(A : \boldsymbol{b})$이면 해가 존재하지 않는다.

정리 5.4의 (iii)에서 $\text{rank}(A) \neq \text{rank}(A : \boldsymbol{b})$이면 $\text{rank}(A) < \text{rank}(A : \boldsymbol{b})$가 된다.

예제 5.9 일차연립방정식의 해의 존재 여부와 해가 존재할 경우에 해가 유일한지 혹은 무수히 많은지에 대하여 정리 5.4를 이용하여 보여라.

① $\begin{cases} 2x_1 + x_2 + x_3 = 5 \\ x_1 - 3x_2 + 2x_3 = -3 \\ 3x_1 + x_2 + 2x_3 = 7 \end{cases}$

② $\begin{cases} 2x_1 + x_2 + x_3 = 5 \\ x_1 - 3x_2 + 2x_3 = -3 \\ 3x_1 - 2x_2 + 3x_3 = 2 \end{cases}$

③ $\begin{cases} 2x_1 + x_2 + x_3 = 5 \\ x_1 - 3x_2 + 2x_3 = -3 \\ 3x_1 - 2x_2 + 3x_3 = 3 \end{cases}$

풀이

① 계수행렬 A와 확대계수행렬 $(A : \boldsymbol{b})$는 각각 다음과 같다.

$$A = \begin{pmatrix} 2 & 1 & 1 \\ 1 & -3 & 2 \\ 3 & 1 & 2 \end{pmatrix}, \quad (A : \boldsymbol{b}) = \begin{pmatrix} 2 & 1 & 1 : & 5 \\ 1 & -3 & 2 : & -3 \\ 3 & 1 & 2 : & 7 \end{pmatrix}$$

행렬 $(A : \boldsymbol{b})$의 1행과 2행을 교환한 후, 1행에 -2배하여 2행에 더하고 1행에 -3배하여 3행에 더한다.

$$\begin{pmatrix} 1 & -3 & 2 : & -3 \\ 0 & 7 & -3 : & 11 \\ 0 & 10 & -4 : & 16 \end{pmatrix}$$

2행을 $\dfrac{1}{7}$배한 후, 2행에 -10배하여 3행에 더한다.

$$\begin{pmatrix} 1 & -3 & 2 & : & -3 \\ 0 & 1 & -\frac{3}{7} & : & \frac{11}{7} \\ 0 & 0 & \frac{2}{7} & : & \frac{2}{7} \end{pmatrix}$$

3행을 $\frac{7}{2}$ 배한다.

$$\begin{pmatrix} 1 & -3 & 2 & : & -3 \\ 0 & 1 & -\frac{3}{7} & : & \frac{11}{7} \\ 0 & 0 & 1 & : & 1 \end{pmatrix}$$

따라서 $\text{rank}\,(A : \boldsymbol{b}) = 3$이고 행렬 A의 행사다리꼴행렬은 $(A : \boldsymbol{b})$의 행사다리꼴행렬의 첫 3열과 동일하므로 $\text{rank}\,(\text{A}) = 3$이다. 그러므로 $\text{rank}(A) = \text{rank}(A : \boldsymbol{b})$로 일차연립방정식은 유일한 해가 존재한다.

② 계수행렬 A와 확대계수행렬 $(A : \boldsymbol{b})$는 각각 다음과 같다.

$$A = \begin{pmatrix} 2 & 1 & 1 \\ 1 & -3 & 2 \\ 3 & -2 & 3 \end{pmatrix},\ (A : \boldsymbol{b}) = \begin{pmatrix} 2 & 1 & 1 : & 5 \\ 1 & -3 & 2 : & -3 \\ 3 & -2 & 3 : & 2 \end{pmatrix}$$

예제 5.4의 ②의 풀이에 의하면 $(A : \boldsymbol{b})$의 행사다리꼴행렬은 식 (5.5)가 된다. 따라서 $\text{rank}\,(A : \boldsymbol{b}) = 2$이고 식 (5.2)의 첫 3열은 행렬 A의 행사다리꼴행렬이므로 $\text{rank}\,(A) = 2$이다. $\text{rank}\,(A) = \text{rank}\,(A : \boldsymbol{b}) = 2 < 3$이므로 일차연립방정식은 무수히 많은 해를 가진다.

③ 계수행렬 A는 예제 ②의 계수행렬과 동일하며 확대계수행렬은 다음과 같다.

$$(A : \boldsymbol{b}) = \begin{pmatrix} 2 & 1 & 1 : & 5 \\ 1 & -3 & 2 : & -3 \\ 3 & -2 & 3 : & 3 \end{pmatrix}$$

예제 5.4의 ②의 풀이와 동일한 기본행연산을 적용하면 $(A : \boldsymbol{b})$의 행사다리꼴행렬은 다음과 같다.

$$\begin{pmatrix} 1 & -3 & 2 & : & -3 \\ 0 & 1 & -\frac{3}{7} & : & \frac{11}{7} \\ 0 & 0 & 0 & : & 1 \end{pmatrix} \tag{5.9}$$

따라서 $\text{rank}\,(A : \boldsymbol{b}) = 3$이며 $(A : \boldsymbol{b})$의 행사다리꼴행렬의 첫 3행에 의하면 $\text{rank}\,(A) = 2$이다. $\text{rank}\,(A) \neq \text{rank}\,(A : \boldsymbol{b})$이므로 일차연립방정식의 해가 존재하지 않는다.

5-4 역행렬과 일차연립방정식의 해

정리 5.4의 (ⅰ)에 의하면 n개의 미지수와 n개의 일차방정식을 가지는 일차연립방정식에서 계수행렬과 확대계수행렬의 계수가 n으로 같으면 해가 유일하게 존재한다. 계수행렬의 계수가 n이면 최대계수가 되고 정리 5.3에 의해 계수행렬이 가역행렬이므로 유일한 해를 역행렬을 이용하여 구할 수 있다.

정리 5.5 유일해와 역행렬

n개의 미지수 $x_1, x_2, \cdots, x_n$에 대하여, n개의 일차방정식으로 이루어진 일차연립방정식

$$\begin{cases} a_{11}x_1 + a_{12}x_2 + \cdots + a_{1n}x_n = b_1 \\ a_{21}x_1 + a_{22}x_2 + \cdots + a_{2n}x_n = b_2 \\ \quad \vdots \\ a_{n1}x_1 + a_{n2}x_2 + \cdots + a_{nn}x_n = b_n \end{cases}$$

에서

$$A = \begin{pmatrix} a_{11} & a_{12} & \cdots & a_{1n} \\ a_{21} & a_{22} & \cdots & a_{2n} \\ \vdots & \vdots & \ddots & \vdots \\ a_{n1} & a_{n2} & \cdots & a_{nn} \end{pmatrix}, \quad \boldsymbol{x} = \begin{pmatrix} x_1 \\ x_2 \\ \vdots \\ x_n \end{pmatrix}, \quad \boldsymbol{b} = \begin{pmatrix} b_1 \\ b_2 \\ \vdots \\ b_n \end{pmatrix}$$

이라 하자. 일차연립방정식 $A\boldsymbol{x} = \boldsymbol{b}$의 계수행렬 A가 가역행렬이면 유일한 해 $\boldsymbol{x} = A^{-1}\boldsymbol{b}$를 가진다.

증명 행렬 A가 가역행렬이면 A^{-1}가 존재한다. $A\boldsymbol{x} = \boldsymbol{b}$의 양변에 A^{-1}를 곱하면 $A^{-1}(A\boldsymbol{x}) = A^{-1}\boldsymbol{b}$가 되고 $\boldsymbol{x} = A^{-1}\boldsymbol{b}$가 된다. 정리 4.3에 의하면 n차 정방행렬 A가 가역행렬이면 A^{-1}은 유일하므로 유일한 해 $\boldsymbol{x} = A^{-1}\boldsymbol{b}$가 존재하게 된다. ♣

예제 5.10 다음 일차연립방정식의 해를 계수행렬의 역행렬을 이용하여 구하라.

① $\begin{cases} x_1 + 2x_2 = 3 \\ x_1 + x_2 = 2 \end{cases}$

② $\begin{cases} 2x_1 + x_2 + x_3 = 5 \\ x_1 - 3x_2 + 2x_3 = -3 \\ 3x_1 + x_2 + 2x_3 = 7 \end{cases}$

풀이

① 연립방정식 $A\boldsymbol{x}=\boldsymbol{b}$에서

$$A=\begin{pmatrix}1&2\\1&1\end{pmatrix},\quad \boldsymbol{x}=\begin{pmatrix}x_1\\x_2\end{pmatrix},\quad \boldsymbol{b}=\begin{pmatrix}3\\2\end{pmatrix}$$

가 된다. A의 행렬식은 $|A|=1\times1-2\times1=-1$이고 수반행렬과 A^{-1}는

$$\text{adj}(A)=\begin{pmatrix}1&-2\\-1&1\end{pmatrix}$$

$$A^{-1}=\frac{1}{|A|}\text{adj}(A)=\frac{1}{-1}\begin{pmatrix}1&-2\\-1&1\end{pmatrix}=\begin{pmatrix}-1&2\\1&-1\end{pmatrix}$$

이다. 그러므로 유일한 해는 다음과 같다.

$$\boldsymbol{x}=A^{-1}\boldsymbol{b}=\begin{pmatrix}-1&2\\1&-1\end{pmatrix}\begin{pmatrix}3\\2\end{pmatrix}=\begin{pmatrix}1\\1\end{pmatrix}$$

② 일차연립방정식 $A\boldsymbol{x}=\boldsymbol{b}$에서

$$A=\begin{pmatrix}2&1&1\\1&-3&2\\3&1&2\end{pmatrix},\quad \boldsymbol{x}=\begin{pmatrix}x_1\\x_2\\x_3\end{pmatrix},\quad \boldsymbol{b}=\begin{pmatrix}5\\-3\\7\end{pmatrix}$$

이 된다. 여인수들을 구하면 다음과 같다.

$$C_{11}=(-1)^{1+1}\begin{vmatrix}-3&2\\1&2\end{vmatrix}=-8,\qquad C_{12}=(-1)^{1+2}\begin{vmatrix}1&2\\3&2\end{vmatrix}=4,$$

$$C_{13}=(-1)^{1+3}\begin{vmatrix}1&-3\\3&1\end{vmatrix}=10,\qquad C_{21}=(-1)^{2+1}\begin{vmatrix}1&1\\1&2\end{vmatrix}=-1,$$

$$C_{22}=(-1)^{2+2}\begin{vmatrix}2&1\\3&2\end{vmatrix}=1,\qquad C_{23}=(-1)^{2+3}\begin{vmatrix}2&1\\3&1\end{vmatrix}=1,$$

$$C_{31}=(-1)^{3+1}\begin{vmatrix}1&1\\-3&2\end{vmatrix}=5,\qquad C_{32}=(-1)^{3+2}\begin{vmatrix}2&1\\1&2\end{vmatrix}=-3,$$

$$C_{33}=(-1)^{3+3}\begin{vmatrix}2&1\\1&-3\end{vmatrix}=-7$$

A의 행렬식은 1행의 여인수를 사용하면 $|A|=2\times(-8)+1\times4+1\times10=-2$이다. A의 수반행렬을 이용하여 A^{-1}을 구하면

$$A^{-1}=\frac{1}{|A|}\text{adj}(A)=\frac{1}{-2}\begin{pmatrix}-8&-1&5\\4&1&-3\\10&1&-7\end{pmatrix}$$

이 된다. 그러므로 유일한 해가 존재하고 해는 다음과 같다.

$$\boldsymbol{x}=A^{-1}\boldsymbol{b}=\frac{1}{-2}\begin{pmatrix}-8&-1&5\\4&1&-3\\10&1&-7\end{pmatrix}\begin{pmatrix}5\\-3\\7\end{pmatrix}=-\frac{1}{2}\begin{pmatrix}-2\\-4\\-2\end{pmatrix}=\begin{pmatrix}1\\2\\1\end{pmatrix}$$

정리 4.7의 (ⅰ)에 의하면 정방행렬 A가 가역행렬인 것과 동치인 것은 A의 행렬식이 $|A|\neq0$인 것이므로 정리 5.5의 A가 가역행렬이라는 조건 대신 $|A|\neq0$을 사용할 수 있다. 또한, 정리 5.3에 의하면 정리 5.5의 A가 가역행렬이라는 조건 대신 $\text{rank}(A)=n$ 혹은 A의 벡터들이 일차독립이라는 조건을 사용할 수 있다.

5-5 크래머의 해공식

일차연립방정식의 해를 구하는 방법으로 확대계수행렬을 행사다리꼴행렬로 변형하는 가우스 소거법과 기약행사다리꼴행렬로 만드는 가우스-조르당 소거법을 5.2절에 소개하였다. 5.4절에서는 계수행렬이 가역행렬이면 유일한 해를 가지게 되고 역행렬을 이용하여 해를 구하는 방법을 소개하였다. 유일한 해가 존재할 경우, 행렬식만을 이용하여 해를 구하는 크래머(Cramer)의 해공식을 알아보자.

정리 5.6 크래머의 해공식

n개의 미지수 $x_1, x_2, \cdots, x_n$에 대하여, n개의 일차방정식으로 구성된 일차연립방정식 $A\boldsymbol{x}=\boldsymbol{b}$에서

$$A=\begin{pmatrix} a_{11} & a_{12} & \cdots & a_{1n} \\ a_{21} & a_{22} & \cdots & a_{2n} \\ \vdots & \vdots & \ddots & \vdots \\ a_{n1} & a_{n2} & \cdots & a_{nn} \end{pmatrix}, \quad \boldsymbol{x}=\begin{pmatrix} x_1 \\ x_2 \\ \vdots \\ x_n \end{pmatrix}, \quad \boldsymbol{b}=\begin{pmatrix} b_1 \\ b_2 \\ \vdots \\ b_n \end{pmatrix}$$

이라 하자. 계수행렬 A의 행렬식이 $|A| \neq 0$일 때, 일차연립방정식의 유일한 해는 다음과 같다.

$$x_1=\frac{|A_1|}{|A|}, \quad x_2=\frac{|A_2|}{|A|}, \cdots, \quad x_n=\frac{|A_n|}{|A|}$$

여기서 A_j는 A행렬의 j번째 열을 $\boldsymbol{b}$로 바꾼 행렬로 다음과 같다.

$$A_j=\begin{pmatrix} a_{11} & \cdots & a_{1j-1} & b_1 & a_{1j+1} & \cdots & a_{1n} \\ a_{21} & \cdots & a_{2j-1} & b_2 & a_{2j+1} & \cdots & a_{2n} \\ \vdots & \ddots & \vdots & \vdots & \vdots & \ddots & \vdots \\ a_{n1} & \cdots & a_{nj-1} & b_n & a_{nj+1} & \cdots & a_{nn} \end{pmatrix}, \quad j=1, 2, \cdots, n$$

증명 A의 행렬식이 $|A| \neq 0$이므로 A^{-1}가 존재한다. 따라서 정리 5.5에 의해서 유일한 해가 다음과 같이 존재한다.

$$\boldsymbol{x}=A^{-1}\boldsymbol{b}=\frac{1}{|A|}\mathrm{adj}(A)\boldsymbol{b}=\frac{1}{|A|}\begin{pmatrix} C_{11} & C_{21} & \cdots & C_{n1} \\ C_{12} & C_{22} & \cdots & C_{n2} \\ \vdots & \vdots & \ddots & \vdots \\ C_{1n} & C_{2n} & \cdots & C_{nn} \end{pmatrix}\boldsymbol{b}$$

그러므로 $\boldsymbol{x}$의 j번째 성분은 다음과 같다.

$$x_j=\frac{1}{|A|}(b_1C_{1j}+b_2C_{2j}+\cdots+b_nC_{nj})$$

한편, $C_{1j}, C_{2j}, \cdots, C_{nj}$는 각각 행렬 A의 j열의 성분 $a_{1j}, a_{2j}, \cdots, a_{nj}$의 여인수들이므

로 $b_1C_{1j}+b_2C_{2j}+\cdots+b_nC_{nj}$는 행렬 A의 j열의 성분들 $a_{1j}, a_{2j}, \cdots, a_{nj}$를 $b_1, b_2, \cdots, b_n$으로 대체한 행렬의 행렬식과 동일하다. 그러므로 $x_j=\dfrac{|A_j|}{|A|}$가 성립한다. ♣

예제 5.11 예제 5.10의 일차연립방정식의 해를 크래머의 해공식으로 구하라.

풀이

① 일차연립방정식 $A\boldsymbol{x}=\boldsymbol{b}$로부터

$$A=\begin{pmatrix}1&2\\1&1\end{pmatrix},\quad A_1=\begin{pmatrix}3&2\\2&1\end{pmatrix},\quad A_2=\begin{pmatrix}1&3\\1&2\end{pmatrix}$$

가 된다. 세 행렬의 행렬식을 구해보면

$$|A|=1\times1-2\times1=-1,\quad |A_1|=3\times1-2\times2=-1,$$
$$|A_2|=1\times2-3\times1=-1$$

이 된다. A의 행렬식이 $|A|\neq0$이므로 일차연립방정식은 유일한 해가 존재하고 크래머의 해공식에 의해서 해는 다음과 같다.

$$x_1=\frac{|A_1|}{|A|}=\frac{-1}{-1}=1,\quad x_2=\frac{|A_2|}{|A|}=\frac{-1}{-1}=1$$

② 일차연립방정식 $A\boldsymbol{x}=\boldsymbol{b}$로부터

$$A=\begin{pmatrix}2&1&1\\1&-3&2\\3&1&2\end{pmatrix},\quad A_1=\begin{pmatrix}5&1&1\\-3&-3&2\\7&1&2\end{pmatrix},\quad A_2=\begin{pmatrix}2&5&1\\1&-3&2\\3&7&2\end{pmatrix},\quad A_3=\begin{pmatrix}2&1&5\\1&-3&-3\\3&1&7\end{pmatrix}$$

이 된다. 예제 5.10의 ②의 풀이에 의하면 $|A|=-2$이다. 한편,

$$|A_1|=5\times(-1)^{1+1}\begin{vmatrix}-3&2\\1&2\end{vmatrix}+1\times(-1)^{1+2}\begin{vmatrix}-3&2\\7&2\end{vmatrix}+1\times(-1)^{1+3}\begin{vmatrix}-3&-3\\7&1\end{vmatrix}$$
$$=-40+20+18=-2$$

가 된다. 나머지 두 행렬 A_2와 A_3이 행렬식도 여인수 전개에 의해 각각 구하면

$$|A_2|=2\times(-1)^{1+1}\begin{vmatrix}-3&2\\7&2\end{vmatrix}+5\times(-1)^{1+2}\begin{vmatrix}1&2\\3&2\end{vmatrix}+1\times(-1)^{1+3}\begin{vmatrix}1&-3\\3&7\end{vmatrix}$$
$$=-40+20+16=-4$$

$$|A_3|=2\times(-1)^{1+1}\begin{vmatrix}-3&-3\\1&7\end{vmatrix}+1\times(-1)^{1+2}\begin{vmatrix}1&-3\\3&7\end{vmatrix}+5\times(-1)^{1+3}\begin{vmatrix}1&-3\\3&1\end{vmatrix}$$
$$=-36-16+50=-2$$

이다. A의 행렬식이 $|A|\neq0$이므로 일차연립방정식은 유일한 해가 존재하고 크래머의 해공식에 의해서 해는 다음과 같다.

$$x_1=\frac{|A_1|}{|A|}=\frac{-2}{-2}=1,\quad x_2=\frac{|A_2|}{|A|}=\frac{-4}{-2}=2,\quad x_3=\frac{|A_3|}{|A|}=\frac{-2}{-2}=1$$

5-6 동차일차연립방정식

n개의 미지수 $x_1,\ x_2, \cdots, x_n$에 대하여, m개의 일차방정식의 동차일차연립방정식은

$$\begin{cases} a_{11}x_1 + a_{12}x_2 + \cdots + a_{1n}x_n = 0 \\ a_{21}x_1 + a_{22}x_2 + \cdots + a_{2n}x_n = 0 \\ \qquad\qquad \vdots \\ a_{m1}x_1 + a_{m2}x_2 + \cdots + a_{mn}x_n = 0 \end{cases}$$

과 같으며, 행렬로 표현하면

$$A\boldsymbol{x} = \boldsymbol{0}$$

가 된다. 이때 $m \times n$ 행렬 A는 동차일차연립방정식의 계수행렬이다.

동차일차연립방정식의 해를 구하는 방법은 일차연립방정식의 해를 구하는 방법과 동일하다. 확대계수행렬 $(A : \boldsymbol{0})$을 행사다리꼴행렬로 만들어 해를 구하는 가우스 소거법이나 기약행사다리꼴행렬로 만들어 해를 구하는 가우스-조던 소거법에서 우측의 $\boldsymbol{0}$ 벡터는 해를 구하는 일련의 과정에서도 $\boldsymbol{0}$ 벡터는 변하지 않으므로 동차일차연립방정식의 해가 유일하게 존재한다면 $\boldsymbol{x} = \boldsymbol{0}$가 해가 된다. 만약 행사다리꼴행렬과 기약행사다리꼴행렬이 성분이 모두 0인 행을 가지게 되면 무수히 많은 해를 가지게 된다. 즉, 일차연립방정식의 결과처럼 동차일차연립방정식에서 미지수의 수 n보다 동차일차방정식의 수 m이 적으면 무수히 많은 해를 가지게 되고, 확대계수행렬을 행사다리꼴행렬이나 기약행사다리꼴행렬로 만들었을 경우 성분이 모두 0인 행이 최소 한 개가 있으면 무수히 많은 해를 가지게 된다. 그 외는 유일한 해인 $\boldsymbol{x} = \boldsymbol{0}$를 가진다.

예제 5.12 동차일차연립방정식을 행렬로 표시하고 가우스 소거법으로 해를 구하라.

① $\begin{cases} 2x_1 + x_2 + x_3 = 0 \\ x_1 - 3x_2 + 2x_3 = 0 \\ 3x_1 + x_2 + 2x_3 = 0 \end{cases}$

② $\begin{cases} 2x_1+x_2+x_3=0 \\ x_1-3x_2+2x_3=0 \\ 3x_1-2x_2+3x_3=0 \end{cases}$

③ $\begin{cases} 2x_1+3x_2+x_3=2x_2 \\ -3x_2+2x_3=-x_1 \\ 3x_1-2x_2+4x_3=x_3 \end{cases}$

풀이

① 가우스 소거법에 의해 동차일차연립방정식의 해를 구해보자. 동차일차연립방정식의 계수행렬 A와 확대계수행렬 $(A:\mathbf{0})$는 각각 다음과 같다.

$$A=\begin{pmatrix}2&1&1\\1&-3&2\\3&1&2\end{pmatrix},\ (A:\mathbf{0})=\begin{pmatrix}2&1&1&:0\\1&-3&2&:0\\3&1&2&:0\end{pmatrix}$$

행렬 $(A:\mathbf{0})$의 1행과 2행을 교환한 후, 1행에 -2배하여 2행에 더하고 1행에 -3배하여 3행에 더한다.

$$\begin{pmatrix}1&-3&2&:0\\0&7&-3&:0\\0&10&-4&:0\end{pmatrix}$$

2행을 $\frac{1}{7}$배한 후, 2행에 -10배하여 3행에 더한다.

$$\begin{pmatrix}1&-3&2&:0\\0&1&-\frac{3}{7}&:0\\0&0&\frac{2}{7}&:0\end{pmatrix}$$

3행을 $\frac{7}{2}$배한다.

$$\begin{pmatrix}1&-3&2&:0\\0&1&-\frac{3}{7}&:0\\0&0&1&:0\end{pmatrix} \tag{5.10}$$

그러므로 위 행사다리꼴행렬에 의한 동차일차연립방정식은

$$\begin{cases} x_1-3x_2+2x_3=0 \\ x_2-\frac{3}{7}x_3=0 \\ x_3=0 \end{cases}$$

가 되고, 이 동차연립방정식의 해는 $x_1=x_2=x_3=0$로 유일하다.

② 동차일차연립방정식의 계수행렬 A와 확대계수행렬 $(A:\mathbf{0})$는 각각 다음과 같다.

$$A=\begin{pmatrix}2&1&1\\1&-3&2\\3&-2&3\end{pmatrix},\ (A:\mathbf{0})=\begin{pmatrix}2&1&1&:0\\1&-3&2&:0\\3&-2&3&:0\end{pmatrix}$$

행사다리꼴행렬을 만들기 위하여, 우선 1행과 2행을 교환한다.

$$\begin{pmatrix}1&-3&2&:0\\2&1&1&:0\\3&-2&3&:0\end{pmatrix}$$

1행에 −2배하여 2행에 더하고 1행에 −3배하여 3행에 더하여 $(2,\ 1)$ 성분과 $(3,\ 1)$ 성분을 0으로 만든다.

$$\begin{pmatrix} 1 & -3 & 2 & : 0 \\ 0 & 7 & -3 & : 0 \\ 0 & 7 & -3 & : 0 \end{pmatrix}$$

2행을 $\dfrac{1}{7}$ 배하여 2행에서 처음으로 0이 아닌 수를 1로 만든다.

$$\begin{pmatrix} 1 & -3 & 2 & : 0 \\ 0 & 1 & -\dfrac{3}{7} & : 0 \\ 0 & 7 & -3 & : 0 \end{pmatrix}$$

2행에 (-7)배하여 3행에 더하여 $(3,\ 2)$ 성분을 0으로 만들어 행사다리꼴행렬을 만든다.

$$\begin{pmatrix} 1 & -3 & 2 & : 0 \\ 0 & 1 & -\dfrac{3}{7} & : 0 \\ 0 & 0 & 0 & : 0 \end{pmatrix} \tag{5.11}$$

따라서 위 행사다리꼴행렬에 의한 동차일차연립방정식은

$$\begin{cases} x_1 - 3x_2 + 2x_3 = 0 \\ x_2 - \dfrac{3}{7}x_3 = 0 \end{cases}$$

이 된다. 임의의 실수 c에 대하여 $x_3 = c$로 선택하면

$$\left\{ \begin{pmatrix} -\dfrac{5}{7}c \\ \dfrac{3}{7}c \\ c \end{pmatrix} \middle| \ c \in \mathbb{R} \right\}$$

의 해집합을 구할 수 있다. 즉, $x_1 = x_2 = x_3 = 0$을 포함한 무수히 많은 해가 존재한다.

③ 주어진 일차연립방정식의 우변을 0으로 만들면 위 예제 ②의 동차일차연립방정식과 동일하다.

위 예제 5.12의 ③과 같은 형태의 동차일차연립방정식은 6장의 고윳값을 구하는 과정에서 나타나는 형태이다. 자세한 것은 6장에서 확인하기 바란다. 한편, 동차일차연립방정식의 행사다리꼴행렬에 대해 기본행연산을 추가적으로 실시하여 기약행사다리꼴행렬 형태로 만들어 가우스-조르당 소거법을 이용하여 해를 구할 수도 있다.

식 (5.10)의 행사다리꼴행렬은 성분이 모두 0인 행이 없으므로 $\text{rank}\,(A : \mathbf{0}) = 3$이고 행렬 A의 행사다리꼴행렬은 $(A : \mathbf{0})$의 행사다리꼴행렬의 첫 3열과 동일하므로 $\text{rank}\,(A) = 3$이다. 그러므로 정리 5.4의 (i)에 의해 동차일차연립방정식은 유일한 해

$\mathbf{0}$이 존재한다. 반면에 식 (5.11)의 행사다리꼴행렬은 성분이 모두 0인 행이 하나 있으므로 정리 5.4 (ii)에 의해 무수히 많은 해를 가지게 된다. 동차일차연립방정식의 행사다리꼴행렬의 마지막 열은 항상 0이므로 식 (5.9)와 같이 마지막 행의 마지막 열의 성분만 0이 아니고 나머지 성분들이 모두 0인 경우는 발생하지 않으므로 해가 존재하지 않는 경우는 생기지 않는다. 즉, $\text{rank}(A) \neq \text{rank}(A:\mathbf{0})$가 되는 $\text{rank}(A) < \text{rank}(A:\mathbf{0})$인 경우는 발생하지 않는다. 따라서 동차일차연립방정식은 항상 $\text{rank}(A) = \text{rank}(A:\mathbf{0})$가 성립한다. 그러므로 동차일차연립방정식은 유일한 해 $\mathbf{0}$을 가지거나 $\mathbf{0}$을 포함한 무수히 많은 해를 가진다.

연습문제

1. 다음 일차연립방정식을 행렬로 표현하라.

① $x_1 + x_2 = 3$

② $\begin{cases} x_1 + x_2 = 3 \\ 2x_1 + x_2 = 4 \end{cases}$

③ $\begin{cases} x_1 - 2x_2 + x_3 = 5 \\ 2x_1 + x_2 - 3x_3 = 2 \end{cases}$

④ $\begin{cases} 3x_1 - 2x_2 + x_3 = 2 \\ x_1 + 2x_3 = -1 \\ 4x_1 - 4x_2 + 3x_3 = 3 \end{cases}$

⑤ $\begin{cases} 5x_1 + 2x_2 - x_3 - 2x_4 = 2 \\ -x_1 + 3x_2 + 4x_3 = -3 \\ 2x_1 - x_2 + 3x_3 + x_4 = 1 \end{cases}$

2. 다음 확대계수행렬을 통하여 미지수 x_1, x_2, x_3를 가지는 일차연립방정식을 서술하라.

① $(A : \boldsymbol{b}) = \begin{pmatrix} 3 & -2 & : & -1 \\ -1 & 1 & : & 2 \end{pmatrix}$

② $(A : \boldsymbol{b}) = \begin{pmatrix} 2 & -1 & 3 & : & 4 \\ 1 & 0 & -2 & : & 3 \end{pmatrix}$

③ $(A : \boldsymbol{b}) = \begin{pmatrix} 1 & 0 & 2 & : & 3 \\ -1 & 2 & -1 & : & 4 \\ 3 & -2 & 1 & : & -1 \end{pmatrix}$

3. 기본행연산에 의해 만들어진 확대계수행렬의 행사다리꼴행렬 혹은 기약행사다리꼴행렬을 이용하여 미지수 x_1, x_2, x_3의 해집합을 구하라.

① $\begin{pmatrix} 1 & -1 & 2 & : & 1 \\ 0 & 1 & -1 & : & 0 \end{pmatrix}$

② $\begin{pmatrix} 1 & 0 & -1 & : & 3 \\ 0 & 1 & 1 & : & 2 \\ 0 & 0 & 0 & : & 0 \end{pmatrix}$

③ $\begin{pmatrix} 1 & 0 & 0 & : & -1 \\ 0 & 1 & 0 & : & 2 \\ 0 & 0 & 1 & : & 3 \end{pmatrix}$

④ $\begin{pmatrix} 1 & -1 & 2 & : & 1 \\ 0 & 1 & -2 & : & -2 \\ 0 & 0 & 1 & : & 3 \end{pmatrix}$

4. 기본행연산을 사용하여 다음 행렬의 행사다리꼴행렬과 기약행사다리꼴행렬을 만들어라.

① $\begin{pmatrix} 1 & -2 & 1 \\ 2 & 1 & -3 \end{pmatrix}$

② $\begin{pmatrix} 3 & -2 & 1 \\ 1 & -2 & 2 \\ 4 & -4 & 3 \end{pmatrix}$

③ $\begin{pmatrix} 4 & -2 & 1 & 7 \\ 2 & 1 & 0 & 4 \\ -2 & -1 & 2 & 3 \\ -3 & 2 & 5 & -1 \end{pmatrix}$

5. 가우스 소거법과 가우스–조르당 소거법을 이용하여 다음 일차연립방정식의 해의 존재여부를 밝히고, 해가 존재하는 경우에 해집합을 구하라.

① $\begin{cases} x_1 + x_2 = 3 \\ 2x_1 + x_2 = 4 \end{cases}$

② $\begin{cases} x_1 + x_2 = 3 \\ 2x_1 + 2x_2 = 4 \end{cases}$

③ $\begin{cases} 3x_1 - 2x_2 + x_3 = 2 \\ x_1 + 2x_3 = -1 \\ 4x_1 - 4x_2 + 3x_3 = 3 \end{cases}$

④ $\begin{cases} 3x_1 - 2x_2 + x_3 = 2 \\ x_1 - 2x_2 + 2x_3 = 1 \\ 4x_1 - 4x_2 + 3x_3 = 3 \end{cases}$

⑤ $\begin{cases} 3x_1 - 2x_2 + x_3 = 2 \\ x_1 - 2x_2 + 2x_3 = -1 \\ 4x_1 - 4x_2 + 3x_3 = 3 \end{cases}$

6. 일차연립방정식에 대하여 다음 물음에 답하라. 단, a는 상수이다.

$$\begin{cases} x_1 - x_2 + 2x_3 = 2 \\ 2x_1 + x_3 = 1 \\ x_1 + x_2 - x_3 = a \end{cases}$$

① 일차연립방정식의 계수행렬 A와 확대계수행렬 $(A : \boldsymbol{b})$의 계수를 각각 구하라.

② 위 ①의 결과를 이용하여 일차연립방정식의 해가 존재하는지 그렇지 않은지 논하라.

③ 일차연립방정식이 해가 존재하지 않을 때의 상수 a와, 해가 무수히 많이 존재할 때의 상수 a를 각각 구하라.

7. 일차연립방정식의 해를 다음의 방법으로 각각 구하라.

$$\begin{cases} x_1 - 2x_3 = -1 \\ x_1 + x_2 - x_3 = 1 \\ x_2 - x_3 = 0 \end{cases}$$

① 가우스 소거법

② 가우스-조르당 소거법

③ 역행렬을 이용하여 해를 구하는 방법

④ 크래머의 해공식

8. 다음 행렬의 계수를 구하라.

① $\begin{pmatrix} 1 & 3 & 5 \\ -1 & 2 & 0 \\ 2 & 2 & 4 \end{pmatrix}$

② $\begin{pmatrix} 1 & -3 & 7 & 0 \\ 2 & 1 & 3 & -4 \\ 0 & -1 & 4 & 0 \\ 5 & 2 & -2 & 2 \end{pmatrix}$

③ $\begin{pmatrix} 1 & 3 & 5 \\ -1 & 2 & 0 \\ 3 & 1 & 5 \end{pmatrix}$

④ $\begin{pmatrix} 0 & -1 & 4 & 0 \\ 2 & 1 & 3 & -4 \\ -2 & -2 & 1 & 4 \\ 0 & -2 & 8 & 0 \end{pmatrix}$

9. 다음 행렬 A, B에 대하여 $\mathrm{rank}(A+B) < \min(\mathrm{rank}(A),\ \mathrm{rank}(B))$가 되기 위한 상수 a, b와 $\mathrm{rank}(A+B) = \min(\mathrm{rank}(A),\ \mathrm{rank}(B))$가 되기 위한 상수 a, b를 각각 구하라.

$$A = \begin{pmatrix} -1 & 2 & 0 \\ 3 & 1 & a \end{pmatrix},\ B = \begin{pmatrix} -1 & 1 & b \\ -1 & -4 & 1 \end{pmatrix}$$

10. 다음 동차일차연립방정식의 해를 구하라.

① $\begin{cases} 2x_1 + 3x_2 - x_3 = 0 \\ -x_1 - 2x_2 + 3x_3 = 0 \\ x_1 + x_2 + 2x_3 = 0 \end{cases}$

② $\begin{cases} 3x_1 - 4x_2 + x_3 = -x_4 \\ x_1 + 2x_2 - x_3 + 3x_4 = x_3 \\ 2x_1 - x_2 + 2x_3 - x_4 = 0 \end{cases}$

06

선형변환과 행렬의 대각화

6-1 행렬과 선형변환

그림 6.1은 $\mathbb{R}^2$의 벡터 $\boldsymbol{a}=\begin{pmatrix}2\\1\end{pmatrix}$이 $\boldsymbol{b}=\begin{pmatrix}4\\2\end{pmatrix}$와 $\boldsymbol{c}=\begin{pmatrix}1\\2\end{pmatrix}$로 각각 변환되는 것을 보여주고 있다. 2차 정방행렬 A, B를

$$A=\begin{pmatrix}2&0\\0&2\end{pmatrix},\quad B=\begin{pmatrix}0&1\\1&0\end{pmatrix}$$

으로 선택하면 $A\boldsymbol{a}=\boldsymbol{b}$와 $B\boldsymbol{a}=\boldsymbol{c}$가 되어 원하는 변환을 만들 수 있다.

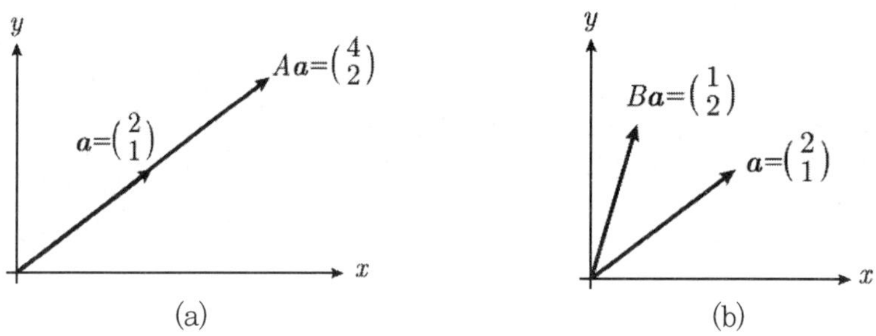

그림 6.1

행렬에 의한 변환을 알아보기 전에 선형변환의 정의를 살펴보자.

정의 6.1 | 선형변환

벡터공간 V와 W에 대하여, 함수 $T: V \rightarrow W$가 다음의 조건을 만족하면 T를 선형변환(linear transformation)이라 한다.

(i) 임의의 $\boldsymbol{u}, \boldsymbol{v} \in V$에 대하여 $T(\boldsymbol{u}+\boldsymbol{v})=T(\boldsymbol{u})+T(\boldsymbol{v})$
(ii) 임의의 $\boldsymbol{u} \in V$와 임의의 스칼라 k에 대하여 $T(k\boldsymbol{u})=kT(\boldsymbol{u})$

3장의 벡터공간에서 언급하였듯이 벡터공간으로는 벡터의 집합 외에도 행렬이나 함수의 집합 등도 포함된다. 몇 가지 벡터공간의 예를 통하여 선형변환을 확인해 보자.

예제 6.1 $\mathbb{R}^3$의 임의의 벡터 $\boldsymbol{a}=\begin{pmatrix}a_1\\a_2\\a_3\end{pmatrix}$에 대하여, 변환 $T:\mathbb{R}^3\to\mathbb{R}^3$를 $T(\boldsymbol{a})=\begin{pmatrix}a_1\\a_2\\2a_3\end{pmatrix}$로 정의할 때 변환 T가 선형변환인지 보여라.

풀이

선형변환의 두 조건인 정의 6.1의 (ⅰ)과 (ⅱ)를 살펴보자. $\mathbb{R}^3$의 임의의 벡터 $\boldsymbol{a}=\begin{pmatrix}a_1\\a_2\\a_3\end{pmatrix}$, $\boldsymbol{b}=\begin{pmatrix}b_1\\b_2\\b_3\end{pmatrix}$에 대하여

$$T(\boldsymbol{a}+\boldsymbol{b})=T\begin{pmatrix}a_1+b_1\\a_2+b_2\\a_3+b_3\end{pmatrix}=\begin{pmatrix}a_1+b_1\\a_2+b_2\\2(a_3+b_3)\end{pmatrix}$$

가 되고

$$T(\boldsymbol{a})+T(\boldsymbol{b})=\begin{pmatrix}a_1\\a_2\\2a_3\end{pmatrix}+\begin{pmatrix}b_1\\b_2\\2b_3\end{pmatrix}=\begin{pmatrix}a_1+b_1\\a_2+b_2\\2(a_3+b_3)\end{pmatrix}$$

이므로 $T(\boldsymbol{a}+\boldsymbol{b})=T(\boldsymbol{a})+T(\boldsymbol{b})$이다. 한편, 임의의 스칼라 k에 대하여

$$T(k\boldsymbol{a})=T\begin{pmatrix}ka_1\\ka_2\\ka_3\end{pmatrix}=\begin{pmatrix}ka_1\\ka_2\\2ka_3\end{pmatrix},\ kT(\boldsymbol{a})=k\begin{pmatrix}a_1\\a_2\\2a_3\end{pmatrix}=\begin{pmatrix}ka_1\\ka_2\\2ka_3\end{pmatrix}$$

이므로 $T(k\boldsymbol{a})=kT(\boldsymbol{a})$가 성립한다. 따라서 T는 선형변환이다.

예제 6.2 2차 정방행렬들의 집합 $M_{2\times2}$의 임의의 행렬 $A=\begin{pmatrix}a_{11}&a_{12}\\a_{21}&a_{22}\end{pmatrix}$에 대하여, 변환 $T:M_{2\times2}\to\mathbb{R}$을 $T(A)=|A|$로 정의할 때 변환 T가 선형변환인지 보여라.

풀이

$M_{2\times2}$의 임의의 행렬 $A=\begin{pmatrix}a_{11}&a_{12}\\a_{21}&a_{22}\end{pmatrix}$, $B=\begin{pmatrix}b_{11}&b_{12}\\b_{21}&b_{22}\end{pmatrix}$에 대하여

$$T(A+B)=|A+B|,\quad T(A)+T(B)=|A|+|B|$$

가 된다. 4장의 연습문제 4에 의하면 $|A+B|=|A|+|B|$가 성립하지 않으므로 정의 6.1의 (ⅰ)이 성립하지 않는다. 한편, 정리 4.2의 (ⅷ)에 의하여 임의의 스칼라 k에 대하여

$$T(kA)=|kA|=k^2|A|,\quad kT(A)=k|A|$$

이므로 $T(kA)\neq kT(A)$로 정의 6.1의 (ⅱ)가 성립하지 않는다. 따라서 변환 T는 선형변환이 아니다.

예제 6.3 폐구간 $[a, b]$에서 연속인 함수들의 집합 $C[a, b]$의 임의의 함수 f에 대하여, 변환 $T: C[a, b] \to \mathbb{R}$을 $T(f) = \int_a^b f(x)dx$로 정의할 때 변환 T가 선형변환인지 보여라.

풀이

$C[a, b]$의 임의의 함수 f, g에 대하여

$$\begin{aligned} T(f+g) &= \int_a^b \{f(x)+g(x)\}dx = \int_a^b f(x)dx + \int_a^b g(x)dx \\ &= T(f)+T(g) \end{aligned}$$

이므로 정의 6.1의 (ⅰ)이 성립한다. 한편, 임의의 스칼라 k에 대하여

$$T(kf) = \int_a^b kf(x)dx = k\int_a^b f(x)dx = kT(f)$$

이므로 정의 6.1의 (ⅱ)가 성립한다. 그러므로 T는 선형변환이다.

예제 6.1의 선형변환은 3차 정방행렬

$$A = \begin{pmatrix} 1 & 0 & 0 \\ 0 & 1 & 0 \\ 0 & 0 & 2 \end{pmatrix}$$

를 이용하여 $T(\boldsymbol{a}) = A\boldsymbol{a}$로 표현이 가능하다. 행렬을 이용한 행렬변환의 정의는 다음과 같다.

정의 6.2 행렬변환과 변환행렬

변환 $T: \mathbb{R}^n \to \mathbb{R}^m$과 $\mathbb{R}^n$의 임의의 벡터 $\boldsymbol{x}$에 대하여,

$$T(\boldsymbol{x}) = A\boldsymbol{x}$$

를 만족하는 $m \times n$행렬 A가 존재하면 T를 행렬변환(matrix transformation)이라 하고 A를 T에 대응하는 변환행렬(matrix representation)이라 한다.

행렬변환과 변환행렬에 대한 간단한 예들을 살펴보자.

예제 6.4 다음 변환에서 행렬변환에 대응하는 변환행렬을 구하라.

① 변환 $T: \mathbb{R}^2 \to \mathbb{R}^2$이고 $\mathbb{R}^2$의 임의의 벡터 $\boldsymbol{x}$에 대하여 $T(\boldsymbol{x}) = 2\boldsymbol{x}$이다.

② 변환 $T: \mathbb{R}^2 \to \mathbb{R}^2$이고 $\mathbb{R}^2$의 임의의 벡터 $\boldsymbol{x} = \begin{pmatrix} x_1 \\ x_2 \end{pmatrix}$에 대하여 $T(\boldsymbol{x}) = \begin{pmatrix} x_2 \\ x_1 \end{pmatrix}$이다.

③ 변환 $T: \mathbb{R}^3 \to \mathbb{R}^2$이고 $\mathbb{R}^3$의 임의의 벡터 $\boldsymbol{x} = \begin{pmatrix} x_1 \\ x_2 \\ x_3 \end{pmatrix}$에 대하여

$T(\boldsymbol{x}) = \begin{pmatrix} 2x_1 - x_3 \\ x_1 - x_2 + x_3 \end{pmatrix}$이다.

풀이

① $\boldsymbol{x}$의 각 성분을 2배하므로 $A = \begin{pmatrix} 2 & 0 \\ 0 & 2 \end{pmatrix}$를 선택하면 $A\boldsymbol{x} = 2\boldsymbol{x}$가 된다.

② $\boldsymbol{x}$의 각 성분을 맞바꾸기 위하여 $A = \begin{pmatrix} 0 & 1 \\ 1 & 0 \end{pmatrix}$을 선택하면 $A\begin{pmatrix} x_1 \\ x_2 \end{pmatrix} = \begin{pmatrix} x_2 \\ x_1 \end{pmatrix}$이 된다.

③ 2×3 행렬 A를 다음과 같이 선택하자.

$$A = \begin{pmatrix} 2 & 0 & -1 \\ 1 & -1 & 1 \end{pmatrix}$$

그러므로 $A\boldsymbol{x} = \begin{pmatrix} 2x_1 - x_3 \\ x_1 - x_2 + x_3 \end{pmatrix}$가 된다.

정리 6.1 행렬변환과 선형변환

변환 $T: \mathbb{R}^n \to \mathbb{R}^m$이 행렬변환이면 T는 선형변환이다.

증명 행렬변환 T에 대응하는 변환행렬을 A라 하자. A는 $m \times n$ 행렬이고 $\mathbb{R}^n$의 임의의 $\boldsymbol{x}$에 대하여 $T(\boldsymbol{x}) = A\boldsymbol{x}$를 만족한다. $\mathbb{R}^n$의 임의의 벡터 $\boldsymbol{a}$, $\boldsymbol{b}$에 대하여

$$T(\boldsymbol{a}+\boldsymbol{b}) = A(\boldsymbol{a}+\boldsymbol{b}) = A\boldsymbol{a} + A\boldsymbol{b} = T(\boldsymbol{a}) + T(\boldsymbol{b})$$

이고 임의의 스칼라 k에 대하여

$$T(k\boldsymbol{a}) = A(k\boldsymbol{a}) = kA\boldsymbol{a} = kT(\boldsymbol{a})$$

이므로 정의 6.1에 의하여 T는 선형변환이다. ♣

선형변환의 성질을 살펴보자.

정리 6.2 선형변환의 성질

선형변환 $T: \mathbb{R}^n \to \mathbb{R}^m$에 대하여 다음이 성립한다.

(i) $T(\mathbf{0}) = \mathbf{0}$
(ii) $\mathbb{R}^n$의 임의의 벡터 $\boldsymbol{x}$에 대하여, $T(-\boldsymbol{x}) = -T(\boldsymbol{x})$
(iii) $\mathbb{R}^n$의 임의의 벡터 $\boldsymbol{x}_1, \boldsymbol{x}_2, \ldots, \boldsymbol{x}_n$과 임의의 스칼라 $k_1, k_2, \ldots, k_n$에 대하여
$T(k_1\boldsymbol{x}_1 + k_2\boldsymbol{x}_2 + \cdots + k_n\boldsymbol{x}_n) = k_1T(\boldsymbol{x}_1) + k_2T(\boldsymbol{x}_2) + \cdots + k_nT(\boldsymbol{x}_n)$

증명

(i) T는 선형변환이므로 다음이 성립한다.

$$T(\mathbf{0}) = T(\mathbf{0}+\mathbf{0}) = T(\mathbf{0}) + T(\mathbf{0})$$

그러므로 $T(\mathbf{0}) = \mathbf{0}$이다.

(ii) 위 (i)에 의하여 다음이 성립한다.

$$\mathbf{0} = T(\mathbf{0}) = T(\boldsymbol{x} - \boldsymbol{x}) = T(\boldsymbol{x}) + T(-\boldsymbol{x})$$

그러므로 $T(-\boldsymbol{x}) = -T(\boldsymbol{x})$가 된다.

(iii) T는 선형변환이므로

$$T(k_1\boldsymbol{x}_1 + k_2\boldsymbol{x}_2) = T(k_1\boldsymbol{x}_1) + T(k_2\boldsymbol{x}_2) = k_1T(\boldsymbol{x}_1) + k_2T(\boldsymbol{x}_2)$$

가 성립하고

$$T(k_1\boldsymbol{x}_1 + k_2\boldsymbol{x}_2 + \cdots + k_l\boldsymbol{x}_l) = k_1T(\boldsymbol{x}_1) + k_2T(\boldsymbol{x}_2) + \cdots + k_lT(\boldsymbol{x}_l)$$

이 성립한다고 가정하면 이 가정과 T가 선형변환인 조건에 의해

$$\begin{aligned} &T(k_1\boldsymbol{x}_1 + k_2\boldsymbol{x}_2 + \cdots + k_l\boldsymbol{x}_l + k_{l+1}\boldsymbol{x}_{l+1}) \\ &= T(k_1\boldsymbol{x}_1 + k_2\boldsymbol{x}_2 + \cdots + k_l\boldsymbol{x}_l) + T(k_{l+1}\boldsymbol{x}_{l+1}) \\ &= k_1T(\boldsymbol{x}_1) + k_2T(\boldsymbol{x}_2) + \cdots + k_lT(\boldsymbol{x}_l) + k_{l+1}T(\boldsymbol{x}_{l+1}) \end{aligned}$$

이 되므로 수학적 귀납법에 의해 (iii)이 성립한다. ♣

정리 6.2의 (ii)에 의하면 $\mathbb{R}^n$의 임의의 벡터 $\boldsymbol{x}, \boldsymbol{y}$에 대하여

$$T(\boldsymbol{x} - \boldsymbol{y}) = T(\boldsymbol{x}) + T(-\boldsymbol{y}) = T(\boldsymbol{x}) - T(\boldsymbol{y})$$

가 성립함을 알 수 있다.

정리 6.3 변환행렬의 유일성

변환 $T: \mathbb{R}^n \to \mathbb{R}^m$가 선형변환이면, $\mathbb{R}^n$의 임의의 벡터 $\boldsymbol{x}$에 대하여 $T(\boldsymbol{x}) = A\boldsymbol{x}$를 만족하는 $m \times n$ 행렬 A는 유일하게 존재한다.

증명 $\mathbb{R}^n$의 표준기저는 $\{\boldsymbol{e}_1, \boldsymbol{e}_2, \ldots, \boldsymbol{e}_n\}$이다. $\mathbb{R}^n$의 임의의 벡터 $\boldsymbol{x} = \begin{pmatrix} x_1 \\ x_2 \\ \vdots \\ x_n \end{pmatrix}$는 표준기저로

$\boldsymbol{x} = x_1\boldsymbol{e}_1 + x_2\boldsymbol{e}_2 + \cdots + x_n\boldsymbol{e}_n$으로 유일하게 표현된다. 정리 6.2의 (iii)에 의하여 $\boldsymbol{x}$의 선형변환은

$$\begin{aligned} T(\boldsymbol{x}) &= T(x_1\boldsymbol{e}_1 + x_2\boldsymbol{e}_2 + \cdots + x_n\boldsymbol{e}_n) \\ &= x_1 T(\boldsymbol{e}_1) + x_2 T(\boldsymbol{e}_2) + \cdots + x_n T(\boldsymbol{e}_n) \end{aligned} \tag{6.1}$$

이 된다. 한편, 모든 $i = 1, 2, \ldots, n$에 대하여 $T(\boldsymbol{e}_i) \in \mathbb{R}^m$이므로

$$T(\boldsymbol{e}_1) = \begin{pmatrix} a_{11} \\ a_{21} \\ \vdots \\ a_{m1} \end{pmatrix},\ T(\boldsymbol{e}_2) = \begin{pmatrix} a_{12} \\ a_{22} \\ \vdots \\ a_{m2} \end{pmatrix}, \ldots,\ T(\boldsymbol{e}_n) = \begin{pmatrix} a_{1n} \\ a_{2n} \\ \vdots \\ a_{mn} \end{pmatrix} \tag{6.2}$$

이라 할 수 있다. 그러므로 식 (6.1)에 의하여

$$\begin{aligned} T(\boldsymbol{x}) &= x_1\begin{pmatrix} a_{11} \\ a_{21} \\ \vdots \\ a_{m1} \end{pmatrix} + x_2\begin{pmatrix} a_{12} \\ a_{22} \\ \vdots \\ a_{m2} \end{pmatrix} + \cdots + x_n\begin{pmatrix} a_{1n} \\ a_{2n} \\ \vdots \\ a_{mn} \end{pmatrix} \\ &= \begin{pmatrix} a_{11} & a_{12} & \cdots & a_{1n} \\ a_{21} & a_{22} & \cdots & a_{2n} \\ \vdots & \vdots & \ddots & \vdots \\ a_{m1} & a_{m2} & \cdots & a_{mn} \end{pmatrix}\begin{pmatrix} x_1 \\ x_2 \\ \vdots \\ x_n \end{pmatrix} \\ &= A\boldsymbol{x} \end{aligned}$$

로 주어진다. ♣

선형변환 $T : \mathbb{R}^n \to \mathbb{R}^m$에서 $\mathbb{R}^n$의 표준기저 $\boldsymbol{e}_1, \boldsymbol{e}_2, \ldots, \boldsymbol{e}_n$의 선형변환 식 (6.2)를 열로 갖는 $m \times n$ 행렬

$$A = \big(T(\boldsymbol{e}_1)\ T(\boldsymbol{e}_2) \cdots\ T(\boldsymbol{e}_n)\big)$$

을 T에 대한 표준행렬(standard matrix)이라 한다.

예제 6.5 예제 6.4에서 구한 선형변환의 변환행렬이 표준행렬임을 보여라.

풀이

① $T : \mathbb{R}^2 \to \mathbb{R}^2$이고 $T(\boldsymbol{x}) = 2\boldsymbol{x} = \begin{pmatrix} 2x_1 \\ 2x_2 \end{pmatrix}$이므로 $\mathbb{R}^2$의 기저 $\boldsymbol{e}_1, \boldsymbol{e}_2$에 대하여

$$T(\boldsymbol{e}_1)=2\boldsymbol{e}_1=\begin{pmatrix}2\\0\end{pmatrix},\ T(\boldsymbol{e}_2)=2\boldsymbol{e}_2=\begin{pmatrix}0\\2\end{pmatrix}$$

가 된다. 따라서 T의 표준행렬은

$$A=(T(\boldsymbol{e}_1)\ T(\boldsymbol{e}_2))=\begin{pmatrix}2&0\\0&2\end{pmatrix}$$

이다.

② $T:\mathbb{R}^2\to\mathbb{R}^2$이고 $T(\boldsymbol{x})=\begin{pmatrix}x_2\\x_1\end{pmatrix}$이므로

$$T(\boldsymbol{e}_1)=\begin{pmatrix}0\\1\end{pmatrix}=\boldsymbol{e}_2,\ T(\boldsymbol{e}_2)=\begin{pmatrix}1\\0\end{pmatrix}=\boldsymbol{e}_1$$

이 된다. 따라서 T의 표준행렬은

$$A=(T(\boldsymbol{e}_1)\ T(\boldsymbol{e}_2))=\begin{pmatrix}0&1\\1&0\end{pmatrix}$$

이다.

③ $T:\mathbb{R}^3\to\mathbb{R}^2$이고 $T(\boldsymbol{x})=\begin{pmatrix}2x_1-x_3\\x_1-x_2+x_3\end{pmatrix}$이므로 $\mathbb{R}^3$의 기저 $\boldsymbol{e}_1,\boldsymbol{e}_2,\boldsymbol{e}_3$에 대하여

$$T(\boldsymbol{e}_1)=\begin{pmatrix}2\times1-0\\1-0+0\end{pmatrix}=\begin{pmatrix}2\\1\end{pmatrix},\ T(\boldsymbol{e}_2)=\begin{pmatrix}2\times0-0\\0-1+0\end{pmatrix}=\begin{pmatrix}0\\-1\end{pmatrix}$$
$$T(\boldsymbol{e}_3)=\begin{pmatrix}2\times0-1\\0-0+1\end{pmatrix}=\begin{pmatrix}-1\\1\end{pmatrix}$$

이 된다. 따라서 T의 표준행렬은

$$A=(T(\boldsymbol{e}_1)\ T(\boldsymbol{e}_2)\ T(\boldsymbol{e}_3))=\begin{pmatrix}2&0&-1\\1&-1&1\end{pmatrix}$$

이다.

예제 6.6 선형변환 $T:\mathbb{R}^2\to\mathbb{R}^3$이고, $\mathbb{R}^2$의 임의의 벡터 $\boldsymbol{x}=\begin{pmatrix}x_1\\x_2\end{pmatrix}$에 대하여

$T(\boldsymbol{x})=\begin{pmatrix}x_1\\x_2\\x_1-x_2\end{pmatrix}$로 정의할 때, 표준행렬 A를 구하라.

풀이

$T:\mathbb{R}^2\to\mathbb{R}^3$이고 $T(\boldsymbol{x})=\begin{pmatrix}x_1\\x_2\\x_1-x_2\end{pmatrix}$이므로 $\mathbb{R}^2$의 기저 $\boldsymbol{e}_1,\boldsymbol{e}_2$에 대하여

$$T(\boldsymbol{e}_1)=\begin{pmatrix}1\\0\\1-0\end{pmatrix}=\begin{pmatrix}1\\0\\1\end{pmatrix},\ T(\boldsymbol{e}_2)=\begin{pmatrix}0\\1\\0-1\end{pmatrix}=\begin{pmatrix}0\\1\\-1\end{pmatrix}$$

가 된다. 따라서 T의 표준행렬은 다음과 같다.

$$A=(T(\boldsymbol{e}_1)\ T(\boldsymbol{e}_2))=\begin{pmatrix}1&0\\0&1\\1&-1\end{pmatrix}$$

예제 6.5의 ①과 같이 표준행렬이 대각행렬인 경우는 $\mathbb{R}^n$의 벡터들의 각 성분들을 확대 혹은 축소하는 변환이 된다. 예를 들어, $T : \mathbb{R}^3 \to \mathbb{R}^3$ 표준행렬이 $A = \text{diag}(k_1, k_2, k_3)$이면 $\mathbb{R}^3$의 벡터 $\boldsymbol{x}$를 $A\boldsymbol{x} = \begin{pmatrix} k_1x_1 \\ k_2x_2 \\ k_3x_3 \end{pmatrix}$로 변환하게 된다.

예제 6.5의 ②의 표준행렬은 좌표평면의 벡터를 $y = x$에 대해 대칭이동을 시키는 변환이 된다. 다음의 표준행렬들 A_x, A_y, A_0은 $\mathbb{R}^2$의 벡터를 x축에 대해 대칭이동, y축에 대해 대칭이동, 원점에 대해 대칭이동시키는 변환이 된다.

$$A_x = \begin{pmatrix} 1 & 0 \\ 0 & -1 \end{pmatrix},\ A_y = \begin{pmatrix} -1 & 0 \\ 0 & 1 \end{pmatrix},\ A_0 = \begin{pmatrix} -1 & 0 \\ 0 & -1 \end{pmatrix}$$

한편, 선형변환 $T : \mathbb{R}^2 \to \mathbb{R}^2$에 대하여 표준행렬

$$A = \begin{pmatrix} \cos\theta & -\sin\theta \\ \sin\theta & \cos\theta \end{pmatrix} \tag{6.3}$$

는 $\mathbb{R}^2$의 벡터를 원점을 중심으로 θ만큼 반시계방향으로 회전시키는 회전변환이 된다.

6-2 고윳값과 고유벡터

선형변환 $T: \mathbb{R}^n \to \mathbb{R}^n$의 표준행렬 A는 n차 정방행렬이 되고 영벡터가 아닌 $\mathbb{R}^n$의 어떤 벡터 $\boldsymbol{x}$의 선형변환 $A\boldsymbol{x}$가 $\boldsymbol{x}$와 방향은 같고 λ 스칼라배하여 크기만 바뀌는 $\lambda\boldsymbol{x}$가 되기도 한다. 이러한 개념을 고윳값과 고유벡터라고 하며, 행렬의 특성을 가지고 있는 고윳값과 고유벡터는 행렬 이론을 바탕으로 하는 자연과학, 공학 등의 분야에서 중요하게 쓰이는 개념이다. 정방행렬의 고윳값과 고유벡터에 대한 정의는 다음과 같다.

정의 6.3 고윳값과 고유벡터

n차 정방행렬 A와 스칼라 λ에 대하여

$$A\boldsymbol{x} = \lambda\boldsymbol{x} \tag{6.4}$$

인 영벡터가 아닌 $\mathbb{R}^n$의 벡터 $\boldsymbol{x}$가 존재할 때 λ를 행렬 A의 고윳값(eigenvalue)이라 하고, $\boldsymbol{x}$를 λ에 대응하는 A의 고유벡터(eigenvector)라 한다.

벡터 $\boldsymbol{x} = \mathbf{0}$인 경우에는 어떤 A와 λ에 대해서도 식 (6.4)를 만족하여 고유벡터로 의미가 없으므로 고유벡터로 고려하지 않는다.

예제 6.7 다음 물음에 답하라.

① $\lambda = 4$가 정방행렬 $A = \begin{pmatrix} 1 & 2 \\ 3 & 2 \end{pmatrix}$의 고윳값이고, $\boldsymbol{x} = \begin{pmatrix} 2 \\ 3 \end{pmatrix}$이 λ에 대응하는 고유벡터임을 보여라.

② $\lambda = 1$이 정방행렬 $B = \begin{pmatrix} 1 & 0 & 0 \\ 2 & 2 & 1 \\ 1 & 1 & 2 \end{pmatrix}$의 고윳값이고, $\boldsymbol{x} = \begin{pmatrix} 0 \\ 1 \\ -1 \end{pmatrix}$이 λ에 대응하는 고유벡터임을 보여라.

풀이

① 식 (6.4)에 의하여 $A\boldsymbol{x} = 4\boldsymbol{x}$가 성립함을 보이자.

$$A\boldsymbol{x} = \begin{pmatrix} 1 & 2 \\ 3 & 2 \end{pmatrix}\begin{pmatrix} 2 \\ 3 \end{pmatrix} = \begin{pmatrix} 8 \\ 12 \end{pmatrix}, \quad 4\boldsymbol{x} = 4\begin{pmatrix} 2 \\ 3 \end{pmatrix} = \begin{pmatrix} 8 \\ 12 \end{pmatrix}$$

이므로 $A\boldsymbol{x} = 4\boldsymbol{x}$가 된다. 그러므로 4는 A의 고윳값이 되고 $\boldsymbol{x}$는 고윳값 4에 대응하는 A의 고유벡터이다.

② 위 예제 ①의 풀이와 동일하게

$$B\boldsymbol{x} = \begin{pmatrix} 1 & 0 & 0 \\ 2 & 2 & 1 \\ 1 & 1 & 2 \end{pmatrix}\begin{pmatrix} 0 \\ 1 \\ -1 \end{pmatrix} = \begin{pmatrix} 0 \\ 1 \\ -1 \end{pmatrix}, \quad 1\boldsymbol{x} = \begin{pmatrix} 0 \\ 1 \\ -1 \end{pmatrix}$$

이므로 $B\boldsymbol{x} = 1\boldsymbol{x}$가 된다. 그러므로 1은 B의 고윳값이 되고 $\boldsymbol{x}$는 고윳값 1에 대응하는 B의 고유벡터이다.

그림 6.2는 예제 6.7의 ①의 $A\boldsymbol{x}$와 $\lambda\boldsymbol{x}$를 보여주고 있다. 행렬 A는 벡터 $\boldsymbol{x} = \begin{pmatrix} 2 \\ 3 \end{pmatrix}$을 $\begin{pmatrix} 8 \\ 12 \end{pmatrix}$로 변환시키는데, 단순히 $\boldsymbol{x}$를 4배한 것 또한 $4\boldsymbol{x} = \begin{pmatrix} 8 \\ 12 \end{pmatrix}$로 동일하게 변환된다.

λ와 $\boldsymbol{x}$가 각각 A의 고윳값과 λ에 대응하는 A의 고유벡터일 때, $A\boldsymbol{x}$와 $\lambda\boldsymbol{x}$는 $\boldsymbol{x}$와 평행하다. 따라서 $\lambda > 1$이면 $A\boldsymbol{x}$와 $\lambda\boldsymbol{x}$는 $\boldsymbol{x}$와 같은 방향으로 $\boldsymbol{x}$를 확장한 것이 되며, $0 < \lambda < 1$이

면 $A\boldsymbol{x}$와 $\lambda\boldsymbol{x}$는 $\boldsymbol{x}$와 같은 방향으로 $\boldsymbol{x}$를 축소한 것이 된다. 반대로 $\lambda < 0$이면 $A\boldsymbol{x}$와 $\lambda\boldsymbol{x}$는 $\boldsymbol{x}$와 반대 방향으로 λ의 절댓값의 크기에 따라 확장 혹은 축소한 것이 된다.

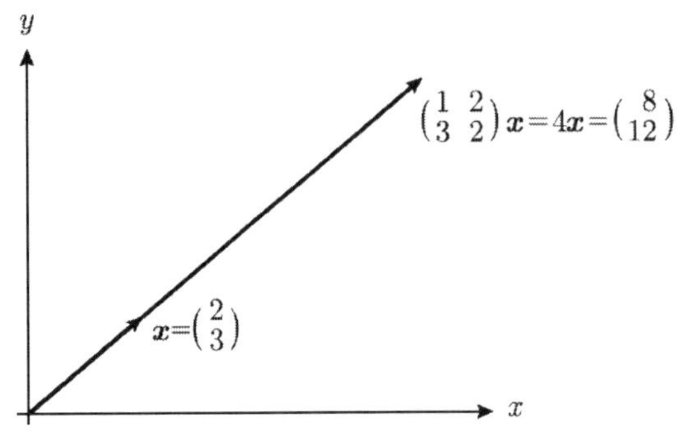

그림 6.2

정리 6.4

n차 정방행렬 A에 대하여 λ가 A의 고윳값일 필요충분조건은 $|A-\lambda I_n|=0$이다.

증명

$(\Longrightarrow)$ λ가 행렬 A의 고윳값이라 하면 $A\boldsymbol{x}=\lambda\boldsymbol{x}=\lambda I_n\boldsymbol{x}$가 성립한다. 즉 $(A-\lambda I_n)\boldsymbol{x}=\boldsymbol{0}$가 성립한다. $A-\lambda I_n$이 가역행렬이면 정리 4.7의 (ⅰ)에 의하여, $|A-\lambda I_n|\neq 0$이고 동차일차 연립방정식 $(A-\lambda I_n)\boldsymbol{x}=\boldsymbol{0}$이 유일한 해인 자명한 해 $\boldsymbol{x}=\boldsymbol{0}$을 가지므로 λ는 A의 고윳값이 아니다. 그러므로 $|A-\lambda I_n|=0$이다.

$(\Longleftarrow)$ $|A-\lambda I_n|=0$이면 동차일차연립방정식 $(A-\lambda I_n)\boldsymbol{x}=\boldsymbol{0}$은 5.6절에 의하여 자명한 해 $\boldsymbol{x}=0$ 이외에도 무수히 많은 해를 가지므로 $\boldsymbol{0}$가 아닌 $\boldsymbol{x}$에 대하여 $(A-\lambda I_n)\boldsymbol{x}=\boldsymbol{0}$가 성립한다. 즉, $A\boldsymbol{x}=\lambda\boldsymbol{x}$가 되므로 λ는 A의 고윳값이 된다. ♣

정의 6.4 특성방정식

n차 정방행렬 $A=(a_{ij})$에 대하여

$$|A-\lambda I_n|=\begin{vmatrix} a_{11}-\lambda & a_{12} & \cdots & a_{1n} \\ a_{21} & a_{22}-\lambda & \cdots & a_{2n} \\ \vdots & \vdots & \ddots & \vdots \\ a_{n1} & a_{n2} & \cdots & a_{nn}-\lambda \end{vmatrix}=0$$

을 A의 특성방정식(characteristic equation)이라 하고 $p(\lambda)=|A-\lambda I_n|$을 A의 특성다항식(characteristic polynomial)이라 한다.

정의 6.3에 의하여 A의 특성방정식을 만족하는 λ가 A의 고윳값이 되며, A가 n차 정방행렬인 경우에 A의 특성다항식은 n차 다항식이므로 특성방정식은 n개의 고윳값을 가지게 된다.

예제 6.8 다음 행렬의 고윳값들을 구하라.

① $A=\begin{pmatrix}1&2\\3&2\end{pmatrix}$

② $B=\begin{pmatrix}1&0&0\\2&2&1\\1&1&2\end{pmatrix}$

풀이

① $A-\lambda I_2=\begin{pmatrix}1&2\\3&2\end{pmatrix}-\lambda\begin{pmatrix}1&0\\0&1\end{pmatrix}=\begin{pmatrix}1-\lambda&2\\3&2-\lambda\end{pmatrix}$이므로 A의 특성다항식은

$$\begin{aligned}&|A-\lambda I_2|\\&=(1-\lambda)(2-\lambda)-2\times3=2-3\lambda+\lambda^2-6=\lambda^2-3\lambda-4=(\lambda-4)(\lambda+1)\end{aligned}$$

이다. 그러므로 A의 특성방정식 $|A-\lambda I_2|=0$의 해인 $\lambda=-1,\ 4$가 A의 고윳값들이다.

② $B-\lambda I_3=\begin{pmatrix}1-\lambda&0&0\\2&2-\lambda&1\\1&1&2-\lambda\end{pmatrix}$이므로 B의 특성다항식은

$$\begin{aligned}|B-\lambda I_3|&=(1-\lambda)\times(-1)^{1+1}\begin{vmatrix}2-\lambda&1\\1&2-\lambda\end{vmatrix}\\&\quad+0\times(-1)^{1+2}\begin{vmatrix}2&1\\1&2-\lambda\end{vmatrix}+0\times(-1)^{1+3}\begin{vmatrix}2&2-\lambda\\1&1\end{vmatrix}\\&=(1-\lambda)\{(2-\lambda)^2-1\}\\&=(1-\lambda)(4-4\lambda+\lambda^2-1)\\&=(1-\lambda)(3-4\lambda+\lambda^2)\\&=(1-\lambda)^2(3-\lambda)\end{aligned}$$

가 된다. 그러므로 특성방정식 $|B-\lambda I_3|=0$의 해인 $\lambda=1,\ \lambda=3$이 B의 고윳값들이다.

고윳값에 대응하는 고유벡터를 구해보자.

정리 6.5 고유벡터 구하기

n차 정방행렬 A에 대하여 λ_i가 A의 고윳값일 때, λ_i에 대응하는 고유벡터 $\boldsymbol{x}_i$는

$$(A-\lambda_i I_n)\boldsymbol{x}_i=\mathbf{0} \tag{6.5}$$

을 만족한다.

증명 자명하므로 생략한다. ♣

예제 6.9 예제 6.8의 행렬과 그 행렬의 고윳값을 이용하여 각 고윳값에 대응하는 고유벡터를 구하라.

풀이

① 행렬 $A=\begin{pmatrix}1&2\\3&2\end{pmatrix}$의 고윳값은 $-1,\ 4$이다. $\lambda_1=-1,\ \lambda_2=4$라 하자. $\lambda_1=-1$일 때 대응하는 고유벡터를 $\boldsymbol{x}_1=\begin{pmatrix}c_1\\c_2\end{pmatrix}$라 하자. 이때 $c_1,\ c_2$는 적어도 하나는 0이 아닌 실수이다. 식 (6.5)를 만족하는 $\boldsymbol{x}_1$의 성분 $c_1,\ c_2$를 구하면

$$(A-\lambda_1 I_2)\boldsymbol{x}_1=\left(\begin{pmatrix}1&2\\3&2\end{pmatrix}-(-1)\begin{pmatrix}1&0\\0&1\end{pmatrix}\right)\begin{pmatrix}c_1\\c_2\end{pmatrix}$$
$$=\begin{pmatrix}2&2\\3&3\end{pmatrix}\begin{pmatrix}c_1\\c_2\end{pmatrix}=\begin{pmatrix}0\\0\end{pmatrix}$$

이 되고 $2c_1+2c_2=0$와 $3c_1+3c_2=0$의 관계가 성립한다. 두 식은 동일하고 $c_2=-c_1$을 만족하므로 0이 아닌 임의의 실수 c에 대하여 고유벡터는 $\boldsymbol{x}_1=c\begin{pmatrix}1\\-1\end{pmatrix}$이 된다.

$\lambda_2=4$일 때 대응하는 고유벡터를 $\boldsymbol{x}_2=\begin{pmatrix}d_1\\d_2\end{pmatrix}$라 하자. 이때 $d_1,\ d_2$는 적어도 하나는 0이 아닌 실수이다. $(A-\lambda_2 I_2)\boldsymbol{x}_2=\boldsymbol{0}$를 만족하는 $d_1,\ d_2$를 구해보면

$$(A-\lambda_2 I_2)\boldsymbol{x}_2=\left(\begin{pmatrix}1&2\\3&2\end{pmatrix}-4\begin{pmatrix}1&0\\0&1\end{pmatrix}\right)\begin{pmatrix}d_1\\d_2\end{pmatrix}$$
$$=\begin{pmatrix}-3&2\\3&-2\end{pmatrix}\begin{pmatrix}d_1\\d_2\end{pmatrix}=\begin{pmatrix}0\\0\end{pmatrix}$$

이 되고 $-3d_1+2d_2=0$와 $3d_1-2d_2=0$의 관계가 성립한다. 두 식은 동일하고 $d_2=\frac{3}{2}d_1$을 만족하므로 0이 아닌 임의의 실수 d에 대하여 고유벡터는 $\boldsymbol{x}_2=d\begin{pmatrix}1\\\frac{3}{2}\end{pmatrix}$이 된다.

② 행렬 $B=\begin{pmatrix}1&0&0\\2&2&1\\1&1&2\end{pmatrix}$의 고윳값은 1, 3이다. $\lambda_1=1,\ \lambda_2=3$이라 하자. $\lambda=1$일 때 대응하는 고유벡터를 $\boldsymbol{x}_1=\begin{pmatrix}c_1\\c_2\\c_3\end{pmatrix}$라 하자. 이때 $c_1,\ c_2,\ c_3$는 적어도 하나는 0이 아닌 실수이다. 식 (6.5)를 만족하는 $c_1,\ c_2,\ c_3$를 구해보면

$$(B-\lambda I_3)\boldsymbol{x}_1=\left(\begin{pmatrix}1&0&0\\2&2&1\\1&1&2\end{pmatrix}-1\times\begin{pmatrix}1&0&0\\0&1&0\\0&0&1\end{pmatrix}\right)\begin{pmatrix}c_1\\c_2\\c_3\end{pmatrix}$$
$$=\begin{pmatrix}0&0&0\\2&1&1\\1&1&1\end{pmatrix}\begin{pmatrix}c_1\\c_2\\c_3\end{pmatrix}=\begin{pmatrix}0\\0\\0\end{pmatrix}$$

이 되고 $2c_1+c_2+c_3=0,\ \ c_1+c_2+c_3=0$의 관계가 성립한다. 그러므로 $c_1=0,\ c_2=-c_3$을 만족하므로 0이 아닌 임의의 실수 c에 대하여 고유벡터는

$\boldsymbol{x}_1 = c\begin{pmatrix} 0 \\ 1 \\ -1 \end{pmatrix}$가 된다.

$\lambda = 3$일 때 대응하는 고유벡터를 $\boldsymbol{x}_2 = \begin{pmatrix} d_1 \\ d_2 \\ d_3 \end{pmatrix}$라 하자. 이때 d_1, d_2, d_3는 적어도 하나는 0이 아닌 실수이다. 식 (6.5)를 만족하는 d_1, d_2, d_3를 구해보면

$$(B - \lambda I_3)\boldsymbol{x}_2 = \left(\begin{pmatrix} 1&0&0 \\ 2&2&1 \\ 1&1&2 \end{pmatrix} - 3 \times \begin{pmatrix} 1&0&0 \\ 0&1&0 \\ 0&0&1 \end{pmatrix}\right)\begin{pmatrix} d_1 \\ d_2 \\ d_3 \end{pmatrix}$$

$$= \begin{pmatrix} -2 & 0 & 0 \\ 2 & -1 & 1 \\ 1 & 1 & -1 \end{pmatrix}\begin{pmatrix} d_1 \\ d_2 \\ d_3 \end{pmatrix} = \begin{pmatrix} 0 \\ 0 \\ 0 \end{pmatrix}$$

이 되고 $-2d_1 = 0$, $2d_1 - d_2 + d_3 = 0$, $d_1 + d_2 - d_3 = 0$의 관계가 성립한다. 그러므로 $d_1 = 0$, $d_2 = d_3$을 만족하므로 0이 아닌 임의의 실수 d에 대하여 고유벡터는 $\boldsymbol{x}_2 = d\begin{pmatrix} 0 \\ 1 \\ 1 \end{pmatrix}$가 된다.

예제 6.9의 결과에서 보여주듯이 한 고윳값에 대응하는 고유벡터는 무수히 많다. 고윳값과 고유벡터에 대한 성질을 알아보자.

정리 6.6 고윳값과 고유벡터의 성질

n차 정방행렬 A에 대하여 A의 고윳값과 그에 대응하는 고유벡터를 각각 λ와 $\boldsymbol{x}$라 하면 다음이 성립한다.

(i) 임의의 스칼라 k에 대하여 kA의 고윳값과 그에 대응하는 고유벡터는 각각 $k\lambda$와 $\boldsymbol{x}$이다.

(ii) 임의의 자연수 k에 대하여 A^k의 고윳값과 그에 대응하는 고유벡터는 각각 λ^k와 $\boldsymbol{x}$이다.

(iii) A가 가역행렬이면 A^{-1}의 고윳값과 그에 대응하는 고유벡터는 각각 $\frac{1}{\lambda}$과 $\boldsymbol{x}$이다.

증명

(i) λ는 A의 고윳값이고 $\boldsymbol{x}$는 그에 대응하는 고유벡터이므로 $A\boldsymbol{x} = \lambda\boldsymbol{x}$이다. 그러므로 $kA\boldsymbol{x} = k\lambda\boldsymbol{x}$가 성립하므로 $k\lambda$와 $\boldsymbol{x}$는 kA의 고윳값과 그에 대응하는 고유벡터이다.

(ii) $A\boldsymbol{x} = \lambda\boldsymbol{x}$의 양변에 A를 곱하면

$$A^2\boldsymbol{x} = A\lambda\boldsymbol{x} = \lambda A\boldsymbol{x} = \lambda\lambda\boldsymbol{x} = \lambda^2\boldsymbol{x}$$

이므로 λ^2과 $\boldsymbol{x}$는 A^2의 고윳값과 그에 대응하는 고유벡터이다. $A^n\boldsymbol{x} = \lambda^n\boldsymbol{x}$가 성립한다고 가정하면

$$A^{n+1}\boldsymbol{x} = AA^n\boldsymbol{x} = A\lambda^n\boldsymbol{x} = \lambda^n A\boldsymbol{x} = \lambda^n\lambda\boldsymbol{x} = \lambda^{n+1}\boldsymbol{x}$$

이므로 λ^{n+1}과 $\boldsymbol{x}$는 A^{n+1}의 고윳값과 그에 대응하는 고유벡터이다. 따라서 수학적 귀납법에 의하여 (ii)가 성립한다.

(iii) A가 가역행렬이면 $A\boldsymbol{x} = \lambda\boldsymbol{x}$로부터 $\boldsymbol{x} = A^{-1}\lambda\boldsymbol{x} = \lambda A^{-1}\boldsymbol{x}$가 되고 양변에 $\frac{1}{\lambda}$을 곱하면 $\frac{1}{\lambda}\boldsymbol{x} = A^{-1}\boldsymbol{x}$가 된다. 그러므로 $\frac{1}{\lambda}$과 $\boldsymbol{x}$는 A^{-1}의 고윳값과 그에 대응하는 고유벡터이다. ♣

예제 6.10 n차 정방행렬 A의 고윳값이 λ이고 그에 대응하는 고유벡터가 $\boldsymbol{x}$일 때, 다음 행렬의 고윳값과 그에 대응하는 고유벡터를 구하라.

① $A + cI_n$, c는 스칼라

② $A^3 + 4A^2 + 2A + 3I_n$

풀이

① $A\boldsymbol{x} = \lambda\boldsymbol{x}$이므로

$$(A + cI_n)\boldsymbol{x} = A\boldsymbol{x} + cI_n\boldsymbol{x} = \lambda\boldsymbol{x} + c\boldsymbol{x} = (\lambda + c)\boldsymbol{x}$$

가 성립한다. 그러므로 $\lambda + c$와 $\boldsymbol{x}$는 $A + cI_n$ 행렬의 고윳값과 그에 대응하는 고유벡터이다.

② $A\boldsymbol{x} = \lambda\boldsymbol{x}$와 정리 6.6의 (ii)에 의하여

$$\begin{aligned}(A^3 + 4A^2 + 2A + 3I_n)\boldsymbol{x} &= A^3\boldsymbol{x} + 4A^2\boldsymbol{x} + 2A\boldsymbol{x} + 3I_n\boldsymbol{x} \\ &= \lambda^3\boldsymbol{x} + 4\lambda^2\boldsymbol{x} + 2\lambda\boldsymbol{x} + 3\boldsymbol{x} = (\lambda^3 + 4\lambda^2 + 2\lambda + 3)\boldsymbol{x}\end{aligned}$$

가 성립한다. 그러므로 $\lambda^3 + 4\lambda^2 + 2\lambda + 3$과 $\boldsymbol{x}$는 $A^3 + 4A^2 + 2A + 3I_n$의 고윳값과 그에 대응하는 고유벡터이다.

예제 6.10의 ②는 n차 정방행렬 A의 행렬 다항식의 고윳값과 그에 대응하는 고유벡터의 형태를 보여주고 있다. 즉, 임의의 n차 정방행렬의 행렬 다항식 $f(A)$의 고윳값은 A의 고윳값 λ의 다항식인 $f(\lambda)$가 되며 그에 대응하는 고유벡터는 $\boldsymbol{x}$이다.

예제 6.11 예제 6.8의 ①의 A행렬을 이용하여 다음 행렬의 고윳값과 고유벡터를 구하라.

① $A^2 + 3A + 2I_2$

② A^{-1}

풀이

① 예제 6.8과 6.9의 ①의 풀이에 의하면 $A=\begin{pmatrix}1&3\\3&2\end{pmatrix}$이 고윳값은 $\lambda_1=-1$, $\lambda_2=4$이며 이들에 대응하는 고유벡터는 각각 $\boldsymbol{x}_1=c\begin{pmatrix}1\\-1\end{pmatrix}$과 $\boldsymbol{x}_2=d\begin{pmatrix}1\\ \frac{3}{2}\end{pmatrix}$이다. 여기서 c와 d는 0이 아닌 실수이다. 한편, $f(A)=A^2+3A+2I_2$라 하면 $f(A)$의 고윳값은

$$f(\lambda_1)=(-1)^2+3(-1)+2=0,\quad f(\lambda_2)=4^2+3\times4+2=30$$

이 되며 이에 대응하는 고유벡터들은 각각 $\boldsymbol{x}_1$과 $\boldsymbol{x}_2$로 행렬 A의 고유벡터와 동일하다.

② 정리 6.6의 (iii)에 의하면 A^{-1}의 고윳값은 $\frac{1}{\lambda_1}=-1$과 $\frac{1}{\lambda_2}=\frac{1}{4}$이 된다. 이에 대응하는 고유벡터는 각각 $\boldsymbol{x}_1$과 $\boldsymbol{x}_2$이므로 행렬 A의 고유벡터와 동일하다.

고윳값과 대각합 및 행렬식의 관계를 알아보자.

정리 6.7 고윳값의 성질

n차 정방행렬 A에 대하여 A의 고윳값들이 $\lambda_1, \lambda_2, \cdots, \lambda_n$일 때 다음이 성립한다.

(i) $\sum_{i=1}^{n}\lambda_i=\text{tr}(A)$

(ii) $\prod_{i=1}^{n}\lambda_i=|A|$

증명 $\lambda_1,\ \lambda_2, \cdots,\ \lambda_n$들은 n차 정방행렬 $A=(a_{ij})$의 고윳값들이므로 특성방정식 $|A-\lambda I_n|=0$의 근들이다. 그러므로 $|A-\lambda I_n|=0$은 n차 다항식이고 A의 특성방정식은 다음과 같이 표현된다.

$$|A-\lambda I_n|=(\lambda_1-\lambda)(\lambda_2-\lambda)\cdots(\lambda_n-\lambda)=0 \tag{6.6}$$

특성다항식

$$|A-\lambda I_n|=\begin{vmatrix}a_{11}-\lambda & a_{12} & \cdots & a_{1n}\\ a_{21} & a_{22}-\lambda & \cdots & a_{2n}\\ \vdots & \vdots & \ddots & \vdots\\ a_{n1} & a_{n2} & \cdots & a_{nn}-\lambda\end{vmatrix} \tag{6.7}$$

에서 λ^n차 항의 계수는 $(-1)^n$이므로 λ^n차 항의 계수가 $(-1)^n$인 식 (6.6)이 성립한다. 식 (6.6)에 $\lambda=0$를 대입하면

$$|A|=\lambda_1\lambda_2\cdots\lambda_n=\prod_{i=1}^{n}\lambda_i$$

가 되어 (ii)가 성립한다. 한편, 식 (6.6)으로부터 λ^{n-1}차 항의 계수는 $(-1)^{n-1}(\lambda_1+\lambda_2+\cdots+\lambda_n)$이 되고 식 (6.7)로부터 λ^{n-1}차 항의 계수를 구해보면

$$(-1)^{n-1}(a_{11}+a_{22}+\cdots+a_{nn})=(-1)^{n-1}\ \text{tr}(A)$$

가 된다. 따라서,

$$\begin{aligned}&(-1)^{n-1}(\lambda_1+\lambda_2+\cdots+\lambda_n)\\&=(-1)^{n-1}(a_{11}+a_{22}+\cdots+a_{nn})=(-1)^{n-1}\ \mathrm{tr}(A)\end{aligned}$$

이므로 (i)이 성립한다. ♣

정의 6.4의 n차 정방행렬의 특성방정식은 n차 다항식이 되며, 특성방정식의 해인 고윳값은 n개가 된다. 예제 6.8의 ②의 3차 정방행렬 B의 고윳값은 비록 1과 3으로 두 개이나 1은 특성방정식의 중근이 되므로 세 개의 고윳값을 가지게 된다.

예제 6.12 예제 6.8의 행렬들을 이용하여 정리 6.7이 성립함을 보여라.

풀이

① $A=\begin{pmatrix}1&2\\3&2\end{pmatrix}$의 두 고윳값은 예제 6.8의 ①의 풀이에 의하여 $\lambda_1=-1,\ \lambda_2=4$이다. 그러므로 $\lambda_1+\lambda_2=3$, $\lambda_1\lambda_2=-4$가 된다. 한편,

$$\mathrm{tr}(A)=1+2=3,\ |A|=1\times2-2\times3=-4$$

이므로 정리 6.7이 성립한다.

② $B=\begin{pmatrix}1&0&0\\2&2&1\\1&1&2\end{pmatrix}$의 세 고윳값은 예제 6.8의 ②의 풀이에 의하면 $\lambda_1=1,\ \lambda_2=1, \lambda_3=3$이다. 그러므로 $\lambda_1+\lambda_2+\lambda_3=5$이고 $\lambda_1\lambda_2\lambda_3=3$이 된다. 한편,

$$\mathrm{tr}(A)=1+2+2=5$$

$$|A|=1\times(-1)^{1+1}\begin{vmatrix}2&1\\1&2\end{vmatrix}+0\times(-1)^{1+2}\begin{vmatrix}2&1\\1&2\end{vmatrix}+0\times(-1)^{1+3}\begin{vmatrix}2&2\\1&1\end{vmatrix}=3$$

이므로 정리 6.7이 성립한다.

정리 6.7의 (ii)에서 정방행렬의 고윳값들의 곱은 그 정방행렬의 행렬식이 되므로 삼각행렬의 고윳값들의 성질은 다음과 같이 된다.

정리 6.8 삼각행렬의 고윳값

n차 정방행렬 A가 삼각행렬일 때 A의 대각성분들이 A의 고윳값이 된다. 즉, A의 대각성분을 $a_{11},\ a_{22},\ \cdots, a_{nn}$이라 하고 고윳값들을 $\lambda_1,\ \lambda_2,\ \cdots, \lambda_n$이라 하면

$$\lambda_1=a_{11}, \lambda_2=a_{22},\ \cdots, \lambda_n=a_{nn}$$

이 된다.

증명

A가 삼각행렬일 때, $A-\lambda I_n$도 삼각행렬이고 그 대각성분은 A의 대각성분 a_{ii}에 λ를 뺀 형태인 $a_{ii}-\lambda$가 된다. 정리 4.2의 (ⅰ)에 의하여 $A-\lambda I_n$의 특성다항식은

$$|A-\lambda I_n|=(a_{11}-\lambda)(a_{22}-\lambda)\cdots(a_{nn}-\lambda)$$

가 된다. 그러므로 특성방정식 $|A-\lambda I_n|=0$의 해는 $\lambda=a_{11},\ a_{22},\ \cdots,a_{nn}$이 되므로 A의 고윳값들은 $a_{11},\ a_{22},\ \cdots,a_{nn}$이 된다. ♣

정방행렬이 가역행렬인 사실과 동치인 고윳값의 조건을 살펴보자.

정리 6.9 고윳값과 가역행렬

n차 정방행렬 A에 대하여 다음은 동치이다.

(ⅰ) A는 가역행렬이다.
(ⅱ) A의 고윳값은 모두 0이 아니다.

증명

(ⅰ) ⟹(ⅱ) A가 가역행렬이면 정리 4.7의 (ⅰ)에 의해 A의 행렬식 $|A|\neq 0$이다. 정리 6.7의 (ⅱ)에 의하여 $|A|=\prod_{i=1}^{n}\lambda_i$이므로 λ_i들은 모두 0이 아니다.

(ⅱ) ⟹(ⅰ) A의 고윳값 λ_i들이 모두 0이 아니므로 $\prod_{i=1}^{n}\lambda_i=|A|\neq 0$이다. 그러므로 정리 4.7의 (ⅰ)에 의하여 A는 가역행렬이다. ♣

예제 6.13 다음 행렬이 가역행렬인지 아닌지를 고윳값으로 판별하라.

① $A=\begin{pmatrix}1&2\\3&2\end{pmatrix}$

② $B=\begin{pmatrix}1&2\\2&4\end{pmatrix}$

풀이

① 예제 6.8의 ①의 풀이에 의하면 A의 고윳값들은 $\lambda=-1,\ 4$로 모두 0이 아니므로 A는 가역행렬이다.

② $B=\begin{pmatrix}1&2\\2&4\end{pmatrix}$의 고윳값을 구하면

$$\begin{aligned}|B-\lambda I_2|&=\begin{vmatrix}1-\lambda&2\\2&4-\lambda\end{vmatrix}=(1-\lambda)(4-\lambda)-4\\&=4-5\lambda+\lambda^2-4=\lambda^2-5\lambda\end{aligned}$$

가 되어 B의 고윳값들은 $\lambda_1 = 0$, $\lambda_2 = 5$이다. 그러므로 하나의 고윳값이 0이므로 B는 가역행렬이 아니다.

정리 6.10 고윳값의 성질 2

n차 정방행렬 A에 대하여 다음이 성립한다.

(i) A의 고윳값과 A^T의 고윳값은 같다.
(ii) A의 임의의 고윳값 λ_1, λ_2가 $\lambda_1 \neq \lambda_2$이면 대응하는 고유벡터 $\boldsymbol{x}_1$과 $\boldsymbol{x}_2$는 일차독립이다.

증명

(i) λ가 A의 고윳값이라 하자. 특성방정식은 정리 4.2의 (ii)와 정리 2.3의 (ii)의 전치행렬의 성질에 의하여

$$0 = |A - \lambda I_n| = |(A - \lambda I_n)^T| = |A^T - \lambda I_n|$$

이 된다. 그러므로 λ가 A^T의 고윳값이 된다.

(ii) 다른 λ_1과 λ_2에 대응하는 각 고유벡터 $\boldsymbol{x}_1$과 $\boldsymbol{x}_2$이 일차종속이라 가정하면 0이 아닌 실수 c에 대하여 $\boldsymbol{x}_1 = c\boldsymbol{x}_2$이 성립한다. 그러므로

$$A\boldsymbol{x}_1 = \lambda_1 \boldsymbol{x}_1 \Leftrightarrow Ac\boldsymbol{x}_2 = \lambda_1 c\,\boldsymbol{x}_2 \Leftrightarrow A\boldsymbol{x}_2 = \lambda_1 \boldsymbol{x}_2$$

가 성립하여 $\boldsymbol{x}_1$과 $\boldsymbol{x}_2$는 모두 한 고윳값 λ_1의 대응하는 고유벡터이다. ♣

대칭행렬이 가지는 고윳값의 성질을 살펴보자.

정리 6.11 대칭행렬의 고윳값의 성질

n차 정방행렬 A가 대칭행렬일 때 다음이 성립한다.

(i) 임의의 고윳값 λ_1, λ_2가 $\lambda_1 \neq \lambda_2$이면 대응하는 고유벡터 $\boldsymbol{x}_1$과 $\boldsymbol{x}_2$는 직교한다.
(ii) A의 고윳값들은 모두 실수이다.

증명 (i)을 증명하고, (ii)의 증명은 생략한다.

(i) 서로 다른 A의 고윳값 λ_1과 λ_2에 대응하는 고유벡터 $\boldsymbol{x}_1$과 $\boldsymbol{x}_2$는 다음의 관계가 성립한다.

$$A\boldsymbol{x}_1 = \lambda_1 \boldsymbol{x}_1, \quad A\boldsymbol{x}_2 = \lambda_2 \boldsymbol{x}_2$$

$(\lambda_2 \boldsymbol{x}_2)^T = \lambda_2 \boldsymbol{x}_2^T$이고 A가 대칭행렬이므로

$$(A\boldsymbol{x}_2)^T = \boldsymbol{x}_2^T A = \lambda_2 \boldsymbol{x}_2^T$$

이고 양변에 $\boldsymbol{x}_1$을 곱하면

$$\boldsymbol{x}_2^T A \boldsymbol{x}_1 = \lambda_2 \boldsymbol{x}_2^T \boldsymbol{x}_1$$

이 된다. 한편, $A\boldsymbol{x}_1 = \lambda_1 \boldsymbol{x}_1$의 양변에 $\boldsymbol{x}_2^T$를 곱하면

$$\boldsymbol{x}_2^T A\boldsymbol{x}_1 = \boldsymbol{x}_2^T \lambda_1 \boldsymbol{x}_1 = \lambda_1 \boldsymbol{x}_2^T \boldsymbol{x}_1$$

이 된다. 따라서

$$\boldsymbol{x}_2^T A\boldsymbol{x}_1 = \lambda_2 \boldsymbol{x}_2^T \boldsymbol{x}_1 = \lambda_1 \boldsymbol{x}_2^T \boldsymbol{x}_1, \quad (\lambda_1 - \lambda_2)\boldsymbol{x}_2^T \boldsymbol{x}_1 = 0$$

이므로 λ_1과 λ_2가 서로 다른 경우에 $\boldsymbol{x}_2^T \boldsymbol{x}_1 = 0$이다. 즉, $\boldsymbol{x}_1$과 $\boldsymbol{x}_2$의 내적이 $\boldsymbol{x}_1 \circ \boldsymbol{x}_2 = 0$이므로 $\boldsymbol{x}_1$과 $\boldsymbol{x}_2$는 직교한다. ♣

예제 6.14 다음 대칭행렬 A의 고윳값이 실수이고 각 고윳값에 대응하는 고유벡터가 직교함을 보여라.

$$A = \begin{pmatrix} 2 & 1 \\ 1 & 2 \end{pmatrix}$$

풀이

행렬 A의 특성방정식

$$|A - \lambda I_2| = \begin{vmatrix} 2-\lambda & 1 \\ 1 & 2-\lambda \end{vmatrix} = (2-\lambda)^2 - 1 = 3 - 4\lambda + \lambda^2 = 0$$

의 해는 1, 3이므로 A의 고윳값 $\lambda_1 = 1$, $\lambda_2 = 3$은 실수이다.

적어도 하나가 0이 아닌 실수 c_1과 c_2에 대하여, $\lambda_1 = 1$에 대응하는 고유벡터를 $\boldsymbol{x}_1 = \begin{pmatrix} c_1 \\ c_2 \end{pmatrix}$라 하면

$$(A - \lambda_1 I_2)\boldsymbol{x}_1 = \begin{pmatrix} 1 & 1 \\ 1 & 1 \end{pmatrix}\begin{pmatrix} c_1 \\ c_2 \end{pmatrix} = \begin{pmatrix} c_1 + c_2 \\ c_1 + c_2 \end{pmatrix} = \begin{pmatrix} 0 \\ 0 \end{pmatrix}$$

이므로 $c_1 = -c_2$가 된다. 그러므로 고윳값 $\lambda_1 = 1$에 대응하는 고유벡터 $\boldsymbol{x}_1$은 0이 아닌 실수 c에 대하여 $\boldsymbol{x}_1 = c\begin{pmatrix} 1 \\ -1 \end{pmatrix}$이 된다.

적어도 하나가 0이 아닌 실수 d_1과 d_2에 대하여, $\lambda_2 = 3$에 대응하는 고유벡터를 $\boldsymbol{x}_2 = \begin{pmatrix} d_1 \\ d_2 \end{pmatrix}$라 하면

$$(A - \lambda_2 I_2)\boldsymbol{x}_2 = \begin{pmatrix} -1 & 1 \\ 1 & -1 \end{pmatrix}\begin{pmatrix} d_1 \\ d_2 \end{pmatrix} = \begin{pmatrix} -d_1 + d_2 \\ d_1 - d_2 \end{pmatrix} = \begin{pmatrix} 0 \\ 0 \end{pmatrix}$$

이므로 $d_1 = d_2$가 된다. 그러므로 고윳값 $\lambda_2 = 3$에 대응하는 고유벡터 $\boldsymbol{x}_2$는 0이 아닌 실수 d에 대하여 $\boldsymbol{x}_2 = d\begin{pmatrix} 1 \\ 1 \end{pmatrix}$이 된다. 두 고유벡터 $\boldsymbol{x}_1$과 $\boldsymbol{x}_2$의 내적은 $\boldsymbol{x}_1 \circ \boldsymbol{x}_2 = c \times d\begin{pmatrix} 1 \\ -1 \end{pmatrix} \circ \begin{pmatrix} 1 \\ 1 \end{pmatrix} = c \times d\,(1 \times 1 + (-1) \times 1) = 0$이므로 $\boldsymbol{x}_1$과 $\boldsymbol{x}_2$는 직교한다.

정리 6.12 특이행렬의 고윳값

(i) n차 정방행렬 A가 직교행렬이면 A의 고윳값은 -1 혹은 1이다.
(ii) n차 정방행렬 A가 멱등행렬이면 A의 고윳값은 0 혹은 1이다.

증명

(i) A의 고윳값을 λ라 하고 λ에 대응하는 고유벡터를 $\boldsymbol{x}$라 하면 $A\boldsymbol{x}=\lambda\boldsymbol{x}$가 성립한다. $(A\boldsymbol{x})^T=(\lambda\boldsymbol{x})^T$이므로 양변에 각각 $(A\boldsymbol{x})^T$와 $(\lambda\boldsymbol{x})^T$를 곱하면

$$(A\boldsymbol{x})^T A\boldsymbol{x}=(\lambda\boldsymbol{x})^T\lambda\boldsymbol{x}$$

이 되고 A가 직교행렬이므로

$$\boldsymbol{x}^T A^T A\boldsymbol{x}=\boldsymbol{x}^T\boldsymbol{x}=\lambda^2\boldsymbol{x}^T\boldsymbol{x}$$

가 된다. 따라서 $\lambda^2=1$이므로 $\lambda=1$ 혹은 $\lambda=-1$이 된다.

(ii) $A\boldsymbol{x}=\lambda\boldsymbol{x}$의 양변에 A를 곱하면

$$AA\boldsymbol{x}=A\lambda\boldsymbol{x}=\lambda A\boldsymbol{x}=\lambda\lambda\boldsymbol{x}=\lambda^2\boldsymbol{x}$$

가 되고 A가 멱등행렬이므로 $AA\boldsymbol{x}=A\boldsymbol{x}$가 된다. 따라서 $A\boldsymbol{x}=\lambda\boldsymbol{x}=\lambda^2\boldsymbol{x}$가 성립하므로 $\lambda=0$ 혹은 1이 된다. ♣

6-3 행렬의 대각화

고윳값과 고유벡터를 이용하여 정방행렬을 대각화하는 방법을 알아보자.

정의 6.5 대각화 가능

n차 정방행렬 A에 대하여, $P^{-1}AP$가 대각행렬 D가 되는 가역행렬 P가 존재하면 A를 대각화 가능(diagonalizable)이라 한다.

대각화 가능한 정방행렬의 대각화에 필요한 행렬 P와 D가 무엇인지 알아보자.

정리 6.13

n차 정방행렬 A가 n개의 서로 다른 고윳값 $\lambda_1, \lambda_2, \cdots, \lambda_n$을 가지고 각 고윳값에 대응하는 고유벡터가 $\boldsymbol{x}_1, \boldsymbol{x}_2, \cdots, \boldsymbol{x}_n$일 때, A는 대각화 가능하고 $P^{-1}AP=D$가 된다. 여기서 $P=(\boldsymbol{x}_1\ \boldsymbol{x}_2 \cdots \boldsymbol{x}_n)$이고 $D=\mathrm{diag}(\lambda_1, \lambda_2, \cdots, \lambda_n)$이다.

증명 고윳값 λ_i와 그에 대응하는 고유벡터 $\boldsymbol{x}_i$는 다음이 성립한다. $A\boldsymbol{x}_i = \lambda_i \boldsymbol{x}_i$, $i = 1, \cdots, n$이므로

$$P = (\boldsymbol{x}_1 \ \boldsymbol{x}_2 \cdots \boldsymbol{x}_n),\ D = \mathrm{diag}(\lambda_1, \lambda_2, \cdots, \lambda_n)$$

라 하면 $AP = PD$가 된다.

A가 서로 다른 고윳값들을 가진다면 정리 6.10의 (ii)에 의하여 $\boldsymbol{x}_1, \boldsymbol{x}_2, \cdots, \boldsymbol{x}_n$은 일차독립이 된다. 정리 5.3의 (iii)에 의하여 일차독립인 n개의 벡터로 구성된 n차 정방행렬은 가역행렬이므로 일차독립인 고유벡터 $\boldsymbol{x}_1, \boldsymbol{x}_2, \cdots, \boldsymbol{x}_n$에 의해 구성된 P는 역행렬 P^{-1}가 존재하여 $AP = PD$의 양변에 P^{-1}를 곱하면 $P^{-1}AP = P^{-1}PD = D$가 된다. ♣

예제 6.15 다음 행렬이 대각화 가능인지 밝히고 대각화 가능인 경우에 대각화하라.

① $A = \begin{pmatrix} 1 & 2 \\ 3 & 2 \end{pmatrix}$

② $B = \begin{pmatrix} -3 & 2 \\ -2 & 1 \end{pmatrix}$

풀이

① 예제 6.9의 ①의 풀이에 의하면 고윳값 $\lambda_1 = -1$, $\lambda_2 = 4$에 대응하는 고유벡터는 각각

$$\boldsymbol{x}_1 = c\begin{pmatrix} 1 \\ -1 \end{pmatrix},\quad \boldsymbol{x}_2 = d\begin{pmatrix} 1 \\ \frac{3}{2} \end{pmatrix}$$

이다. 여기서 c와 d는 모두 0이 아닌 실수들이다. $c = 1$과 $d = 2$로 선택하여 행렬 P를 다음과 같이 만들면 λ_1과 λ_2가 다르므로 P^{-1}가 존재한다.

$$P = \begin{pmatrix} 1 & 2 \\ -1 & 3 \end{pmatrix},\quad P^{-1} = \frac{1}{5}\begin{pmatrix} 3 & -2 \\ 1 & 1 \end{pmatrix}$$

고윳값으로 만들어진 대각행렬 $D = \mathrm{diag}(-1, 4)$라 하면

$$\begin{pmatrix} \frac{3}{5} & -\frac{2}{5} \\ \frac{1}{5} & \frac{1}{5} \end{pmatrix}\begin{pmatrix} 1 & 2 \\ 3 & 2 \end{pmatrix}\begin{pmatrix} 1 & 2 \\ -1 & 3 \end{pmatrix} = \begin{pmatrix} -1 & 0 \\ 0 & 4 \end{pmatrix}$$

인 $P^{-1}AP = D$가 성립한다.

② 행렬 B의 특성방정식

$$|B - \lambda I_2| = \begin{vmatrix} -3-\lambda & 2 \\ -2 & 1-\lambda \end{vmatrix} = (-3-\lambda)(1-\lambda) - 2\times(-2)$$
$$= \lambda^2 + 2\lambda + 1 = (\lambda+1)^2 = 0$$

의 해는 -1로 중근이므로 A의 고윳값은 $\lambda = -1$이다. 적어도 하나는 0이 아닌 실수 c_1과 c_2에 대하여, 고윳값 $\lambda = -1$에 대응하는 고유벡터 $\boldsymbol{x} = \begin{pmatrix} c_1 \\ c_2 \end{pmatrix}$라 하면

$$(B - (-1)I_2)\boldsymbol{x} = \begin{pmatrix} -2 & 2 \\ -2 & 2 \end{pmatrix}\begin{pmatrix} c_1 \\ c_2 \end{pmatrix} = \begin{pmatrix} -2c_1 + 2c_2 \\ -2c_1 + 2c_2 \end{pmatrix} = \begin{pmatrix} 0 \\ 0 \end{pmatrix}$$

이므로 $c_1 = c_2$이다. 그러므로 0이 아닌 실수 c에 대해, $\boldsymbol{x} = c\begin{pmatrix}1\\1\end{pmatrix}$이 된다. $c = 1, 2$로 선택하여 두 고유벡터 $\begin{pmatrix}1\\1\end{pmatrix}$과 $\begin{pmatrix}2\\2\end{pmatrix}$로 행렬 P를 다음과 같이

$$P = \begin{pmatrix}1 & 2\\1 & 2\end{pmatrix}$$

만들면 가역행렬이 되지 않으므로 정의 6.5에 의해 대각화가 가능하지 않다. 그러므로 두 고윳값이 같은 행렬 B는 대각화가 가능하지 않다.

예제 6.15의 ①의 행렬 A의 각 고윳값에 대응하는 고유벡터는 무수히 많으므로 A를 대각화하는 행렬 P는 무수히 많이 존재한다. 정리 6.13은 서로 다른 고윳값은 대각화 가능의 충분조건이므로 대각화 가능한 행렬 중에 같은 고윳값을 가지는 행렬이 존재할 수 있다.

정리 6.14

n차 정방행렬 A가 대각화 가능하고 $\lambda_1, \lambda_2, \cdots, \lambda_n$이 A의 고윳값이고 이에 대응하는 고유벡터를 $\boldsymbol{x}_1, \boldsymbol{x}_2, \cdots, \boldsymbol{x}_n$이라 하자. 임의의 자연수 k에 대하여 행렬 A^k의 대각화는 $P^{-1}A^kP = D^k$이다. 여기서 $D = \text{diag}(\lambda_1, \lambda_2, \cdots, \lambda_n)$이고 $P = (\boldsymbol{x}_1\ \boldsymbol{x}_2 \cdots \boldsymbol{x}_n)$이다.

증명 정리 6.6의 (ii)에 의하면 A의 고윳값이 λ이고 그에 대응하는 고유벡터는 $\boldsymbol{x}$일 때, 임의의 자연수 k에 대하여 A^k의 고윳값은 λ^k가 되고 그에 대응하는 고유벡터는 $\boldsymbol{x}$가 된다. A와 A^k는 동일한 고유벡터들을 가지므로 대각화에 필요한 P도 동일하다. 따라서 A가 대각화 가능이면 A^k도 대각화 가능이다. A^k의 고윳값들은 $\lambda_1^k, \lambda_2^k, \cdots, \lambda_n^k$이므로

$$P^{-1}A^kP = \text{diag}(\lambda_1^k, \lambda_2^k, \cdots, \lambda_n^k) = D^k$$

가 된다. ♣

정리 6.14의 증명은 정리 6.6의 (ii)를 이용하지 않고 다음과 같이

$$\begin{aligned} D^k &= (P^{-1}AP)^k = (P^{-1}AP)(P^{-1}AP)(P^{-1}AP)^{k-2} \\ &= (P^{-1}A^2P)(P^{-1}AP)(P^{-1}AP)^{k-3} = (P^{-1}A^3P)(P^{-1}AP)(P^{-1}AP)^{k-4} \\ &= \cdots = P^{-1}A^kP \end{aligned}$$

을 활용하여 보일 수 있다.

예제 6.16 예제 6.15의 ①의 행렬 $A=\begin{pmatrix}1&2\\3&2\end{pmatrix}$의 A^2을 대각화하라.

풀이

$A=\begin{pmatrix}1&2\\3&2\end{pmatrix}$의 고윳값은 $\lambda_1=-1,\ \lambda_2=4$이고

$$A^2=\begin{pmatrix}1&2\\3&2\end{pmatrix}\begin{pmatrix}1&2\\3&2\end{pmatrix}=\begin{pmatrix}7&6\\9&10\end{pmatrix}$$

이다. 예제 6.15의 ①의 P와 P^{-1}을 사용하여 대각화하면

$$\begin{pmatrix}\frac{3}{5}&-\frac{2}{5}\\\frac{1}{5}&\frac{1}{5}\end{pmatrix}\begin{pmatrix}7&6\\9&10\end{pmatrix}\begin{pmatrix}1&2\\-1&3\end{pmatrix}=\begin{pmatrix}(-1)^2&0\\0&4^2\end{pmatrix}=\begin{pmatrix}1&0\\0&16\end{pmatrix}$$

인 $P^{-1}A^2P=D^2$이 성립한다. 여기서 $D=\text{diag}(-1,\ 4)$이다.

정리 6.15 대칭행렬의 대각화

n차 정방행렬 A가 대칭이고 고윳값 $\lambda_1,\ \lambda_2,\ \cdots,\lambda_n$을 가지며 $D=\text{diag}(\lambda_1,\ \lambda_2,\ \cdots,\ \lambda_n)$ 일 때, $P^TAP=D$가 되는 직교행렬 P를 만들 수 있다. 여기서 P는 각 λ_i에 대응하는 고유벡터들을 열벡터로 갖는 행렬이다.

증명 정리 6.11의 (ⅰ)에 의하면 A가 대칭행렬이고 고윳값 $\lambda_1,\ \lambda_2,\ \cdots,\lambda_n$이 서로 다르다면 대응하는 고유벡터 $\boldsymbol{x}_1,\ \boldsymbol{x}_2,\ \cdots,\boldsymbol{x}_n$들은 서로 직교한다. 직교하는 $\boldsymbol{x}_1,\ \boldsymbol{x}_2,\ \cdots,\ \boldsymbol{x}_n$ 벡터들로 구성된 행렬이 직교행렬이 되기 위해서는 $\|\boldsymbol{x}_1\|=\|\boldsymbol{x}_2\|=\cdots=\|\boldsymbol{x}_n\|=1$이 되어야 한다. 즉, 정규직교하는 고유벡터들을 사용하여 행렬 P를 만들면 $P^{-1}=P^T$이므로 $P^TAP=D$가 성립한다. 만약, λ_k가 대칭행렬 A의 고윳값으로 중복도를 m_k라 하자. 즉, λ_k는 특성방정식 $|A-\lambda I_n|=0$의 m_k 중근이다. 이 경우에 λ_k에 대응하는 일차독립이고 서로 직교인 m_k개의 고유벡터들이 존재한다. 자세한 증명은 생략한다. 따라서 정규직교하는 고유벡터를 만들 수 있고 이들을 이용하여 $P^{-1}=P^T$를 만들어 $P^TAP=D$가 되도록 할 수 있다. ♣

정리 6.15에서 대칭행렬 A는 $P^TAP=D$로 대각화 가능하고 P가 직교행렬이므로 $A=PDP^T$가 성립한다. 이를 A의 스펙트럼분해(spectral decomposition)라 한다. 상세한 내용은 6.5절에서 다룬다. 대칭행렬 A를 직교행렬인 P를 이용하여 대각화하기 위해서는 고유벡터들 중 그 크기가 1이 되는 고유벡터를 선택하여 P를 만들어야 한다. 고유벡터들 중 그 크기가 1인 고유벡터를 정규화 고유벡터라 한다.

예제 6.17 예제 6.14의 대칭행렬 A를 직교행렬을 이용하여 대각화하라. 그리고 A의 스펙트럼 분해를 구하라.

풀이

예제 6.14의 풀이에 의하면 행렬 $A=\begin{pmatrix}2&1\\1&2\end{pmatrix}$의 고윳값은 $\lambda_1=1$, $\lambda_2=3$이다. 두 고윳값에 대응하는 고유벡터는 각각

$$\boldsymbol{x}_1=c\begin{pmatrix}1\\-1\end{pmatrix},\quad \boldsymbol{x}_2=d\begin{pmatrix}1\\1\end{pmatrix}$$

이다. 여기서 c와 d는 모두 0이 아닌 임의의 실수이다. $\boldsymbol{x}_1$과 $\boldsymbol{x}_2$는 직교하므로 크기가 1이 되는 정규화 고유벡터를 구해본다. $\boldsymbol{x}_1$과 $\boldsymbol{x}_2$가 크기 1이 되기 위해서는

$$\sqrt{c^2+(-c)^2}=1,\quad \sqrt{d^2+d^2}=1$$

이므로 $c=\pm\dfrac{1}{\sqrt{2}}$, $d=\pm\dfrac{1}{\sqrt{2}}$이 된다. $c=d=\dfrac{1}{\sqrt{2}}$을 선택하여 만든 정규화 고유벡터를 각각 $\boldsymbol{x}_1^*$와 $\boldsymbol{x}_2^*$라 하면

$$\boldsymbol{x}_1^*=\frac{1}{\sqrt{2}}\begin{pmatrix}1\\-1\end{pmatrix},\ \boldsymbol{x}_2^*=\frac{1}{\sqrt{2}}\begin{pmatrix}1\\1\end{pmatrix}$$

이 되고 $P=(\boldsymbol{x}_1^*\ \boldsymbol{x}_2^*)$라 두면

$$P=\begin{pmatrix}\frac{1}{\sqrt{2}}&\frac{1}{\sqrt{2}}\\-\frac{1}{\sqrt{2}}&\frac{1}{\sqrt{2}}\end{pmatrix},\ P^{-1}=P^T=\begin{pmatrix}\frac{1}{\sqrt{2}}&-\frac{1}{\sqrt{2}}\\\frac{1}{\sqrt{2}}&\frac{1}{\sqrt{2}}\end{pmatrix}$$

이 성립한다. P와 P^T를 사용하여 대각화하면

$$\begin{pmatrix}\frac{1}{\sqrt{2}}&-\frac{1}{\sqrt{2}}\\\frac{1}{\sqrt{2}}&\frac{1}{\sqrt{2}}\end{pmatrix}\begin{pmatrix}2&1\\1&2\end{pmatrix}\begin{pmatrix}\frac{1}{\sqrt{2}}&\frac{1}{\sqrt{2}}\\-\frac{1}{\sqrt{2}}&\frac{1}{\sqrt{2}}\end{pmatrix}=\begin{pmatrix}1&0\\0&3\end{pmatrix}$$

인 $P^TAP=D$가 성립한다. 그러므로 행렬 A의 스펙트럼분해는 다음과 같다.

$$A=PDP^T=\begin{pmatrix}\frac{1}{\sqrt{2}}&\frac{1}{\sqrt{2}}\\-\frac{1}{\sqrt{2}}&\frac{1}{\sqrt{2}}\end{pmatrix}\begin{pmatrix}1&0\\0&3\end{pmatrix}\begin{pmatrix}\frac{1}{\sqrt{2}}&-\frac{1}{\sqrt{2}}\\\frac{1}{\sqrt{2}}&\frac{1}{\sqrt{2}}\end{pmatrix}$$

6-4 이차형식

각 항들이 모두 이차인 다항식 형태인 것을 이차형식이라 하며 통계학 등 다양한 분야에서 활용되고 있다. 이차형식의 정의는 다음과 같다.

정의 6.6 | 이차형식

n차 정방행렬 $A=(a_{ij})$와 $\mathbb{R}^n$의 벡터 $\boldsymbol{x}=\begin{pmatrix} x_1 \\ x_2 \\ \vdots \\ x_n \end{pmatrix}$에 대하여

$$\boldsymbol{x}^T A\boldsymbol{x} = (x_1 x_2 \cdots x_n)\begin{pmatrix} a_{11} & a_{12} & \cdots & a_{1n} \\ a_{21} & a_{22} & \cdots & a_{2n} \\ \vdots & \vdots & \ddots & \vdots \\ a_{n1} & a_{n2} & \cdots & a_{nn} \end{pmatrix}\begin{pmatrix} x_1 \\ x_2 \\ \vdots \\ x_n \end{pmatrix} \tag{6.8}$$

을 $\boldsymbol{x}$의 이차형식(quadratic form)이라 한다.

정의 6.6의 식 (6.8)의 구체적인 형태를 살펴보면

$$\begin{aligned}\boldsymbol{x}^T A\boldsymbol{x} &= \sum_{i=1}^{n}\sum_{j=1}^{n} a_{ij}x_i x_j = \sum_{i=1}^{n} a_{ii}x_i^2 + \sum_{i=1}^{n}\sum_{j\neq i}^{n} a_{ij}x_i x_j \\ &= \sum_{i=1}^{n} a_{ii}x_i^2 + \sum_{i=1}^{n}\sum_{j>i}^{n} (a_{ij}+a_{ji})x_i x_j \end{aligned} \tag{6.9}$$

가 된다. 즉, 식 (6.9)에 의하면 $\boldsymbol{x}$의 이차형식 $\boldsymbol{x}^T A\boldsymbol{x}$는 A의 i번째 대각성분 a_{ii}와 $\boldsymbol{x}$의 i번째 성분의 제곱인 x_i^2과 곱이 되며, A의 $(i,\ j)$ 성분과 $(j,\ i)$ 성분을 더한 $(a_{ij}+a_{ji})$는 $\boldsymbol{x}$의 i번째 성분과 j번째 성분의 곱인 $x_i x_j$와 곱이 되어 모두 더한 형태이다. 만약 행렬 A가 대칭행렬이면 $a_{ij}=a_{ji}$이므로 식 (6.9)는 다음과 같은 이차형식이 된다.

$$\boldsymbol{x}^T A\boldsymbol{x} = \sum_{i=1}^{n} a_{ii}x_i^2 + 2\sum_{i=1}^{n}\sum_{j>i}^{n} a_{ij}x_i x_j$$

예제 6.18 $\mathbb{R}^3$의 벡터 $\boldsymbol{x}=\begin{pmatrix} x_1 \\ x_2 \\ x_3 \end{pmatrix}$에 대하여 다음 물음에 답하라.

① $A=\begin{pmatrix} 1 & 2 & 1 \\ 3 & 2 & 4 \\ -2 & 1 & 1 \end{pmatrix}$일 때 $\boldsymbol{x}$의 이차형식 $\boldsymbol{x}^TA\boldsymbol{x}$를 구하라.

② $\boldsymbol{x}^TB\boldsymbol{x}=2x_1^2+x_2^2-3x_3^2+8x_1x_2-6x_1x_3+4x_2x_3$일 때 대칭행렬 B를 구하라.

풀이

① 식 (6.9)에 의하여

$$\begin{aligned}&\boldsymbol{x}^TA\boldsymbol{x}\\&=1\times x_1^2+2\times x_2^2+1\times x_3^2+(2+3)x_1x_2+(1+(-2))x_1x_3+(4+1)x_2x_3\\&=x_1^2+2x_2^2+x_3^2+5x_1x_2-x_1x_3+5x_2x_3\end{aligned}$$

이 $\boldsymbol{x}$의 이차형식이 된다.

② $x_1^2,\ x_2^2,\ x_3^2$의 계수는 B의 대각성분들이 되며 x_1x_2의 계수는 B의 $(1,\ 2)$ 성분과 $(2,\ 1)$ 성분의 합이다. x_1x_3의 계수는 B의 $(1,\ 3)$ 성분과 $(3,\ 1)$ 성분의 합이며, x_2x_3의 계수는 B의 $(2,\ 3)$ 성분과 $(3,\ 2)$ 성분의 합이다. 그러므로 대칭행렬 B는

$$B=\begin{pmatrix} 2 & 4 & -3 \\ 4 & 1 & 2 \\ -3 & 2 & -3 \end{pmatrix} \tag{6.10}$$

이 된다.

예제 6.18의 ②의 행렬 B가 대칭행렬이 아니라면, $\boldsymbol{x}$의 이차형식 $\boldsymbol{x}^TB\boldsymbol{x}$을 만족하는 3차 정방행렬 B는 유일한가? 식 (6.10)의 행렬 B와 같은 대각성분들을 가지고 $(a_{ij}+a_{ji})$가 같은 3차 정방행렬들은 모두 예제 6.18의 ②의 이차형식을 가지게 된다. 예를 들면 다음의 행렬들은 모두 같은 이차형식을 가진다.

$$\begin{pmatrix} 2 & 3 & -2 \\ 5 & 1 & 1 \\ -4 & 3 & -3 \end{pmatrix},\quad \begin{pmatrix} 2 & 2 & -1 \\ 6 & 1 & 0 \\ -5 & 4 & 3 \end{pmatrix},\quad \begin{pmatrix} 2 & -1000 & -106 \\ 1008 & 1 & -10 \\ 100 & 14 & 3 \end{pmatrix}$$

하지만 예제 6.18의 ②의 $\boldsymbol{x}$의 이차형식 $\boldsymbol{x}^TB\boldsymbol{x}$을 만족하는 대칭인 3차 정방행렬은 식 (6.10)의 B가 유일하다.

다시 말하면, 임의의 이차형식 $\boldsymbol{x}^TA\boldsymbol{x}$에 맞는 행렬 A는 무수히 많이 존재하지만 대

칭행렬인 A는 유일하게 항상 존재한다. 그러므로 이후의 이차형식을 다룰 때 항상 A는 대칭행렬로 간주한다.

정의 6.7 양정치행렬과 양반정치행렬

n차 대칭행렬 A와 $\mathbf{0}$가 아닌 $\mathbb{R}^n$의 임의의 벡터 $\boldsymbol{x}$의 이차형식 $\boldsymbol{x}^TA\boldsymbol{x}$에 대해서

(i) $\boldsymbol{x}^TA\boldsymbol{x} > 0$을 만족하면 $\boldsymbol{x}^TA\boldsymbol{x}$를 양정치이차형식(positive definite quadratic form)이라 하며, A를 양정치행렬(positive definite matrix)이라 한다.

(ii) $\boldsymbol{x}^TA\boldsymbol{x} \geqq 0$을 만족하면 $\boldsymbol{x}^TA\boldsymbol{x}$를 양반정치이차형식(positive semidefinite quadratic form)이라 하며, A를 양반정치행렬(positive semidefinite matrix)이라 한다.

정의 6.7의 (i)에서 $\mathbf{0}$가 아닌 모든 $\boldsymbol{x}$에 대해서 $\boldsymbol{x}^TA\boldsymbol{x} < 0$이 되면 $\boldsymbol{x}^TA\boldsymbol{x}$를 음정치(negative definite)이차형식이라 하며 대칭행렬인 A를 음정치행렬이라 한다. 또한 (ii)에서 $\boldsymbol{x}^TA\boldsymbol{x} \leqq 0$인 경우는 $\boldsymbol{x}^TA\boldsymbol{x}$를 음반정치(negative semidefinite)이차형식이라 하며 대칭행렬 A를 음반정치행렬이라 한다.

예제 6.19 $\mathbb{R}^3$의 벡터 $\boldsymbol{x} = \begin{pmatrix} x_1 \\ x_2 \\ x_3 \end{pmatrix}$에 대하여 다음 물음에 답하라.

① $A = \begin{pmatrix} 10 & 2 & 3 \\ 2 & 5 & 1 \\ 3 & 1 & 2 \end{pmatrix}$가 양정치행렬인지 양반정치행렬인지 보여라.

② $B = \begin{pmatrix} 5 & -2 & -2 \\ -2 & 2 & -4 \\ -2 & -4 & 20 \end{pmatrix}$가 양정치행렬인지 양반정치행렬인지 보여라.

풀이

① $\boldsymbol{x}$의 이차형식은

$$\begin{aligned} \boldsymbol{x}^TA\boldsymbol{x} &= 10x_1^2 + 5x_2^2 + 2x_3^2 + 4x_1x_2 + 6x_1x_3 + 2x_2x_3 \\ &= (x_1^2 + 4x_1x_2 + 4x_2^2) + (9x_1^2 + 6x_1x_3 + x_3^2) + (x_2^2 + 2x_2x_3 + x_3^2) \\ &= (x_1 + 2x_2)^2 + (3x_1 + x_3)^2 + (x_2 + x_3)^2 \end{aligned}$$

이 된다. 위 식이 0이 되기 위해서는 $x_1 + 2x_2 = 0$, $3x_1 + x_3 = 0$, $x_2 + x_3 = 0$의 동차일차연립방정식의 해가 자명한 해인 $\mathbf{0}$ 이외에는 존재하지 않는다. 즉, $x_1 = -2x_2$, $3x_1 = -x_3$, $x_2 = -x_3$의 세 조건을 동시에 만족하는 0이 아닌 x_1, x_2, x_3가 없다. 그러므로 $\mathbf{0}$가 아닌 임의의 $\boldsymbol{x}$에 대하여 $\boldsymbol{x}^TA\boldsymbol{x} > 0$이므로 양정치이차형식이며 대칭행렬 A

는 양정치행렬이다.

② $\boldsymbol{x}$의 이차형식은

$$\begin{aligned}\boldsymbol{x}^T B\boldsymbol{x} &= 5x_1^2+2x_2^2+20x_3^2-4x_1x_2-4x_1x_3-8x_2x_3\\ &=(4x_1^2-4x_1x_2+x_2^2)+(x_1^2-4x_1x_3+4x_3^2)+(x_2^2-8x_2x_3+16x_3^2)\\ &= (2x_1-x_2)^2+(x_1-2x_3)^2+(x_2-4x_3)^2\end{aligned}$$

이 된다. 임의의 $\boldsymbol{x}$에 대하여 $\boldsymbol{x}^T B\boldsymbol{x} \geq 0$을 만족하고 동차일차연립방정식 $2x_1-x_2=0$, $x_1-2x_3=0$, $x_2-4x_3=0$의 해는 벡터 $\boldsymbol{x}=c\begin{pmatrix}2\\4\\1\end{pmatrix}$인 경우에 $\boldsymbol{x}^T B\boldsymbol{x}=0$가 된다. 여기서 c는 0이 아닌 임의의 실수이다. 그러므로 $\boldsymbol{x}^T B\boldsymbol{x}$는 양반정치이차형식이며 대칭행렬 B는 양반정치행렬이다.

위 예제 풀이에 필요한 동차일차연립방정식의 해에 대해서는 5.6절을 참조하길 바란다.

정리 6.16 양정치행렬의 고윳값

n차 대칭행렬 A에 대해서 다음은 동치이다.

(i) A는 양정치행렬이다.
(ii) A의 고윳값은 모두 양수이다.

증명

(i) ⟹ (ii) λ를 A의 고윳값이라 하고 $\boldsymbol{x}$를 λ에 대응하는 고유벡터라 하면 A가 양정치행렬이므로

$$0<\boldsymbol{x}^T A\boldsymbol{x}=\boldsymbol{x}^T\lambda\boldsymbol{x}=\lambda\boldsymbol{x}^T\boldsymbol{x}=\lambda\|\boldsymbol{x}\|^2$$

이 된다. $\mathbf{0}$가 아닌 $\boldsymbol{x}$에 대하여 $\|\boldsymbol{x}\|>0$이므로 λ는 양수이다.

(ii) ⟹ (i) $\mathbf{0}$가 아닌 $\boldsymbol{x}$에 대하여 정규화 고유벡터 $\boldsymbol{y}=\dfrac{\boldsymbol{x}}{\|\boldsymbol{x}\|}$을 고려하자. 양수인 고윳값들 중 λ_1를 A의 고윳값 중 최솟값이라 하면

$$0<\lambda_1=\lambda_1\|\boldsymbol{y}\|^2=\lambda_1\boldsymbol{y}^T\boldsymbol{y}=\boldsymbol{y}^T\lambda_1\boldsymbol{y}=\boldsymbol{y}^T A\boldsymbol{y}=\left(\frac{\boldsymbol{x}}{\|\boldsymbol{x}\|}\right)^T A\left(\frac{\boldsymbol{x}}{\|\boldsymbol{x}\|}\right)=\frac{1}{\|\boldsymbol{x}\|^2}\boldsymbol{x}^T A\boldsymbol{x}$$

가 된다. $\mathbf{0}$가 아닌 $\boldsymbol{x}$에 대하여 $\|\boldsymbol{x}\|>0$이므로 $\boldsymbol{x}^T A\boldsymbol{x}>0$이다. 그러므로 A는 양정치행렬이다. ♣

정리 6.17 양반정치행렬의 고윳값

n차 대칭행렬 A에 대해서 다음은 동치이다.

(i) A는 양반정치행렬이다.
(ii) A의 고윳값은 모두 0 또는 양수이다.

증명 정리 6.16의 증명과 유사하므로 생략한다. ♣

예제 6.20 다음 행렬이 양정치행렬인지 아니면 양반정치행렬인지를 고윳값으로 판단하라.

① $A=\begin{pmatrix} 2 & 1 \\ 1 & 2 \end{pmatrix}$

② $B=\begin{pmatrix} 1 & 1 \\ 1 & 1 \end{pmatrix}$

풀이

① 행렬 A의 고윳값은 예제 6.14의 풀이에 의하면 $\lambda_1=1,\ \lambda_2=3$이다. 모든 고윳값이 양수이므로 정리 6.16에 의하여 A는 양정치행렬이다.

② 행렬 B의 특성방정식

$$|B-\lambda I_2|=\begin{vmatrix} 1-\lambda & 1 \\ 1 & 1-\lambda \end{vmatrix}=(1-\lambda)^2-1=\lambda^2-2\lambda=0$$

의 해는 $\lambda_1=0,\ \lambda_2=2$이다. 고윳값이 0과 양수로 구성되어 있으므로 정리 6.17에 의하여 행렬 B는 양반정치행렬이다.

정리 6.18 양정치행렬의 성질

n차 대칭행렬 A에 대해서 다음은 동치이다.

(i) A가 양정치행렬이다.
(ii) $A=CC^T$ 또는 $A=C^TC$가 되는 가역행렬 C가 존재한다.

증명

(i) $\Rightarrow$ (ii) 행렬 A가 양정치행렬이면 정리 6.16에 의하여 대칭행렬 A의 고윳값은 모두 양수이다. 그러므로

$$D=\mathrm{diag}(\lambda_1,\lambda_2,\cdots,\lambda_n)=D^{1/2}D^{1/2}$$

가 성립한다. 여기서 $D^{1/2}=\mathrm{diag}(\sqrt{\lambda_1},\sqrt{\lambda_2},\cdots,\sqrt{\lambda_n})$이다. 정리 6.15의 대칭행렬의 대각화에 의하여

$$A = P^T DP = P^T D^{1/2} D^{1/2} P = (D^{1/2}P)^T (D^{1/2}P) = C^T C \tag{6.11}$$

가 성립한다.

(ii) ⊨⇒ (i) 행렬 A가 $A = C^T C$가 성립하면 $\boldsymbol{x}$의 이차형식은

$$\boldsymbol{x}^T A\boldsymbol{x} = \boldsymbol{x}^T C^T C\boldsymbol{x} = (C\boldsymbol{x})^T C\boldsymbol{x}$$

가 성립한다. C가 가역행렬이므로 $C\boldsymbol{x} \neq \boldsymbol{0}$이고 $(C\boldsymbol{x})^T C\boldsymbol{x}$는 제곱의 형태이므로 $\boldsymbol{x}^T A\boldsymbol{x} > 0$이 된다. 따라서 A는 양정치행렬이다. ♣

정리 6.18의 (ii)에서 대칭행렬이며 양정치행렬인 A는 $A = CC^T$ 혹은 $A = C^T C$가 성립한다. 가역행렬 C를 구하는 한 가지 방법은 식 (6.11)을 이용하여 $C = D^{1/2}P$로 구할 수 있다. 한편, 대각성분이 양수인 하삼각행렬 R이 존재하여 $A = RR^T$로 인수분해될 수 있다. 이를 A의 촐레스키분해(Cholesky decomposition)라 한다.

예제 6.21 예제 6.20의 ①의 대칭행렬에 대하여 $A = CC^T$가 되는 C를 식 (6.11)을 이용하여 구하고 A의 촐레스키분해를 구하라.

풀이

예제 6.14의 풀이에 의하면 행렬 $A = \begin{pmatrix} 2 & 1 \\ 1 & 2 \end{pmatrix}$의 고윳값은 $\lambda_1 = 1$, $\lambda_2 = 3$이다. 또한, 예제 6.17의 풀이에서 $\lambda_1 = 1$과 $\lambda_2 = 3$일 때 선택한 정규화 고유벡터는

$$\boldsymbol{x}_1^* = \frac{1}{\sqrt{2}}\begin{pmatrix} 1 \\ -1 \end{pmatrix}, \ \boldsymbol{x}_2^* = \frac{1}{\sqrt{2}}\begin{pmatrix} 1 \\ 1 \end{pmatrix}$$

이고 $P = (\boldsymbol{x}_1^* \ \boldsymbol{x}_2^*)$라 두면

$$P = \begin{pmatrix} \frac{1}{\sqrt{2}} & \frac{1}{\sqrt{2}} \\ -\frac{1}{\sqrt{2}} & \frac{1}{\sqrt{2}} \end{pmatrix}, \ P^{-1} = P^T = \begin{pmatrix} \frac{1}{\sqrt{2}} & -\frac{1}{\sqrt{2}} \\ \frac{1}{\sqrt{2}} & \frac{1}{\sqrt{2}} \end{pmatrix}$$

이다. 식 (6.11)에 의하여 $A = CC^T$가 되는 행렬 C는

$$C = D^{1/2}P = \begin{pmatrix} 1 & 0 \\ 0 & \sqrt{3} \end{pmatrix}\begin{pmatrix} \frac{1}{\sqrt{2}} & \frac{1}{\sqrt{2}} \\ -\frac{1}{\sqrt{2}} & \frac{1}{\sqrt{2}} \end{pmatrix} = \begin{pmatrix} \frac{1}{\sqrt{2}} & \frac{1}{\sqrt{2}} \\ -\frac{\sqrt{3}}{\sqrt{2}} & \frac{\sqrt{3}}{\sqrt{2}} \end{pmatrix}$$

이 된다.

한편, 촐레스키분해를 구하기 위하여 대각성분이 양수인 상삼각행렬 R을 다음과 같이 고려하자.

$$R = \begin{pmatrix} a & b \\ 0 & c \end{pmatrix}$$

$A = RR^T$이고 $a > 0$, $c > 0$이어야 하므로

$$RR^T=\begin{pmatrix} a & b \\ 0 & c \end{pmatrix}\begin{pmatrix} a & 0 \\ b & c \end{pmatrix}=\begin{pmatrix} a^2+b^2 & bc \\ bc & c^2 \end{pmatrix}=\begin{pmatrix} 2 & 1 \\ 1 & 2 \end{pmatrix}$$

이다. 그러므로 $a=\sqrt{\frac{3}{2}}$, $b=\frac{1}{\sqrt{2}}$, $c=\sqrt{2}$가 된다. 따라서 A의 촐레스키분해는 다음과 같다.

$$\begin{pmatrix} 2 & 1 \\ 1 & 2 \end{pmatrix}=\begin{pmatrix} \sqrt{\frac{3}{2}} & \frac{1}{\sqrt{2}} \\ 0 & \sqrt{2} \end{pmatrix}\begin{pmatrix} \sqrt{\frac{3}{2}} & 0 \\ \frac{1}{\sqrt{2}} & \sqrt{2} \end{pmatrix}$$

6-5 행렬의 분해

정리 6.18의 (ii)는 대칭행렬이며 양정치행렬인 A가 $A=CC^T$ 혹은 $A=C^TC$가 되는 행렬 C가 존재함을 보여주고 있다. 이와 같이 한 행렬을 여러 행렬의 곱으로 표현한 것을 행렬의 분해(decomposition)라 한다. 행렬의 대각화에서 서술한 스펙트럼분해와 촐레스키분해도 행렬의 분해들이다.

이 절에서는 대칭행렬의 스펙트럼분해에 대해 자세히 알아보고, 정방행렬이 아닌 일반적인 행렬에 대한 행렬의 분해에 대해 알아보고자 한다.

정리 6.19 스펙트럼분해

n차 정방행렬 A가 대칭이고 대각화 가능할 때, A의 고윳값 $\lambda_1, \lambda_2, \ldots, \lambda_n$에 대응하는 정규화 고유벡터 $\boldsymbol{v}_1, \boldsymbol{v}_2, \ldots, \boldsymbol{v}_n$으로 표현된 A의 스펙트럼 분해는 다음과 같다.

$$A=\lambda_1\boldsymbol{v}_1\boldsymbol{v}_1^T+\lambda_2\boldsymbol{v}_2\boldsymbol{v}_2^T+\ldots+\lambda_n\boldsymbol{v}_n\boldsymbol{v}_n^T$$

증명

n차 정방행렬 A가 대칭행렬이므로 정리 6.15에 의하여 $D=P^TAP$가 되는 직교행렬 P가 다음과 같이 존재한다.

$$P=(\boldsymbol{v}_1\ \boldsymbol{v}_2\ \cdots\ \boldsymbol{v}_n)$$

직교행렬 P는 $P^{-1}=P^T$이므로 $A=PDP^T$가 되어 다음이 성립한다.

$$A = PDP^T = (\boldsymbol{v}_1\ \boldsymbol{v}_2\ \cdots\ \boldsymbol{v}_n)\begin{pmatrix} \lambda_1 & 0 & \cdots & 0 \\ 0 & \lambda_2 & \cdots & 0 \\ \vdots & \vdots & \ddots & \vdots \\ 0 & 0 & \cdots & \lambda_n \end{pmatrix}\begin{pmatrix} \boldsymbol{v}_1^T \\ \boldsymbol{v}_2^T \\ \vdots \\ \boldsymbol{v}_n^T \end{pmatrix}$$

$$= (\lambda_1 \boldsymbol{v}_1\ \ \lambda_2 \boldsymbol{v}_2 \ldots \lambda_n \boldsymbol{v}_n)\begin{pmatrix} \boldsymbol{v}_1^T \\ \boldsymbol{v}_2^T \\ \vdots \\ \boldsymbol{v}_n^T \end{pmatrix}$$

$$= \sum_{i=1}^{n} \lambda_i \boldsymbol{v}_i \boldsymbol{v}_i^T$$

♣

대칭인 정방행렬 A의 스펙트럼분해는 n개의 n차 정방행렬들인 $\lambda_1 \boldsymbol{v}_1 \boldsymbol{v}_1^T$, $\lambda_2 \boldsymbol{v}_2 \boldsymbol{v}_2^T$, ..., $\lambda_n \boldsymbol{v}_n \boldsymbol{v}_n^T$의 합으로 표현한 것이다.

예제 6.22 다음 행렬 A, B에 대하여 스펙트럼분해를 구하라.

① $A = \begin{pmatrix} 1 & 2 \\ 2 & 1 \end{pmatrix}$

② $B = \begin{pmatrix} 2 & 0 & 0 \\ 0 & 2 & 1 \\ 0 & 1 & 2 \end{pmatrix}$

풀이

① 예제 6.17에 의하면 A의 고윳값은 $\lambda_1 = 1, \lambda_2 = 3$이다. 각 고윳값들에 대응하는 정규화 고유벡터는 다음과 같다.

$$\boldsymbol{v}_1 = \begin{pmatrix} \frac{1}{\sqrt{2}} \\ -\frac{1}{\sqrt{2}} \end{pmatrix},\ \boldsymbol{v}_2 = \begin{pmatrix} \frac{1}{\sqrt{2}} \\ \frac{1}{\sqrt{2}} \end{pmatrix}$$

그러므로 A의 스펙트럼분해는 다음과 같다.

$$A = \lambda_1 \boldsymbol{v}_1 \boldsymbol{v}_1^T + \lambda_2 \boldsymbol{v}_2 \boldsymbol{v}_2^T$$

$$= 1 \times \begin{pmatrix} \frac{1}{\sqrt{2}} \\ -\frac{1}{\sqrt{2}} \end{pmatrix}\begin{pmatrix} \frac{1}{\sqrt{2}} & -\frac{1}{\sqrt{2}} \end{pmatrix} + 3 \times \begin{pmatrix} \frac{1}{\sqrt{2}} \\ \frac{1}{\sqrt{2}} \end{pmatrix}\begin{pmatrix} \frac{1}{\sqrt{2}} & \frac{1}{\sqrt{2}} \end{pmatrix}$$

$$= \begin{pmatrix} \frac{1}{2} & -\frac{1}{2} \\ -\frac{1}{2} & \frac{1}{2} \end{pmatrix} + \begin{pmatrix} \frac{3}{2} & \frac{3}{2} \\ \frac{3}{2} & \frac{3}{2} \end{pmatrix}$$

② 행렬 B의 고윳값들은 $\lambda_1 = 1$, $\lambda_2 = 2$ $\lambda_3 = 3$이 되고 각 고윳값들에 대응하는 정규화 고유벡터가 다음과 같이 됨을 쉽게 보일 수 있다.

$$\boldsymbol{v}_1=\begin{pmatrix}0\\\frac{1}{\sqrt{2}}\\-\frac{1}{\sqrt{2}}\end{pmatrix},\ \boldsymbol{v}_2=\begin{pmatrix}1\\0\\0\end{pmatrix},\ \boldsymbol{v}_3=\begin{pmatrix}0\\\frac{1}{\sqrt{2}}\\\frac{1}{\sqrt{2}}\end{pmatrix}$$

그러므로 B의 스펙트럼분해는 다음과 같다.

$$\begin{aligned}B&=\lambda_1\boldsymbol{v}_1\boldsymbol{v}_1^T+\lambda_2\boldsymbol{v}_2\boldsymbol{v}_2^T+\lambda_3\boldsymbol{v}_3\boldsymbol{v}_3^T\\&=1\times\begin{pmatrix}0\\\frac{1}{\sqrt{2}}\\-\frac{1}{\sqrt{2}}\end{pmatrix}\begin{pmatrix}0&\frac{1}{\sqrt{2}}&-\frac{1}{\sqrt{2}}\end{pmatrix}+2\times\begin{pmatrix}1\\0\\0\end{pmatrix}(1\ 0\ 0)\\&\quad+3\times\begin{pmatrix}0\\\frac{1}{\sqrt{2}}\\\frac{1}{\sqrt{2}}\end{pmatrix}\begin{pmatrix}0&\frac{1}{\sqrt{2}}&\frac{1}{\sqrt{2}}\end{pmatrix}\\&=\begin{pmatrix}0&0&0\\0&\frac{1}{2}&-\frac{1}{2}\\0&-\frac{1}{2}&\frac{1}{2}\end{pmatrix}+\begin{pmatrix}2&0&0\\0&0&0\\0&0&0\end{pmatrix}+\begin{pmatrix}0&0&0\\0&\frac{3}{2}&\frac{3}{2}\\0&\frac{3}{2}&\frac{3}{2}\end{pmatrix}\end{aligned}$$

스펙트럼분해는 대칭인 정방행렬의 행렬의 분해이다. 일반적인 형태의 행렬인 경우에 행렬의 분해에 대해 알아보자.

$m\times n$ 행렬 A가 $\text{rank}(A)=m(\le n)$으로 최대행계수를 가진다고 하자. A^TA는 n차 정방행렬이고 대칭이다. 정리 5.1의 (v)에 의해 $\text{rank}(A^TA)=\text{rank}(A)=m$이다. 그러므로 A^TA는 m개의 양의 고윳값과 $(n-m)$개의 0의 고윳값을 가진다. 간단히,

$$\lambda_1\ge\lambda_2\ge\ldots\ge\lambda_m\ge0 \tag{6.12}$$

이라 하자. λ_i들에 대응하는 정규화 고유벡터를 $\boldsymbol{v}_i$라 하고, 이들 정규화 고유벡터로 구성된 행렬을 다음과 같이 V라고 하자. V는 $n\times m$ 행렬이다.

$$V=(\boldsymbol{v}_1\ \boldsymbol{v}_2\ \cdots\ \boldsymbol{v}_m) \tag{6.13}$$

한편, AA^T는 m차 정방행렬이고 대칭이다. 정리 5.1의 (v)에 의해 $\text{rank}(AA^T)=\text{rank}(A)=m$이다. AA^T는 식 (6.12)의 고윳값들을 가지며 각 고윳값

에 대응하는 정규화 고유벡터를 $\boldsymbol{u}_i$라 하고, 이들 정규화 고유벡터로 구성된 행렬을 다음과 같이 U라 하자. U는 m차 정방행렬이다.

$$U = (\boldsymbol{u}_1 \ \boldsymbol{u}_2 \cdots \boldsymbol{u}_m) \tag{6.14}$$

이를 이용한 $m \times n$ 행렬 A의 특이값 분해는 다음과 같다.

정리 6.20 특이값 분해(Singular value decomposition, SVD)

$m \times n$ 행렬 A가 $\text{rank}(A) = m (\leq n)$을 가질 때, AA^T와 A^TA의 고유벡터로 만들어진 식 (6.13)과 식 (6.14)의 행렬 U와 V를 이용하여 다음과 같은 행렬의 분해를 만들 수 있다.

$$A = UDV^T$$

여기서 $D = \text{diag}(\sqrt{\lambda_1}, \sqrt{\lambda_2}, \cdots, \sqrt{\lambda_m})$이고, $i = 1, 2, \cdots, m$에 대하여 $\boldsymbol{v}_i = \frac{1}{\sqrt{\lambda_i}} A^T \boldsymbol{u}_i$와 $\boldsymbol{u}_i = \frac{1}{\sqrt{\lambda_i}} A\boldsymbol{v}_i$이다.

증명 증명은 생략한다. ♣

AA^T와 A^TA는 대칭행렬이므로 그들의 고유벡터들은 정리 6.11에 의해 직교하며 정규화 고유벡터를 이용하여 U와 V를 만들었으므로 다음이 성립한다.

$$U^TU = I_m, \quad V^TV = I_m$$

한편, λ_i들이 행렬 AA^T와 A^TA의 고윳값일 때 $\sqrt{\lambda_i}$들은 행렬 A의 특이값(singular value)이라 한다. 행렬 U를 구성하고 있는 $\boldsymbol{u}_i$들은 좌특이벡터(left singular vector)라 하고 행렬 V를 구성하고 있는 $\boldsymbol{v}_i$들은 우특이벡터(right singular vector)라 한다.

정리 6.20의 $m \times n$행렬 A의 특이값 분해를 고윳값들과 고유벡터들을 이용하여 다음과 같이 m개의 $m \times n$행렬의 합으로 표현할 수 있다.

$$A = UDV^T = \sum_{i=1}^{m} \sqrt{\lambda_i}\, \boldsymbol{u}_i \boldsymbol{v}_i^T \tag{6.15}$$

만약, $m \times n$행렬 A가 $\text{rank}(A) = n (\leq m)$인 경우에 A의 특이값 분해 $A = UDV^T$에서 U는 $m \times n$행렬이고 V는 n차 정방행렬이며 D는 n차 대각행렬이다.

예제 6.23 다음 행렬 A에 대하여 특이값 분해를 구하라. 또한 식 (6.15)를 이용하여 A를 행렬들의 합으로 표현하라.

$$A=\begin{pmatrix}-1&1&0\\0&1&0\end{pmatrix}$$

풀이

AA^T와 A^TA를 구하면 다음과 같다.

$$AA^T=\begin{pmatrix}-1&1&0\\0&1&1\end{pmatrix}\begin{pmatrix}-1&0\\1&1\\0&1\end{pmatrix}=\begin{pmatrix}2&1\\1&2\end{pmatrix}$$

$$A^TA=\begin{pmatrix}-1&0\\1&1\\0&1\end{pmatrix}\begin{pmatrix}-1&1&0\\0&1&1\end{pmatrix}=\begin{pmatrix}1&-1&0\\-1&2&1\\0&1&1\end{pmatrix}$$

예제 6.22에 의하면 AA^T의 고윳값은 $\lambda_1=3,\ \lambda_2=1$이고, 각 고윳값에 대응하는 정규화 고유벡터 $\boldsymbol{u}_1$과 $\boldsymbol{u}_2$는

$$\boldsymbol{u}_1=\begin{pmatrix}\frac{1}{\sqrt{2}}\\\frac{1}{\sqrt{2}}\end{pmatrix},\ \boldsymbol{u}_2=\begin{pmatrix}\frac{1}{\sqrt{2}}\\-\frac{1}{\sqrt{2}}\end{pmatrix}$$

이므로 좌특이벡터들 $\boldsymbol{u}_1$과 $\boldsymbol{u}_2$로 이루어진 행렬 U는 다음과 같다.

$$U=\begin{pmatrix}\frac{1}{\sqrt{2}}&\frac{1}{\sqrt{2}}\\\frac{1}{\sqrt{2}}&-\frac{1}{\sqrt{2}}\end{pmatrix}$$

정리 6.20에 의하여

$$\boldsymbol{v}_1=\frac{1}{\sqrt{\lambda_1}}A^T\boldsymbol{u}_1=\frac{1}{\sqrt{3}}\begin{pmatrix}-1&0\\1&1\\0&1\end{pmatrix}\begin{pmatrix}\frac{1}{\sqrt{2}}\\\frac{1}{\sqrt{2}}\end{pmatrix}=\frac{1}{\sqrt{3}}\begin{pmatrix}-\frac{1}{\sqrt{2}}\\\frac{2}{\sqrt{2}}\\\frac{1}{\sqrt{2}}\end{pmatrix}=\begin{pmatrix}-\frac{1}{6}\\\frac{2}{\sqrt{6}}\\\frac{1}{\sqrt{6}}\end{pmatrix}$$

$$\boldsymbol{v}_2=\frac{1}{\sqrt{\lambda_2}}A^T\boldsymbol{u}_2=\frac{1}{\sqrt{1}}\begin{pmatrix}-1&0\\1&1\\0&1\end{pmatrix}\begin{pmatrix}\frac{1}{\sqrt{2}}\\-\frac{1}{\sqrt{2}}\end{pmatrix}=\begin{pmatrix}-\frac{1}{\sqrt{2}}\\0\\-\frac{1}{\sqrt{2}}\end{pmatrix}$$

이 된다. 따라서 우특이벡터들 $\boldsymbol{v}_1$과 $\boldsymbol{v}_2$로 이루어진 행렬 V는 다음과 같다.

$$V=\begin{pmatrix}-\frac{1}{\sqrt{6}}&-\frac{1}{\sqrt{2}}\\\frac{2}{\sqrt{6}}&0\\\frac{1}{\sqrt{6}}&-\frac{1}{\sqrt{2}}\end{pmatrix}$$

그러므로 행렬 A의 특이값 분해는 다음과 같다.

$$A = UDV^T$$
$$= \begin{pmatrix} \frac{1}{\sqrt{2}} & \frac{1}{\sqrt{2}} \\ \frac{1}{\sqrt{2}} & -\frac{1}{\sqrt{2}} \end{pmatrix} \begin{pmatrix} \sqrt{3} & 0 \\ 0 & 1 \end{pmatrix} \begin{pmatrix} -\frac{1}{\sqrt{6}} & \frac{2}{\sqrt{6}} & \frac{1}{\sqrt{6}} \\ -\frac{1}{\sqrt{2}} & 0 & -\frac{1}{\sqrt{2}} \end{pmatrix}$$

식 (6.15)를 이용하면 A를 다음과 같이 표현할 수 있다.

$$A = \sqrt{\lambda_1}\boldsymbol{u}_1\boldsymbol{v}_1^T + \sqrt{\lambda_2}\boldsymbol{u}_2\boldsymbol{v}_2^T$$
$$= \sqrt{3} \times \begin{pmatrix} \frac{1}{\sqrt{2}} \\ \frac{1}{\sqrt{2}} \end{pmatrix} \begin{pmatrix} -\frac{1}{\sqrt{6}} & \frac{2}{\sqrt{6}} & \frac{1}{\sqrt{6}} \end{pmatrix} + 1 \times \begin{pmatrix} \frac{1}{\sqrt{2}} \\ -\frac{1}{\sqrt{2}} \end{pmatrix} \begin{pmatrix} -\frac{1}{\sqrt{2}} & 0 & -\frac{1}{\sqrt{2}} \end{pmatrix}$$
$$= \begin{pmatrix} -\frac{1}{2} & 1 & \frac{1}{2} \\ -\frac{1}{2} & 1 & \frac{1}{2} \end{pmatrix} + \begin{pmatrix} -\frac{1}{2} & 0 & -\frac{1}{2} \\ \frac{1}{2} & 0 & \frac{1}{2} \end{pmatrix}$$

정리 6.20과 예제 6.23에서 보았듯이 좌특이벡터들로 사용할 정규화 고유벡터를 어떤 것으로 선택하느냐에 따라 U와 V가 달라지므로 특이값 분해의 형태가 유일하지 않음을 알 수 있다. 예제 6.23에서와는 다르게 우특이벡터 $\boldsymbol{v}_i$들을 먼저 구하고 정리 6.20에 서술된 $\boldsymbol{u}_i = \frac{1}{\sqrt{\lambda_i}} A\boldsymbol{v}_i$를 이용하여 좌특이벡터들을 구할 수도 있다.

$m \times n$ 행렬 A가 $\text{rank}(A) = k(< \min(m, n))$으로 최대행계수나 최대열계수를 가지지 않는 경우는 k개의 양의 고윳값을 가진다. 따라서 다음과 같이 각각 k개의 좌특이벡터 $\boldsymbol{u}_i$와 우특이벡터 $\boldsymbol{v}_i$를 이용한 특이값 분해를 한다.

$$A = UDV^T$$

여기서 $D = \text{diag}(\sqrt{\lambda_1}, \sqrt{\lambda_2}, \cdots, \sqrt{\lambda_k})$이고 $U = (\boldsymbol{u}_1\ \boldsymbol{u}_2\ \cdots\ \boldsymbol{u}_k)$으로 $m \times k$ 행렬이며 $V = (\boldsymbol{v}_1\ \boldsymbol{v}_2\ \cdots\ \boldsymbol{v}_k)$으로 $k \times n$ 행렬이다. 이를 A의 축소된 특이값 분해(reduced singular value decomposition)라 한다.

연습문제

1. 다음 변환 T가 선형변환인지 아닌지 보여라.

① $T:\mathbb{R}^2 \to \mathbb{R}^3$이고 $\mathbb{R}^2$의 임의의 벡터 $\boldsymbol{x}=\begin{pmatrix} x_1 \\ x_2 \end{pmatrix}$에 대하여

$$T(\boldsymbol{x})=\begin{pmatrix} x_1 \\ x_2 \\ \sqrt{x_1^2+x_2^2} \end{pmatrix}$$이다.

② $T:\mathbb{R}^3 \to \mathbb{R}^3$이고 $\mathbb{R}^3$의 임의의 벡터 $\boldsymbol{x}=\begin{pmatrix} x_1 \\ x_2 \\ x_3 \end{pmatrix}$에 대하여 $T(\boldsymbol{x})=\begin{pmatrix} x_1 \\ x_2-x_1 \\ x_3-x_1 \end{pmatrix}$이다.

③ $T: M_{2\times 3} \to M_{3\times 2}$이고 $M_{2\times 3}$의 임의의 행렬 A에 대하여 $T(A)=A^T$이다. 여기서 $M_{2\times 3}$와 $M_{3\times 2}$는 각각 2×3 행렬과 3×2 행렬의 집합이다.

④ $T: C[a,b] \to C[a,b]$이고 $C[a,b]$의 임의의 함수 f에 대하여 $T(f)=f'$이다. 여기서 f'은 f의 도함수이다.

2. 다음 선형변환 T에 대응하는 표준행렬을 구하라.

① $T:\mathbb{R}^2 \to \mathbb{R}^2$이고 $\mathbb{R}^2$의 임의의 벡터 $\boldsymbol{x}=\begin{pmatrix} x_1 \\ x_2 \end{pmatrix}$에 대하여 $T(\boldsymbol{x})=\begin{pmatrix} 2x_1+x_2 \\ x_1+2x_2 \end{pmatrix}$이다.

② $T:\mathbb{R}^3 \to \mathbb{R}^3$이고 $\mathbb{R}^3$의 임의의 벡터 $\boldsymbol{x}=\begin{pmatrix} x_1 \\ x_2 \\ x_3 \end{pmatrix}$에 대하여 $T(\boldsymbol{x})=\begin{pmatrix} x_2 \\ x_3 \\ x_1 \end{pmatrix}$이다.

③ $T:\mathbb{R}^2 \to \mathbb{R}^3$이고 $\mathbb{R}^2$의 임의의 벡터 $\boldsymbol{x}=\begin{pmatrix} x_1 \\ x_2 \end{pmatrix}$에 대하여

$$T(\boldsymbol{x})=\begin{pmatrix} x_1-x_2 \\ -x_1+x_2 \\ x_2 \end{pmatrix}$$이다.

④ $T:\mathbb{R}^3 \to \mathbb{R}^2$이고 $\mathbb{R}^3$의 임의의 벡터 $\boldsymbol{x}=\begin{pmatrix} x_1 \\ x_2 \\ x_3 \end{pmatrix}$에 대하여

$$T(\boldsymbol{x})=\begin{pmatrix} 2x_1+x_2-3x_3 \\ -2x_2+x_3 \end{pmatrix}$$이다.

3. 선형변환 $T: \mathbb{R}^2 \to \mathbb{R}^2$는 $\mathbb{R}^2$의 벡터를 원점을 중심으로 θ만큼 반시계방향으로 회전시키는 회전변환이다. 기본단위행렬 $\boldsymbol{e}_1$, $\boldsymbol{e}_2$가 이 회전변환에 의하여 각각 $\begin{pmatrix} \cos\theta \\ \sin\theta \end{pmatrix}$와 $\begin{pmatrix} -\sin\theta \\ \cos\theta \end{pmatrix}$로 변환됨을 이용하여 식 (6.3)이 이 회전변환을 위한 변환행렬이 됨을 보여라.

4. 정방행렬 A, B에 대하여 다음 물음에 답하라.

$$A = \begin{pmatrix} 2 & -1 \\ -3 & 0 \end{pmatrix}, \quad B = \begin{pmatrix} -1 & 1 & 0 \\ 0 & 2 & 0 \\ 0 & 1 & 1 \end{pmatrix}$$

① 고윳값을 구하라.

② 각 고윳값에 대응하는 고유벡터를 구하라.

③ A^2의 고윳값과 고유벡터를 구하라.

④ A^{-1}의 고윳값과 고유벡터를 구하라.

⑤ $2B^3 + 4B^2 - 5B + 3I_3$ 고윳값과 고유벡터를 구하라.

⑥ A와 B가 대각화 가능한지 밝히고 대각화 가능하면 대각화하라.

⑦ A^2와 A^{-1}이 대각화 가능한지 밝히고 대각화 가능하면 대각화하라.

5. 대칭행렬 $A = \begin{pmatrix} 3 & 1 \\ 1 & 3 \end{pmatrix}$에 대하여 다음 물음에 답하라.

① A의 두 고윳값에 대응하는 고유벡터가 직교함을 보여라.

② A를 대각화하고 스펙트럼분해를 구하라.

③ $\mathbb{R}^2$의 벡터 $\begin{pmatrix} x_1 \\ x_2 \end{pmatrix}$에 대하여 이차형식 $\boldsymbol{x}^T A \boldsymbol{x}$를 구하라.

④ A가 양정치행렬인지 양반정치행렬인지 보여라.

⑤ 양정치행렬이면 $A = CC^T$가 되는 C를 구하고, A의 촐레스키분해를 구하라.

6. n차 정방행렬 $\frac{1}{n}J_n$과 $I_n - \frac{1}{n}J_n$의 고윳값들은 0 혹은 1이다. 그 이유는 무엇인가?

7. 정방행렬 A의 고윳값이 λ이고 벡터 $\boldsymbol{x}_1$과 $\boldsymbol{x}_2$가 λ에 대응하는 고유벡터라 할 때 동시에 0이 아닌 임의의 스칼라 k_1, k_2에 대하여 $k_1\boldsymbol{x}_1 + k_2\boldsymbol{x}_2$도 λ의 고유벡터임을 보여라.

8. n차 정방행렬 A가 대각화 가능하고 $\lambda_1, \lambda_2, \cdots, \lambda_n$이 A의 고윳값이고 이에 대응하는 고유벡터를 $\boldsymbol{x}_1, \boldsymbol{x}_2, \cdots, \boldsymbol{x}_n$이라 하자. A의 역행렬 A^{-1}의 대각화가 $P^{-1}A^{-1}P = D^{-1}$가 됨을 보여라. 여기서

$$D^{-1} = \mathrm{diag}\left(\frac{1}{\lambda_1}, \frac{1}{\lambda_2}, \cdots, \frac{1}{\lambda_n}\right), \ P = (\boldsymbol{x}_1\ \boldsymbol{x}_2\ \cdots\ \boldsymbol{x}_n)$$

이다.

9. $\mathbb{R}^3$의 벡터 $\boldsymbol{x} = \begin{pmatrix} x_1 \\ x_2 \\ x_3 \end{pmatrix}$에 대하여 이차형식이

$$\boldsymbol{x}^T A \boldsymbol{x} = 2x_1^2 - 3x_2^2 + 3x_3^2 - 4x_1x_2 + 6x_1x_3 - 8x_2x_3$$

일 때, 3차 정방행렬 A를 구하라. 구해진 A가 유일한가? A가 대칭행렬인 경우에 A를 구하라. 구해진 A가 유일한가?

10. 대칭행렬 $A = \begin{pmatrix} 2 & 2 \\ 2 & 2 \end{pmatrix}$가 양정치행렬인지 양반정치행렬인지 보여라.

11. 정리 6.11의 (ii)를 이차형식을 이용하여 증명하라.

12. 다음 행렬 A, B에 대하여 특이값 분해를 구하라. 또한 식 (6.15)를 이용하여 행렬 A, B를 행렬의 합으로 표현하라.

$$A = \begin{pmatrix} 1 & 1 \\ 0 & 1 \\ 1 & 0 \end{pmatrix}, \ B = \begin{pmatrix} 2 & -1 \\ -1 & 2 \end{pmatrix}$$

07

미분과 확률분포

7-1 벡터와 행렬의 미분

다변수함수를 벡터와 행렬로 표현하였을 때, 각 변수에 대한 편미분이 필요하게 된다. 각 변수에 대한 편미분의 결과들을 벡터와 행렬로 표현하고 이를 활용한 예제들을 살펴보자.

정의 7.1 | 다변수함수의 편미분

$\mathbb{R}^p$의 벡터 $\boldsymbol{x}=\begin{pmatrix}x_1\\x_2\\\vdots\\x_p\end{pmatrix}$에 대하여 다변수함수 $y=f(x_1,x_2,\cdots,x_p)$를 $y=f(\boldsymbol{x})$라 표현하자.

$\boldsymbol{x}$에 대한 $f(\boldsymbol{x})$의 편미분함수(partial derivative function)를 $\frac{\partial}{\partial \boldsymbol{x}}f(\boldsymbol{x})$ 혹은 $\frac{\partial y}{\partial \boldsymbol{x}}$라 표기하고 다음과 같이 정의한다.

$$\frac{\partial y}{\partial \boldsymbol{x}}=\begin{pmatrix}\frac{\partial y}{\partial x_1}\\\frac{\partial y}{\partial x_2}\\\vdots\\\frac{\partial y}{\partial x_p}\end{pmatrix} \tag{7.1}$$

예제 7.1 다음 다변수함수 $y=f(\boldsymbol{x})$의 $\frac{\partial y}{\partial \boldsymbol{x}}$를 구하라.

① $\mathbb{R}^4$의 벡터 $\boldsymbol{x}=\begin{pmatrix}x_1\\x_2\\x_3\\x_4\end{pmatrix}$일 때, $\boldsymbol{x}$의 다변수함수는 $y=-3x_1+x_2+2x_3-x_4$이다.

② $\mathbb{R}^3$의 벡터 $\boldsymbol{x}=\begin{pmatrix}x_1\\x_2\\x_3\end{pmatrix}$이고 $\boldsymbol{x}$의 다변수함수는 $y=3x_1^2+x_2^2-2x_3^2+x_1x_2-4x_1x_3+5x_2-3x_3+2$이다.

③ $\mathbb{R}^3$의 벡터 $\boldsymbol{x}=\begin{pmatrix}x_1\\x_2\\x_3\end{pmatrix}$이고 $\boldsymbol{x}$의 다변수함수는 $y=\boldsymbol{x}^TA\boldsymbol{x}$이다. 여기서

$A=\begin{pmatrix}2 & 0 & 1\\ 2 & -1 & -2\\ 0 & 1 & 3\end{pmatrix}$이다.

풀이

① $i=1,2,3,4$에 대하여 $\dfrac{\partial y}{\partial x_i}$를 구하면

$$\frac{\partial y}{\partial x_1}=\frac{\partial}{\partial x_1}(-3x_1+x_2+2x_3-x_4)=-3$$

$$\frac{\partial y}{\partial x_2}=\frac{\partial}{\partial x_2}(-3x_1+x_2+2x_3-x_4)=1$$

이고 비슷하게 $\dfrac{\partial y}{\partial x_3}=2,\ \dfrac{\partial y}{\partial x_4}=-1$이 된다. 그러므로

$$\frac{\partial y}{\partial \boldsymbol{x}}=\begin{pmatrix}\dfrac{\partial y}{\partial x_1}\\ \dfrac{\partial y}{\partial x_2}\\ \dfrac{\partial y}{\partial x_3}\\ \dfrac{\partial y}{\partial x_4}\end{pmatrix}=\begin{pmatrix}-3\\ 1\\ 2\\ -1\end{pmatrix} \tag{7.2}$$

이다.

② $$\frac{\partial y}{\partial x_1}=\frac{\partial}{\partial x_1}(3x_1^2+x_2^2-2x_3^2+x_1x_2-4x_1x_3+5x_2-3x_3+2)$$
$$=6x_1+x_2-4x_3$$

$$\frac{\partial y}{\partial x_2}=\frac{\partial}{\partial x_2}(3x_1^2+x_2^2-2x_3^2+x_1x_2-4x_1x_3+5x_2-3x_3+2)$$
$$=2x_2+x_1+5$$

$$\frac{\partial y}{\partial x_3}=\frac{\partial}{\partial x_3}(3x_1^2+x_2^2-2x_3^2+x_1x_2-4x_1x_3+5x_2-3x_3+2)$$
$$=-4x_3-4x_1-3$$

이다. 그러므로

$$\frac{\partial y}{\partial \boldsymbol{x}}=\begin{pmatrix}\dfrac{\partial y}{\partial x_1}\\ \dfrac{\partial y}{\partial x_2}\\ \dfrac{\partial y}{\partial x_3}\end{pmatrix}=\begin{pmatrix}6x_1+x_2-4x_3\\ x_1+2x_2+5\\ -4x_1-4x_3-3\end{pmatrix}$$

이 된다.

③ $y=\boldsymbol{x}^T A\boldsymbol{x}$는 이차형식이고 다음과 같이 표현된다.

$$y=2x_1^2-x_2^2+3x_3^2+2x_1x_2+x_1x_3-x_2x_3$$

$i=1,2,3$에 대하여 $\dfrac{\partial y}{\partial x_i}$를 구해보면

$$\frac{\partial y}{\partial x_1} = 4x_1 + 2x_2 + x_3$$

$$\frac{\partial y}{\partial x_2} =- 2x_2 + 2x_1 - x_3$$

$$\frac{\partial y}{\partial x_3} = 6x_3 + x_1 - x_2$$

가 된다. 그러므로

$$\frac{\partial y}{\partial \boldsymbol{x}} = \begin{pmatrix} \frac{\partial y}{\partial x_1} \\ \frac{\partial y}{\partial x_2} \\ \frac{\partial y}{\partial x_3} \end{pmatrix} = \begin{pmatrix} 4x_1 + 2x_2 + x_3 \\ 2x_1 - 2x_2 - x_3 \\ x_1 - x_2 + 6x_3 \end{pmatrix} \tag{7.3}$$

가 된다.

예제 7.1의 ①의 다변수함수는 $\boldsymbol{x}$의 성분들의 일차결합의 형태이다. 이에 대한 일반적인 형태를 보면 $y = \boldsymbol{a}^T\boldsymbol{x}$이다. 여기서 $\boldsymbol{a}$와 $\boldsymbol{x}$는 $\mathbb{R}^p$의 벡터로 다음과 같다.

$$\boldsymbol{a} = \begin{pmatrix} a_1 \\ a_2 \\ \vdots \\ a_p \end{pmatrix}, \ \boldsymbol{x} = \begin{pmatrix} x_1 \\ x_2 \\ \vdots \\ x_p \end{pmatrix}$$

$y = \boldsymbol{a}^T\boldsymbol{x} = \sum_{i=1}^{p} a_i x_i$이고 $i = 1, 2, \cdots, p$에 대해 $\frac{\partial y}{\partial x_i} = a_i$이므로 식 (7.1)에 의해

$$\frac{\partial y}{\partial \boldsymbol{x}} = \frac{\partial}{\partial \boldsymbol{x}}(\boldsymbol{a}^T\boldsymbol{x}) = \begin{pmatrix} \frac{\partial y}{\partial x_1} \\ \frac{\partial y}{\partial x_2} \\ \vdots \\ \frac{\partial y}{\partial x_p} \end{pmatrix} = \begin{pmatrix} a_1 \\ a_2 \\ \vdots \\ a_p \end{pmatrix} = \boldsymbol{a} \tag{7.4}$$

이다. 예제 7.1의 ①의 다변수함수는 $y = \boldsymbol{a}^T\boldsymbol{x}$는 $\boldsymbol{a}^T = (-3\ 1\ 2\ -1)$이므로 식 (7.2)가 얻어진다.

한편, 예제 7.1의 ③은 $\boldsymbol{x}$의 이차형식의 편미분함수를 보여주고 있다. 이차형식의 편

미분함수의 일반적인 형태를 살펴보자. p차 정방행렬 $A=(a_{ij})$에 대하여 $\boldsymbol{x}$의 이차형식은 식 (6.8)로 다음과 같다.

$$y=\boldsymbol{x}^TA\boldsymbol{x}=\sum_{i=1}^{p}a_{ii}x_i^2+\sum_{i=1}^{p}\sum_{j>i}^{p}(a_{ij}+a_{ji})x_ix_j$$

$i=1,2,\cdots,p$에 대하여

$$\begin{aligned}\frac{\partial y}{\partial x_i}&=\frac{\partial}{\partial x_i}(\boldsymbol{x}^TA\boldsymbol{x})\\&=2a_{ii}x_i+\sum_{j\neq i}^{p}(a_{ij}+a_{ji})x_j\\&=\sum_{j=1}^{p}(a_{ij}+a_{ji})x_j\\&=\sum_{j=1}^{p}a_{ij}x_j+\sum_{j=1}^{p}a_{ji}x_j\\&=\boldsymbol{c}_i^T\boldsymbol{x}+\boldsymbol{a}_i^T\boldsymbol{x}\end{aligned}$$

가 된다. 여기서 $\boldsymbol{c}_i^T=(a_{i1}\ a_{i2}\ \cdots\ a_{ip})$는 행렬 A의 i번째 행이고 $\boldsymbol{a}_i=(a_{1i}\ a_{2i}\ \cdots\ a_{pi})^T$는 행렬 A의 i번째 열이다. 그러므로 다변수함수의 편미분의 정의인 식 (7.1)에 의하여

$$\begin{aligned}\frac{\partial y}{\partial \boldsymbol{x}}&=\frac{\partial}{\partial \boldsymbol{x}}(\boldsymbol{x}^TA\boldsymbol{x})\\&=\begin{pmatrix}\frac{\partial}{\partial x_1}(\boldsymbol{x}^TA\boldsymbol{x})\\\frac{\partial}{\partial x_2}(\boldsymbol{x}^TA\boldsymbol{x})\\\vdots\\\frac{\partial}{\partial x_p}(\boldsymbol{x}^TA\boldsymbol{x})\end{pmatrix}=\begin{pmatrix}\boldsymbol{c}_1^T\boldsymbol{x}+\boldsymbol{a}_1^T\boldsymbol{x}\\\boldsymbol{c}_2^T\boldsymbol{x}+\boldsymbol{a}_2^T\boldsymbol{x}\\\vdots\\\boldsymbol{c}_p^T\boldsymbol{x}+\boldsymbol{a}_p^T\boldsymbol{x}\end{pmatrix}\\&=\begin{pmatrix}\boldsymbol{c}_1^T\\\boldsymbol{c}_2^T\\\vdots\\\boldsymbol{c}_p^T\end{pmatrix}\boldsymbol{x}+\begin{pmatrix}\boldsymbol{a}_1^T\\\boldsymbol{a}_2^T\\\vdots\\\boldsymbol{a}_p^T\end{pmatrix}\boldsymbol{x}\\&=A\boldsymbol{x}+A^T\boldsymbol{x}=(A+A^T)\boldsymbol{x}\end{aligned}$$

가 된다. 따라서 예제 7.1의 ③의 풀이에서 $\frac{\partial y}{\partial \boldsymbol{x}}$의 결과인 식 (7.3)은

$$\frac{\partial}{\partial \boldsymbol{x}}(\boldsymbol{x}^T A \boldsymbol{x}) = \begin{pmatrix} 4 & 2 & 1 \\ 2 & -2 & -1 \\ 1 & -1 & 6 \end{pmatrix} \boldsymbol{x} = \left(\begin{pmatrix} 2 & 0 & 1 \\ 2 & -1 & -2 \\ 0 & 1 & 3 \end{pmatrix} + \begin{pmatrix} 2 & 2 & 0 \\ 0 & -1 & 1 \\ 1 & -2 & 3 \end{pmatrix} \right) \boldsymbol{x}$$

가 성립한다. 한편, 행렬 A가 대칭행렬이면

$$\frac{\partial}{\partial \boldsymbol{x}}(\boldsymbol{x}^T A \boldsymbol{x}) = 2A\boldsymbol{x} \tag{7.5}$$

가 성립한다.

여러 다변수함수들로 이루어진 벡터의 $\boldsymbol{x}$에 대한 편미분을 알아보자.

정의 7.2

$\mathbb{R}^p$의 벡터 $\boldsymbol{x} = \begin{pmatrix} x_1 \\ x_2 \\ \vdots \\ x_p \end{pmatrix}$에 대하여 다변수함수 $y_1 = f_1(\boldsymbol{x}), y_2 = f_2(\boldsymbol{x}), \cdots, y_n = f_n(\boldsymbol{x})$의 벡터 $\boldsymbol{y} = \begin{pmatrix} y_1 \\ y_2 \\ \vdots \\ y_n \end{pmatrix}$의 $\boldsymbol{x}$에 대한 편미분함수는 $\frac{\partial \boldsymbol{y}}{\partial \boldsymbol{x}}$라 표기하고 다음과 같이 정의한다.

$$\frac{\partial \boldsymbol{y}}{\partial \boldsymbol{x}} = \left(\frac{\partial y_1}{\partial \boldsymbol{x}} \; \frac{\partial y_2}{\partial \boldsymbol{x}} \cdots \frac{\partial y_n}{\partial \boldsymbol{x}} \right)$$

예제 7.2 $\mathbb{R}^p$의 벡터 $\boldsymbol{x} = \begin{pmatrix} x_1 \\ x_2 \\ \vdots \\ x_p \end{pmatrix}$와 $n \times p$ 행렬 $A = (a_{ij})$에 대하여 $y = A\boldsymbol{x}$의 $\boldsymbol{x}$에 대한 편미분함수를 구하라.

풀이

행렬 A의 i번째 행을 $\boldsymbol{a}_i^T$라 하면 $\boldsymbol{a}_i^T = (a_{i1}\, a_{i2} \cdots a_{ip})$이고 $\boldsymbol{y}$의 i번째 성분은 $y_i = \boldsymbol{a}_i^T \boldsymbol{x}$가 된다. 그러므로 정의 7.1에 의해 $\frac{\partial y_i}{\partial \boldsymbol{x}} = \boldsymbol{a}_i$이고

$$
\begin{aligned}
\frac{\partial \boldsymbol{y}}{\partial \boldsymbol{x}} &= \left(\frac{\partial y_1}{\partial \boldsymbol{x}} \ \frac{\partial y_2}{\partial \boldsymbol{x}} \cdots \frac{\partial y_n}{\partial \boldsymbol{x}} \right) \\
&= (\boldsymbol{a}_1 \boldsymbol{a}_2 \cdots \boldsymbol{a}_n) \\
&= A
\end{aligned}
$$

가 된다.

$n \times p$ 행렬 X의 (i, j) 성분을 x_{ij}라 하자. 즉, $X = (x_{ij})$이다. 다변수함수 $y = f(X)$는 $x_{11}, x_{12}, \cdots, x_{np}$의 함수이다. 행렬 X에 대한 y의 편미분함수는 다음과 같이 정의한다.

정의 7.3

$n \times p$ 행렬 $X = (x_{ij})$에 대하여 $y = f(X)$의 X에 대한 편미분함수는 $\frac{\partial y}{\partial X}$라 표기하고 다음과 같이 정의한다.

$$
\frac{\partial y}{\partial X} = \begin{pmatrix} \frac{\partial y}{\partial x_{11}} & \frac{\partial y}{\partial x_{12}} & \cdots & \frac{\partial y}{\partial x_{1p}} \\ \frac{\partial y}{\partial x_{21}} & \frac{\partial y}{\partial x_{22}} & \cdots & \frac{\partial y}{\partial x_{2p}} \\ \vdots & \vdots & \ddots & \vdots \\ \frac{\partial y}{\partial x_{n1}} & \frac{\partial y}{\partial x_{n2}} & \cdots & \frac{\partial y}{\partial x_{np}} \end{pmatrix}
$$

예제 7.3 2차 정방행렬 $X = \begin{pmatrix} x_{11} & x_{12} \\ x_{21} & x_{22} \end{pmatrix}$의 함수 $y = f(X) = 3x_{11} + x_{12} - 2x_{21}$의 X에 대한 편미분함수 $\frac{\partial y}{\partial X}$를 구하라.

풀이

$\frac{\partial y}{\partial x_{11}} = 3$, $\frac{\partial y}{\partial x_{12}} = 1$, $\frac{\partial y}{\partial x_{21}} = -2$, $\frac{\partial y}{\partial x_{22}} = 0$이므로 정의 7.3에 의하여

$$
\frac{\partial y}{\partial X} = \begin{pmatrix} 3 & 1 \\ -2 & 0 \end{pmatrix}
$$

이 된다.

$\mathbb{R}^p$의 벡터 $\boldsymbol{x} = \begin{pmatrix} x_1 \\ x_2 \\ \vdots \\ x_p \end{pmatrix}$의 함수 $y = f(\boldsymbol{x})$의 $\boldsymbol{x}$에 대한 이차편미분함수의 행렬을 헤시안행렬(Hessian matrix)이라 하고 다음과 같이 정의한다.

$$\begin{pmatrix} \frac{\partial^2 y}{\partial x_1^2} & \frac{\partial^2 y}{\partial x_1 \partial x_2} & \cdots & \frac{\partial^2 y}{\partial x_1 \partial x_p} \\ \frac{\partial^2 y}{\partial x_2 \partial x_1} & \frac{\partial^2 y}{\partial x_2^2} & \cdots & \frac{\partial^2 y}{\partial x_2 \partial x_p} \\ \vdots & \vdots & \ddots & \vdots \\ \frac{\partial^2 y}{\partial x_p \partial x_1} & \frac{\partial^2 y}{\partial x_p \partial x_2} & \cdots & \frac{\partial^2 y}{\partial x_p^2} \end{pmatrix}$$

7-2 확률벡터와 다변량정규분포

벡터와 행렬을 사용하여 확률변수와 확률분포를 표현하고 그들의 성질을 살펴보자. 확률론과 통계학과 관련된 정의와 깊이 있는 설명들은 본 책에서는 생략하니 관련 도서들을 참고하길 바란다.

확률변수 X의 평균 혹은 기댓값을 $E(X)$라 하면 k개의 확률변수로 구성된 확률벡터와 평균벡터를 다음과 같이 정의한다.

정의 7.4 | 확률벡터와 평균벡터

확률변수 $X_1, X_2, \cdots, X_k$로 구성된 $\mathbb{R}^k$의 벡터

$$\boldsymbol{x} = \begin{pmatrix} X_1 \\ X_2 \\ \vdots \\ X_k \end{pmatrix}$$

를 확률벡터(random vector)라 하고 X_i의 평균이 $E(X_i) = \mu_i$일 때

$$E(\boldsymbol{x}) = E\begin{pmatrix} X_1 \\ X_2 \\ \vdots \\ X_k \end{pmatrix} = \begin{pmatrix} E(X_1) \\ E(X_2) \\ \vdots \\ E(X_k) \end{pmatrix} = \begin{pmatrix} \mu_1 \\ \mu_2 \\ \vdots \\ \mu_k \end{pmatrix}$$

를 평균벡터(mean vector)라 하고 $\boldsymbol{\mu}$라 표기한다.

확률변수 X의 분산을 $Var(X)$라 하고 두 확률변수 X와 Y의 공분산을 $Cov(X, Y)$라 하면 확률변수들의 분산과 공분산을 성분으로 하는 행렬은 다음과 같이 정의한다.

정의 7.5 공분산행렬

확률변수 $X_1, X_2, \cdots, X_k$의 분산은 $Var(X_i) = \sigma_i^2$이고 서로 다른 두 확률변수 X_i와 X_j 간의 공분산은 $Cov(X_i, X_j) = \sigma_{ij}^2$일 때, 확률벡터 $\boldsymbol{x}$의 공분산행렬(covariance matrix)은 다음과 같이 정의한다.

$$Cov(\boldsymbol{x}) = \begin{pmatrix} \sigma_1^2 & \sigma_{12} & \cdots & \sigma_{1k} \\ \sigma_{21} & \sigma_2^2 & \cdots & \sigma_{2k} \\ \vdots & \vdots & \ddots & \vdots \\ \sigma_{k1} & \sigma_{k2} & \cdots & \sigma_k^2 \end{pmatrix} \tag{7.6}$$

공분산행렬은 흔히 Σ라 표기한다.

서로 다른 i, j에 대하여 $\sigma_{ij} = \sigma_{ji}$이므로 식 (7.6)의 공분산행렬은 대칭이다. $i = 1, 2, \cdots, n$과 $j = 1, 2, \cdots, p$에 대하여 확률변수X_{ij}로 구성된 행렬 X의 기댓값을 다음과 같이

$$E(X) = E\begin{pmatrix} X_{11} & X_{12} & \cdots & X_{1p} \\ X_{21} & X_{22} & \cdots & X_{2p} \\ \vdots & \vdots & \ddots & \vdots \\ X_{n1} & X_{n2} & \cdots & X_{np} \end{pmatrix} = \begin{pmatrix} E(X_{11}) & E(X_{12}) & \cdots & E(X_{1p}) \\ E(X_{21}) & E(X_{22}) & \cdots & E(X_{2p}) \\ \vdots & \vdots & \ddots & \vdots \\ E(X_{n1}) & E(X_{n2}) & \cdots & E(X_{np}) \end{pmatrix}$$

로 정의하면 식 (7.6)의 공분산행렬은 다음과 같다.

$$Cov(\boldsymbol{x}) = E((\boldsymbol{x} - \boldsymbol{\mu})(\boldsymbol{x} - \boldsymbol{\mu})^T)$$

$$\begin{aligned} Cov(\boldsymbol{x}) &= E((\boldsymbol{x} - \boldsymbol{\mu})(\boldsymbol{x} - \boldsymbol{\mu})^T) \\ &= E\left(\begin{pmatrix} (X_1 - \mu_1) \\ (X_2 - \mu_2) \\ \vdots \\ (X_k - \mu_k) \end{pmatrix} ((X_1 - \mu_1)\ (X_2 - \mu_2)\ \cdots\ (X_k - \mu_k))\right) \\ &= E\begin{pmatrix} (X_1 - \mu_1)^2 & (X_1 - \mu_1)(X_2 - \mu_2) & \cdots & (X_1 - \mu_1)(X_k - \mu_k) \\ (X_2 - \mu_2)(X_1 - \mu_1) & (X_2 - \mu_2)^2 & \cdots & (X_2 - \mu_2)(X_k - \mu_k) \\ \vdots & \vdots & \ddots & \vdots \\ (X_k - \mu_k)(X_1 - \mu_1) & (X_k - \mu_k)(X_2 - \mu_2) & \cdots & (X_k - \mu_k)^2 \end{pmatrix} \end{aligned}$$

$$
= \begin{pmatrix} E[(X_1-\mu_1)^2] & E[(X_1-\mu_1)(X_2-\mu_2)] \cdots & E[(X_1-\mu_1)(X_k-\mu_k)] \\ E[(X_2-\mu_2)(X_1-\mu_1)] & E[(X_2-\mu_2)^2] & \cdots E[(X_2-\mu_2)(X_k-\mu_k)] \\ \vdots & \vdots & \ddots \quad \vdots \\ E[(X_k-\mu_k)(X_1-\mu_1)] & E[(X_k-\mu_k)(X_2-\mu_2)] \cdots & E[(X_k-\mu_k)^2] \end{pmatrix}
$$

$$
= \begin{pmatrix} \sigma_1^2 & \sigma_{12} & \cdots & \sigma_{1k} \\ \sigma_{12} & \sigma_2^2 & \cdots & \sigma_{2k} \\ \vdots & \vdots & \ddots & \vdots \\ \sigma_{1k} & \sigma_{2k} & \cdots & \sigma_k^2 \end{pmatrix} \tag{7.7}
$$

서로 다른 i, j에 대하여, X_i와 X_j의 상관계수를 $\rho_{ij} = Corr(X_i,\ X_j)$라 하면 확률벡터 $\boldsymbol{x}$의 상관계수행렬(correlation coefficient matrix)은 다음과 같이 정의하고 흔히 R이라 표기한다.

$$
Corr(\boldsymbol{x}) = \begin{pmatrix} 1 & \rho_{12} & \cdots & \rho_{1k} \\ \rho_{12} & 1 & \cdots & \rho_{2k} \\ \vdots & \vdots & \ddots & \vdots \\ \rho_{1k} & \rho_{2k} & \cdots & 1 \end{pmatrix}
$$

상관계수행렬의 대각성분은 $Corr(X_i,\ X_i) = 1$이 된다. 식 (7.6)에 의하면 $\rho_{ij} = \dfrac{Cov(X_i, X_j)}{\sqrt{Var(X_i)}\ \sqrt{Var(X_j)}} = \dfrac{\sigma_{ij}}{\sigma_i \sigma_j}$가 성립한다. 0이 아닌 분산들을 성분으로 하는 대각행렬을 $D = \mathrm{diag}(\sigma_1^2,\ \sigma_2^2, \cdots,\ \sigma_k^2)$라 하면 다음이 성립한다.

$$
R = D^{-\frac{1}{2}} \Sigma D^{-\frac{1}{2}}
$$

여기서 $D^{\frac{1}{2}} = \mathrm{diag}(\sigma_1,\ \sigma_2, \cdots,\ \sigma_k)$이다.

예제 7.4 랜덤표본(random sample) $X_1,\ X_2, \cdots,\ X_k$는 평균이 μ이고 분산이 σ^2인 모집단으로부터 추출되었을 때, 확률벡터 $\boldsymbol{x} = \begin{pmatrix} X_1 \\ X_2 \\ \vdots \\ X_k \end{pmatrix}$의 평균벡터, 공분산행렬, 상관계수행렬을 구하라.

풀이

모든 $i=1, 2,\cdots, k$에 대하여 $E(X_i)=\mu$이므로 평균벡터 $\boldsymbol{\mu}$는

$$\boldsymbol{\mu}=\begin{pmatrix}\mu\\ \mu\\ \vdots\\ \mu\end{pmatrix}=\mu\mathbf{1}$$

가 된다. 랜덤표본은 모든 $i=1, 2,\cdots, k$에 대하여 동일한 분산 $Var(X_i)=\sigma_i^2=\sigma^2$을 가지고 서로 독립이므로 서로 다른 i, j에 대하여 $Cov(X_i, X_j)=\sigma_{ij}=0$이다. 그러므로 공분산행렬 Σ와 상관계수행렬 R은 다음과 같다.

$$\Sigma=\begin{pmatrix}\sigma^2 & 0 & \cdots & 0\\ 0 & \sigma^2 & \cdots & 0\\ \vdots & \vdots & \ddots & \vdots\\ 0 & 0 & \cdots & \sigma^2\end{pmatrix}=\sigma^2 I_k,\ R=\begin{pmatrix}1 & 0 & \cdots & 0\\ 0 & 1 & \cdots & 0\\ \vdots & \vdots & \ddots & \vdots\\ 0 & 0 & \cdots & 1\end{pmatrix}=I_k$$

예제 7.5 **확률변수 $X_1, X_2,\cdots, X_k$의 공분산이 모든 i, j에 대하여 $Cov(X_i, X_j)=\sigma^2\rho^{|i-j|}$일 때 확률벡터 $\boldsymbol{x}=\begin{pmatrix}X_1\\ X_2\\ \vdots\\ X_k\end{pmatrix}$의 공분산행렬과 상관계수행렬을 구하라.**

풀이

모든 $i=1, 2,\cdots, k$에 대하여 $Var(X_i)=\sigma_i^2=Cov(X_i,X_i)=\sigma^2\rho^{|i-i|}=\sigma^2$이고 서로 다른 i, j에 대하여 $Cov(X_i, X_j)=\sigma_{ij}=\sigma^2\rho^{|i-j|}$이므로 공분산행렬은

$$\Sigma=\begin{pmatrix}\sigma^2 & \sigma^2\rho & \cdots & \sigma^2\rho^{k-1}\\ \sigma^2\rho & \sigma^2 & \cdots & \sigma^2\rho^{k-2}\\ \vdots & \vdots & \ddots & \vdots\\ \sigma^2\rho^{k-1} & \sigma^2\rho^{k-2} & \cdots & \sigma^2\end{pmatrix}$$

이다. $Corr(X_i, X_j)=\dfrac{\sigma_{ij}}{\sigma_i\sigma_j}=\dfrac{\sigma^2\rho^{|i-j|}}{\sigma^2}=\rho^{|i-j|}$이므로

$$R=\begin{pmatrix}1 & \rho & \cdots & \rho^{k-1}\\ \rho & 1 & \cdots & \rho^{k-2}\\ \vdots & \vdots & \ddots & \vdots\\ \rho^{k-1} & \rho^{k-2} & \cdots & 1\end{pmatrix}$$

이 된다.

확률변수의 일차결합과 일차결합들로 구성된 확률벡터의 기댓값에 대해 알아보자. 다음 정리들에서 언급되는 상수벡터와 상수행렬은 확률변수들을 성분으로 가지지 않는 벡터와 행렬을 뜻한다.

정리 7.1 확률벡터의 기댓값 1

$\mathbb{R}^k$의 확률벡터 $\boldsymbol{x}$의 평균벡터와 공분산행렬을 각각 $\boldsymbol{\mu}$와 Σ라 할 때 다음이 성립한다.

(i) $\mathbb{R}^k$의 상수벡터 $\boldsymbol{a}$에 대하여, $\boldsymbol{a}^T\boldsymbol{x}$의 평균과 분산은 다음과 같다.

$$E(\boldsymbol{a}^T\boldsymbol{x}) = \boldsymbol{a}^T E(\boldsymbol{x}) = \boldsymbol{a}^T\boldsymbol{\mu}, \quad Var(\boldsymbol{a}^T\boldsymbol{x}) = \boldsymbol{a}^T Cov(\boldsymbol{x})\boldsymbol{a} = \boldsymbol{a}^T\Sigma\boldsymbol{a}$$

(ii) $n\times k$ 상수행렬 A에 대하여, $A\boldsymbol{x}$의 평균벡터와 공분산행렬은 다음과 같다.

$$E(A\boldsymbol{x}) = AE(\boldsymbol{x}) = A\boldsymbol{\mu}, \quad Cov(A\boldsymbol{x}) = ACov(\boldsymbol{x})A^T = A\Sigma A^T$$

증명

(i) $\mathbb{R}^k$의 확률벡터 $\boldsymbol{x} = \begin{pmatrix} X_1 \\ X_2 \\ \vdots \\ X_k \end{pmatrix}$, 상수벡터 $\boldsymbol{a} = \begin{pmatrix} a_1 \\ a_2 \\ \vdots \\ a_k \end{pmatrix}$에 대하여, $\boldsymbol{a}^T\boldsymbol{x} = a_1X_1 + a_2X_2 + \cdots + a_kX_k$이므로 기댓값의 성질에 의하면

$$\begin{aligned} E(\boldsymbol{a}^T\boldsymbol{x}) &= E(a_1X_1 + a_2X_2 + \cdots + a_kX_k) \\ &= a_1E(X_1) + a_2E(X_2) + \cdots + a_kE(X_k) \\ &= a_1\mu_1 + a_2\mu_2 + \cdots + a_k\mu_k \\ &= \boldsymbol{a}^T\boldsymbol{\mu} \end{aligned}$$

가 된다. $(\boldsymbol{a}^T\boldsymbol{x} - E(\boldsymbol{a}^T\boldsymbol{x}))$는 스칼라로 $(\boldsymbol{a}^T\boldsymbol{x} - E(\boldsymbol{a}^T\boldsymbol{x})) = (\boldsymbol{a}^T\boldsymbol{x} - E(\boldsymbol{a}^T\boldsymbol{x}))^T$이므로 $\boldsymbol{a}^T\boldsymbol{x}$의 분산은 기댓값의 성질과 식 (7.7)에 의하여

$$\begin{aligned} Var(\boldsymbol{a}^T\boldsymbol{x}) &= E[(\boldsymbol{a}^T\boldsymbol{x} - E(\boldsymbol{a}^T\boldsymbol{x}))^2] \\ &= E[(\boldsymbol{a}^T\boldsymbol{x} - E(\boldsymbol{a}^T\boldsymbol{x}))(\boldsymbol{a}^T\boldsymbol{x} - E(\boldsymbol{a}^T\boldsymbol{x}))^T] \\ &= E[\boldsymbol{a}^T(\boldsymbol{x} - E(\boldsymbol{x}))(\boldsymbol{x} - E(\boldsymbol{x}))^T\boldsymbol{a}] \\ &= E[\boldsymbol{a}^T(\boldsymbol{x} - \boldsymbol{\mu})(\boldsymbol{x} - \boldsymbol{\mu})^T\boldsymbol{a}] \\ &= \boldsymbol{a}^T E[(\boldsymbol{x} - \boldsymbol{\mu})(\boldsymbol{x} - \boldsymbol{\mu})^T]\boldsymbol{a} \\ &= \boldsymbol{a}^T\Sigma\boldsymbol{a} \end{aligned}$$

가 된다.

(ii) $n\times k$ 상수행렬 $A = (a_{ij})$에 대하여, $\boldsymbol{y} = A\boldsymbol{x}$로 두면 확률벡터 $\boldsymbol{y}$의 i번째 성분은 $Y_i = a_{i1}X_1 + a_{i2}X_2 + \cdots + a_{ik}X_k$가 된다. 즉, $Y_i = \boldsymbol{a}_i^T\boldsymbol{x}$, $i = 1, 2, \cdots, n$이 된다. 여기서 $\boldsymbol{a}_i^T = (a_{i1}\ a_{i2}\ \cdots\ a_{ik})$는 행렬 A의 i번째 행으로 구성된 벡터이다. (i)에 의해서 $E(Y_i) = \boldsymbol{a}_i^T\boldsymbol{\mu}$이므로

$$E(\boldsymbol{y}) = \begin{pmatrix} E(Y_1) \\ E(Y_2) \\ \vdots \\ E(Y_n) \end{pmatrix} = \begin{pmatrix} \boldsymbol{a}_1^T\boldsymbol{\mu} \\ \boldsymbol{a}_2^T\boldsymbol{\mu} \\ \vdots \\ \boldsymbol{a}_n^T\boldsymbol{\mu} \end{pmatrix} = \begin{pmatrix} \boldsymbol{a}_1^T \\ \boldsymbol{a}_2^T \\ \vdots \\ \boldsymbol{a}_n^T \end{pmatrix}\boldsymbol{\mu} = A\boldsymbol{\mu}$$

가 된다. 한편, $\boldsymbol{a}_j^T\boldsymbol{x} = \boldsymbol{x}^T\boldsymbol{a}_j$, $\boldsymbol{a}_j^T\boldsymbol{\mu} = \boldsymbol{\mu}^T\boldsymbol{a}_j$이므로 식 (7.7)에 의하여

$$\begin{aligned} Cov(Y_i, Y_j) &= E[(Y_i - E(Y_i))(Y_j - E(Y_j))] \\ &= E[(\boldsymbol{a}_i^T\boldsymbol{x} - \boldsymbol{a}_i^T\boldsymbol{\mu})(\boldsymbol{x}^T\boldsymbol{a}_j - \boldsymbol{\mu}^T\boldsymbol{a}_j)] \\ &= \boldsymbol{a}_i^T E[(\boldsymbol{x} - \boldsymbol{\mu})(\boldsymbol{x}^T - \boldsymbol{\mu}^T)]\boldsymbol{a}_j \\ &= \boldsymbol{a}_i^T E[(\boldsymbol{x} - \boldsymbol{\mu})(\boldsymbol{x} - \boldsymbol{\mu})^T]\boldsymbol{a}_j \\ &= \boldsymbol{a}_i^T \Sigma \boldsymbol{a}_j \end{aligned}$$

가 된다. 그러므로

$$\begin{aligned} Cov(\boldsymbol{y}) &= \begin{pmatrix} \boldsymbol{a}_1^T\Sigma\boldsymbol{a}_1 & \boldsymbol{a}_1^T\Sigma\boldsymbol{a}_2 & \cdots & \boldsymbol{a}_1^T\Sigma\boldsymbol{a}_n \\ \boldsymbol{a}_2^T\Sigma\boldsymbol{a}_1 & \boldsymbol{a}_2^T\Sigma\boldsymbol{a}_2 & \cdots & \boldsymbol{a}_2^T\Sigma\boldsymbol{a}_n \\ \vdots & \vdots & \ddots & \vdots \\ \boldsymbol{a}_n^T\Sigma\boldsymbol{a}_1 & \boldsymbol{a}_n^T\Sigma\boldsymbol{a}_2 & \cdots & \boldsymbol{a}_n^T\Sigma\boldsymbol{a}_n \end{pmatrix} \\ &= \begin{pmatrix} \boldsymbol{a}_1^T \\ \boldsymbol{a}_2^T \\ \vdots \\ \boldsymbol{a}_n^T \end{pmatrix} \Sigma (\boldsymbol{a}_1 \boldsymbol{a}_2 \cdots \boldsymbol{a}_n) \\ &= A\Sigma A^T \end{aligned}$$

가 성립한다. ♣

정리 7.1의 (ⅰ)의 $\boldsymbol{a}^T\boldsymbol{x}$의 분산은 $\boldsymbol{a}^T\Sigma\boldsymbol{a}$로 $\boldsymbol{a}$의 이차형식이다. 분산은 음이 될 수 없으므로 $\boldsymbol{a}^T\Sigma\boldsymbol{a}$는 양정치이차형식이거나 양반정치이차형식이다. 분산은 0보다 큰 경우가 대부분이므로 공분산행렬 Σ는 양정치행렬이 주를 이룬다.

예제 7.6 다음 물음에 답하라.

① 랜덤표본 $X_1, X_2, \cdots, X_n$은 평균이 μ이고 분산이 σ^2인 모집단으로부터 추출되었을 때, 표본평균 $\overline{X}$의 평균과 분산을 정리 7.1의 (ⅰ)을 이용하여 구하라.

② 위 예제 ①의 랜덤표본에서 $\widetilde{X} = \frac{1}{n-2}X_2 + \frac{1}{n-2}X_3 + \cdots + \frac{1}{n-2}X_{n-1}$의 평균과 분산을 정리 7.1의 (ⅰ)을 이용하여 구하라.

③ 위 예제들의 $\overline{X}$와 $\widetilde{X}$를 성분으로 하는 확률벡터 $\boldsymbol{y} = \begin{pmatrix} \overline{X} \\ \widetilde{X} \end{pmatrix}$의 평균벡터와 공분산행렬을 구하라. 또한, $\overline{X}$와 $\widetilde{X}$가 독립인지 보여라.

풀이

① 표본평균 $\overline{X}$는 상수벡터 $\boldsymbol{a}_1 = \frac{1}{n}\mathbf{1}$일 때 $X_1, X_2, \cdots, X_n$의 일차결합 $\overline{X} = \boldsymbol{a}_1^T\boldsymbol{x}$로 표현된다. 여기서 $\boldsymbol{x} = \begin{pmatrix} X_1 \\ X_2 \\ \vdots \\ X_n \end{pmatrix}$인 확률벡터이다. 랜덤표본 $X_1, X_2, \cdots, X_n$은 평균이 μ, 분산이 σ^2으로 동일하고 서로 독립이므로 $\boldsymbol{x}$의 평균벡터와 공분산행렬은 예제 7.4에 의하면

$$E(\boldsymbol{x}) = \mu\mathbf{1}, \quad Cov(\boldsymbol{x}) = \begin{pmatrix} \sigma^2 & 0 & \cdots & 0 \\ 0 & \sigma^2 & \cdots & 0 \\ \vdots & \vdots & \ddots & \vdots \\ 0 & 0 & 0 & \sigma^2 \end{pmatrix} = \sigma^2 I_n$$

이 됨을 알 수 있다. 그러므로 정리 7.1의 (ⅰ)에 의하여

$$E(\overline{X}) = E(\boldsymbol{a}_1^T\boldsymbol{x}) = \boldsymbol{a}_1^T E(\boldsymbol{x}) = \boldsymbol{a}_1^T\boldsymbol{\mu} = \frac{1}{n}\mathbf{1}^T\mu\mathbf{1} = \mu,$$

$$\begin{aligned} Var(\overline{X}) &= Var(\boldsymbol{a}_1^T\boldsymbol{x}) = \boldsymbol{a}_1^T Cov(\boldsymbol{x})\boldsymbol{a}_1 = \boldsymbol{a}_1^T\sigma^2 I_n\boldsymbol{a}_1 \\ &= \sigma^2\boldsymbol{a}_1^T\boldsymbol{a}_1 = \sigma^2\frac{1}{n^2}\mathbf{1}^T\mathbf{1} = \frac{\sigma^2}{n} \end{aligned}$$

이 된다.

② $\widetilde{X}$는 상수벡터 $\boldsymbol{a}_2$를 다음과 같이 $\boldsymbol{a}_2^T = \left(0, \frac{1}{n-2}, \frac{1}{n-2}, \cdots \frac{1}{n-2}, \frac{1}{n-2}, 0\right)$으로 선택하면 $X_1, X_2, \cdots, X_n$의 일차결합 $\widetilde{X} = \boldsymbol{a}_2^T\boldsymbol{x}$로 표현된다. 그러므로 정리 7.1의 (ⅰ)에 의하여

$$\begin{aligned} E(\widetilde{X}) &= E(\boldsymbol{a}_2^T\boldsymbol{x}) = \boldsymbol{a}_2^T E(\boldsymbol{x}) = \boldsymbol{a}_2^T\boldsymbol{\mu} = \boldsymbol{a}_2^T\mu\mathbf{1} \\ &= 0\times\mu + \frac{1}{n-2}\mu + \cdots + \frac{1}{n-2}\mu + 0\times\mu = \mu \end{aligned}$$

$$\begin{aligned} Var(\widetilde{X}) &= Var(\boldsymbol{a}_2^T\boldsymbol{x}) = \boldsymbol{a}_2^T Cov(\boldsymbol{x})\boldsymbol{a}_2 = \boldsymbol{a}_2^T\sigma^2 I_n\boldsymbol{a}_2 \\ &= \sigma^2\boldsymbol{a}_2^T\boldsymbol{a}_2 = \frac{\sigma^2}{n-2} \end{aligned}$$

이 된다.

③ 확률벡터 $\boldsymbol{y} = \begin{pmatrix} \overline{X} \\ \widetilde{X} \end{pmatrix} = \begin{pmatrix} \boldsymbol{a}_1^T\boldsymbol{x} \\ \boldsymbol{a}_2^T\boldsymbol{x} \end{pmatrix} = \begin{pmatrix} \boldsymbol{a}_1^T \\ \boldsymbol{a}_2^T \end{pmatrix}\boldsymbol{x} = A\boldsymbol{x}$로 표현할 수 있고 $2\times n$ 행렬 A는 다음과 같다.

$$A = \begin{pmatrix} \frac{1}{n} & \frac{1}{n} & \cdots & \frac{1}{n} & \frac{1}{n} \\ 0 & \frac{1}{n-2} & \cdots & \frac{1}{n-2} & 0 \end{pmatrix}$$

그러므로 정리 7.1의 (ⅱ)에 의하여

$$E(\boldsymbol{y}) = AE(\boldsymbol{x})$$

$$=\begin{pmatrix} \frac{1}{n} & \frac{1}{n} & \cdots & \frac{1}{n} & \frac{1}{n} \\ 0 & \frac{1}{n-2} & \cdots & \frac{1}{n-2} & 0 \end{pmatrix}\boldsymbol{\mu}$$

$$=\mu\begin{pmatrix} \frac{1}{n} & \frac{1}{n} & \cdots & \frac{1}{n} & \frac{1}{n} \\ 0 & \frac{1}{n-2} & \cdots & \frac{1}{n-2} & 0 \end{pmatrix}\mathbf{1}$$

$$=\begin{pmatrix} \mu \\ \mu \end{pmatrix}=\mu\mathbf{1}$$

이고

$$Cov(\boldsymbol{y})=ACovA^T$$

$$=\begin{pmatrix} \frac{1}{n} & \frac{1}{n} & \cdots & \frac{1}{n} & \frac{1}{n} \\ 0 & \frac{1}{n-2} & \cdots & \frac{1}{n-2} & 0 \end{pmatrix}\sigma^2 I_n\begin{pmatrix} \frac{1}{n} & 0 \\ \frac{1}{n} & \frac{1}{n-2} \\ \vdots & \vdots \\ \frac{1}{n} & \frac{1}{n-2} \\ \frac{1}{n} & 0 \end{pmatrix}$$

$$=\sigma^2\begin{pmatrix} \frac{1}{n} & \frac{n-2}{n(n-2)} \\ \frac{n-2}{n(n-2)} & \frac{1}{n-2} \end{pmatrix}=\sigma^2\begin{pmatrix} \frac{1}{n} & \frac{1}{n} \\ \frac{1}{n} & \frac{1}{n-2} \end{pmatrix}$$

이 된다. 한편, $Cov(\boldsymbol{y})$의 (1, 2) 성분과 (2, 1) 성분은 $\overline{X}$와 $\widetilde{X}$의 공분산이므로 $Cov(\overline{X},\widetilde{X})=\frac{\sigma^2}{n}$이다. 그러므로 $\overline{X}$와 $\widetilde{X}$는 독립이 아니다.

그 외 형태의 확률벡터의 기댓값에 대해 알아보자.

정리 7.2　확률벡터의 기댓값 2

$\mathbb{R}^k$의 확률벡터 $\boldsymbol{x}$ 의 공분산행렬을 Σ라 할 때 다음이 성립한다.

(i) $\mathbb{R}^k$의 상수벡터 $\boldsymbol{a}, \boldsymbol{b}$에 대하여

$$Cov(\boldsymbol{a}^T\boldsymbol{x}, \boldsymbol{b}^T\boldsymbol{x})=\boldsymbol{a}^T\Sigma\boldsymbol{b}$$

(ii) 상수행렬 A, B가 각각 $m\times k,\ n\times k$ 행렬일 때

$$Cov(A\boldsymbol{x}, B\boldsymbol{x})=A\Sigma B^T$$

증명 정리 7.1의 공분산행렬의 증명과 유사하므로 생략한다. ♣

정리 7.3 확률벡터의 기댓값 3

$\mathbb{R}^k$의 확률벡터 $\boldsymbol{x}$, 상수벡터 $\boldsymbol{a}$, $n \times k$ 상수행렬 A에 대하여 다음이 성립한다.

(i) $E(A\boldsymbol{x}+\boldsymbol{a}) = AE(\boldsymbol{x})+\boldsymbol{a}$

(ii) $Cov(A\boldsymbol{x}+\boldsymbol{a}) = ACov(\boldsymbol{x})A^T$

증명 기댓값의 성질로 쉽게 보일 수 있으므로 생략한다. ♣

다음으로 $\mathbb{R}^k$의 확률벡터 $\boldsymbol{x}$의 다변량정규분포에 대해 알아보자.

정의 7.6 다변량정규분포

$\mathbb{R}^k$의 확률벡터 $\boldsymbol{x}$가 평균벡터와 공분산행렬은 각각 $\boldsymbol{\mu}$와 Σ이고 식 (7.8)의 확률분포를 가질 때, 확률벡터 $\boldsymbol{x}$는 k변량정규분포 혹은 k차 다변량정규분포(multivariate normal distribution)를 따른다고 하며 $\boldsymbol{x} \sim N_k(\boldsymbol{\mu}, \Sigma)$라 표기한다.

$$f(\boldsymbol{y}) = \frac{1}{(\sqrt{2\pi})^k |\Sigma|^{1/2}} e^{-\frac{1}{2}(\boldsymbol{y}-\boldsymbol{\mu})^T \Sigma^{-1}(\boldsymbol{y}-\boldsymbol{\mu})} \tag{7.8}$$

여기서 $\boldsymbol{y} = \begin{pmatrix} y_1 \\ y_2 \\ \vdots \\ y_k \end{pmatrix}$이다.

예제 7.7 다음 물음에 답하라.

① 랜덤표본 $X_1, X_2, \cdots, X_n$은 평균이 μ이고 분산이 σ^2인 정규분포를 따르는 모집단으로부터 추출되었을 때, $\boldsymbol{x} = \begin{pmatrix} X_1 \\ X_2 \\ \vdots \\ X_n \end{pmatrix}$의 n차 다변량정규분포를 구하라.

② 확률변수 X_1, X_2의 평균이 각각 μ_1, μ_2이고 분산은 각각 σ_1^2, σ_2^2을 가지는 정규분포인 $N(\mu_1, \sigma_1^2)$과 $N(\mu_2, \sigma_2^2)$을 따른다고 하자. 또한 $Cov(X_1, X_2) = \rho\sigma_1\sigma_2$일 때 $\boldsymbol{x} = \begin{pmatrix} X_1 \\ X_2 \end{pmatrix}$의 이변량정규분포를 구하라.

풀이

① $\boldsymbol{x}$의 평균벡터는 $\boldsymbol{\mu} = \mu\mathbf{1}$이고 공분산행렬 $\Sigma = \sigma^2 I_n$이다. 그러므로 정리 4.2의 (i)에 의하여 대각행렬의 행렬식은 대각성분들의 곱으로 표현되므로 $|\Sigma| = \sigma^{2n}$이고 정리 4.5의 (iii)의 대각행렬의 역행렬에 의하여 $\Sigma^{-1} = \frac{1}{\sigma^2} I_n$이다. 따라서 n차 다변량정규분포는 식 (7.8)에 의해

$$f(\boldsymbol{y}) = \frac{1}{(\sqrt{2\pi})^n (\sigma^{2n})^{1/2}} \mathrm{e}^{-\frac{1}{2\sigma^2}(\boldsymbol{y}-\mu\mathbf{1})^T(\boldsymbol{y}-\mu\mathbf{1})}$$

$$= \frac{1}{(2\pi\sigma^2)^{n/2}} \mathrm{e}^{-\frac{1}{2\sigma^2}\sum_{i=1}^{n}(y_i-\mu)^2}$$

이 된다. 여기서 $\boldsymbol{y} = \begin{pmatrix} y_1 \\ y_2 \\ \vdots \\ y_n \end{pmatrix}$이다.

② $\boldsymbol{x} = \begin{pmatrix} X_1 \\ X_2 \end{pmatrix}$에 대하여 $\boldsymbol{\mu} = \begin{pmatrix} \mu_1 \\ \mu_2 \end{pmatrix}$, $\Sigma = \begin{pmatrix} \sigma_1^2 & \rho\sigma_1\sigma_2 \\ \rho\sigma_1\sigma_2 & \sigma_2^2 \end{pmatrix}$이 된다. 한편,

$$|\Sigma| = \sigma_1^2\sigma_2^2 - \rho^2\sigma_1^2\sigma_2^2 = \sigma_1^2\sigma_2^2(1-\rho^2)$$

$$\Sigma^{-1} = \frac{1}{|\Sigma|}\begin{pmatrix} \sigma_2^2 & -\rho\sigma_1\sigma_2 \\ -\rho\sigma_1\sigma_2 & \sigma_1^2 \end{pmatrix} = \begin{pmatrix} \dfrac{1}{\sigma_1^2(1-\rho^2)} & -\dfrac{\rho}{\sigma_1\sigma_2(1-\rho^2)} \\ -\dfrac{\rho}{\sigma_1\sigma_2(1-\rho^2)} & \dfrac{1}{\sigma_2^2(1-\rho^2)} \end{pmatrix}$$

가 된다. 따라서 식 (7.8)에 의해

$$f(\boldsymbol{y}) = \frac{1}{(\sqrt{2\pi})^2\sqrt{\sigma_1^2\sigma_2^2(1-\rho^2)}}$$

$$\times \exp\left(-\frac{1}{2(1-\rho^2)}(\boldsymbol{y}-\boldsymbol{\mu})^T \begin{pmatrix} \dfrac{1}{\sigma_1^2} & -\dfrac{\rho}{\sigma_1\sigma_2} \\ -\dfrac{\rho}{\sigma_1\sigma_2} & \dfrac{1}{\sigma_2^2} \end{pmatrix} (\boldsymbol{y}-\boldsymbol{\mu})\right)$$

$$= \frac{1}{2\pi\sqrt{\sigma_1^2\sigma_2^2(1-\rho^2)}}$$

$$\times \exp\left(-\frac{1}{2(1-\rho^2)}\left(\frac{(y_1-\mu_1)^2}{\sigma_1^2} - 2\rho\frac{(y_1-\mu_1)(y_2-\mu_2)}{\sigma_1\sigma_2} + \frac{(y_2-\mu_2)^2}{\sigma_2^2}\right)\right)$$

이 된다. 여기서 $\boldsymbol{y} = \begin{pmatrix} y_1 \\ y_2 \end{pmatrix}$이다.

$\mathbb{R}^k$의 확률벡터 $\boldsymbol{x}$의 적률생성함수(moment generating function)는 실수 t_1, t_2, $\cdots$, t_k가 성분인 $\boldsymbol{t} = \begin{pmatrix} t_1 \\ t_2 \\ \vdots \\ t_k \end{pmatrix}$에 대하여 다음과 같이 정의한다.

$$M_{\boldsymbol{x}}(\boldsymbol{t}) = E(\mathrm{e}^{t_1X_1 + t_2X_2 + \cdots + t_kX_k}) = E(\mathrm{e}^{\boldsymbol{t}^T\boldsymbol{x}}) \tag{7.9}$$

$\boldsymbol{x}$가 다변량정규분포 $N_k(\boldsymbol{\mu}, \Sigma)$를 따를 때, 적률생성함수는

$$M_{\boldsymbol{x}}(\boldsymbol{t}) = \mathrm{e}^{\boldsymbol{t}^T\mu + \frac{1}{2}\boldsymbol{t}^T\Sigma\boldsymbol{t}} \tag{7.10}$$

가 되며, 증명은 생략한다. $X \sim N(\mu, \sigma^2)$을 따르는 정규분포의 적률생성함수는 $M_X(t) = \mathrm{e}^{\mu t + \frac{1}{2}\sigma^2 t^2}$가 된다.

다변량정규분포를 따르는 확률벡터의 성분들의 일차결합과 이러한 일차결합들로 구성된 확률벡터의 확률분포에 대해 알아보자.

정리 7.4 다변량정규분포의 성질

$\mathbb{R}^k$의 확률벡터 $\boldsymbol{x}$, 상수벡터 $\boldsymbol{a}$와 $n \times k$ 상수행렬 A에 대하여 $\boldsymbol{x} \sim N_k(\boldsymbol{\mu}, \Sigma)$일 때 다음이 성립한다.

(i) $\boldsymbol{a}^T\boldsymbol{x} \sim N(\boldsymbol{a}^T\boldsymbol{\mu}, \boldsymbol{a}^T\Sigma\boldsymbol{a})$

(ii) $A\boldsymbol{x} \sim N_n(A\boldsymbol{\mu}, A\Sigma A^T)$

증명

(i) 적률생성함수의 정의인 식 (7.9)와 (7.10)에 의하여

$$M_{\boldsymbol{a}^T\boldsymbol{x}}(t) = E(\mathrm{e}^{t\boldsymbol{a}^T\boldsymbol{x}}) = E(\mathrm{e}^{(t\boldsymbol{a})^T\boldsymbol{x}})$$
$$= \mathrm{e}^{(t\boldsymbol{a})^T\mu + \frac{1}{2}(t\boldsymbol{a})^T\Sigma(t\boldsymbol{a})}$$
$$= \mathrm{e}^{\boldsymbol{a}^T\mu t + \frac{1}{2}\boldsymbol{a}^T\Sigma\boldsymbol{a}t^2}$$

으로 $N(\boldsymbol{a}^T\boldsymbol{\mu}, \boldsymbol{a}^T\Sigma\boldsymbol{a})$의 적률생성함수가 된다.

(ii) 위 (i)과 비슷하게 증명할 수 있다. $A\boldsymbol{x}$의 적률생성함수는

$$M_{A\boldsymbol{x}}(\boldsymbol{t}) = E(e^{\boldsymbol{t}^TA\boldsymbol{x}}) = \mathrm{e}^{\boldsymbol{t}^TA\mu + \frac{1}{2}\boldsymbol{t}^TA\Sigma A^T\boldsymbol{t}}$$

가 되고 $N_n(A\boldsymbol{\mu}, A\Sigma A^T)$의 적률생성함수가 된다. ♣

예제 7.8 예제 7.6에서 랜덤표본 $X_1, X_2, \cdots, X_n$이 평균이 μ이고 분산이 σ^2인 정규분포를 따를 때 $\overline{X}, \widetilde{X}, \boldsymbol{y} = \begin{pmatrix} \overline{X} \\ \widetilde{X} \end{pmatrix}$의 확률분포를 구하라.

풀이

예제 7.6의 풀이에서 $\overline{X}$, $\widetilde{X}$는 $X_1, X_2, \cdots, X_n$의 일차결합으로 표현되고 평균과 분산을 구하였고 $X_1, X_2, \cdots, X_n$이 정규분포를 가지므로 $\boldsymbol{x}=\begin{pmatrix} X_1 \\ X_2 \\ \vdots \\ X_n \end{pmatrix} \sim N_n(\mu \mathbf{1}, \sigma^2 I_n)$이고 정리 7.4의 (ⅰ)에 의해

$$\overline{X}=\boldsymbol{a}_1^T\boldsymbol{x} \sim N\left(\mu, \frac{\sigma^2}{n}\right),\ \widetilde{X}=\boldsymbol{a}_2^T\boldsymbol{x} \sim N\left(\mu, \frac{\sigma^2}{n-2}\right)$$

이 된다. 한편, $\boldsymbol{y}=\begin{pmatrix} \overline{X} \\ \widetilde{X} \end{pmatrix}=A\boldsymbol{x}$가 되고 정리 7.4의 (ⅱ)에 의해

$$\begin{pmatrix} \overline{X} \\ \widetilde{X} \end{pmatrix}= A\boldsymbol{x} \sim N_2\left(\begin{pmatrix} \mu \\ \mu \end{pmatrix},\ \sigma^2\begin{pmatrix} \frac{1}{n} & \frac{1}{n} \\ \frac{1}{n} & \frac{1}{n-2} \end{pmatrix}\right) = N_2\left(\mu\mathbf{1},\ \sigma^2\begin{pmatrix} \frac{1}{n} & \frac{1}{n} \\ \frac{1}{n} & \frac{1}{n-2} \end{pmatrix}\right)$$

이 된다.

예제 7.9 확률벡터 $x=\begin{pmatrix} X_1 \\ X_2 \\ X_3 \end{pmatrix}$가 $\boldsymbol{x} \sim N_3(\boldsymbol{\mu}, \Sigma)$이다. 여기서 $\boldsymbol{\mu}=\begin{pmatrix} 1 \\ -1 \\ 2 \end{pmatrix}$이고 $\Sigma=\begin{pmatrix} 2 & -1 & 2 \\ -1 & 1 & 0 \\ 2 & 0 & 4 \end{pmatrix}$이다.

다음 물음에 답하라.

① $Y_1=3X_1-2X_2+X_3$의 확률분포를 구하라.

② $Y_2=X_1-X_2+X_3$라 할 때 $\boldsymbol{y}=\begin{pmatrix} Y_1 \\ Y_2 \end{pmatrix}$의 확률분포를 구하라.

풀이

① $\boldsymbol{a}_1^T=(3\ -2\ 1)$라 두면 확률변수 Y_1은 $Y_1=3X_1-2X_2+X_3=\boldsymbol{a}_1^T\boldsymbol{x}$라 표현할 수 있다. 정리 7.1의 (ⅰ)에 의하여 Y_1의 평균은

$$E(Y_1)=E(\boldsymbol{a}_1^T\boldsymbol{x})=\boldsymbol{a}_1^TE(\boldsymbol{x})=(3\ -2\ 1)\begin{pmatrix} 1 \\ -1 \\ 2 \end{pmatrix}=7$$

이고 Y_1의 분산은

$$\begin{aligned} Var(Y_1) &= Var(\boldsymbol{a}_1^T\boldsymbol{x})=\boldsymbol{a}_1^T\Sigma\boldsymbol{a}_1 \\ &=(3\ -2\ 1)\begin{pmatrix} 2 & -1 & 2 \\ -1 & 1 & 0 \\ 2 & 0 & 4 \end{pmatrix}\begin{pmatrix} 3 \\ -2 \\ 1 \end{pmatrix}=(10\ -5\ 10)\begin{pmatrix} 3 \\ -2 \\ 1 \end{pmatrix}=50 \end{aligned}$$

이다. 그러므로 정리 7.4의 (ⅰ)에 의해 $Y_1=3X_1-2X_2+X_3 \sim N(7,50)$이다.

② $\boldsymbol{a}_2^T=(1\ -1\ 1)$이라 하면 확률변수 Y_2는 $Y_2=X_1-X_2+X_3=\boldsymbol{a}_2^T\boldsymbol{x}$로 표현된다. 그

러므로 $\boldsymbol{y}=\begin{pmatrix}\boldsymbol{a}_1^T\boldsymbol{x}\\ \boldsymbol{a}_2^T\boldsymbol{x}\end{pmatrix}=\begin{pmatrix}\boldsymbol{a}_1^T\\ \boldsymbol{a}_2^T\end{pmatrix}\boldsymbol{x}=A\boldsymbol{x}=\begin{pmatrix}3&-2&1\\1&-1&1\end{pmatrix}\boldsymbol{x}$ 가 된다. 정리 7.1의 (ⅱ)에 의하여 $\boldsymbol{y}$의 평균벡터는

$$E(\boldsymbol{y})=E(A\boldsymbol{x})=\begin{pmatrix}3&-2&1\\1&-1&1\end{pmatrix}\boldsymbol{\mu}=\begin{pmatrix}3&-2&1\\1&-1&1\end{pmatrix}\begin{pmatrix}1\\-1\\2\end{pmatrix}=\begin{pmatrix}7\\4\end{pmatrix}$$

이고 $\boldsymbol{y}$의 공분산행렬은

$$\begin{aligned}Cov(\boldsymbol{y})&=Cov(A\boldsymbol{x})=A\Sigma A^T\\&=\begin{pmatrix}3&-2&1\\1&-1&1\end{pmatrix}\begin{pmatrix}2&-1&2\\-1&1&0\\2&0&4\end{pmatrix}\begin{pmatrix}3&1\\-2&-1\\1&1\end{pmatrix}\\&=\begin{pmatrix}10&-5&10\\5&-2&6\end{pmatrix}\begin{pmatrix}3&1\\-2&-1\\1&1\end{pmatrix}=\begin{pmatrix}50&25\\25&13\end{pmatrix}\end{aligned}$$

이다. 그러므로 정리 7.4의 (ⅱ)에 의해 $\boldsymbol{y}=\begin{pmatrix}3X_1-2X_2+X_3\\X_1-X_2+X_3\end{pmatrix}\sim N_2\left(\begin{pmatrix}7\\4\end{pmatrix},\begin{pmatrix}50&25\\25&13\end{pmatrix}\right)$이다.

$\mathbb{R}^k$의 임의의 상수벡터 $\boldsymbol{c}$에 대하여 정리 7.4의 (ⅱ)는 다음과 같이 확장할 수 있다.

$$A\boldsymbol{x}+\boldsymbol{c}\sim N_n(A\boldsymbol{\mu}+\boldsymbol{c},A\Sigma A^T) \tag{7.11}$$

두 확률변수가 정규분포를 따를 때, 두 확률변수가 독립인 것과 두 확률변수의 공분산이 0인 것은 동치이다. 이를 확장하여 $\boldsymbol{x}_1$과 $\boldsymbol{x}_2$가 독립인 경우에 대해 알아보자. $\mathbb{R}^k$의 확률벡터 $\boldsymbol{x}_1$의 평균벡터와 공분산행렬은 각각 $\boldsymbol{\mu}_1, \Sigma_1$이고, $\mathbb{R}^p$의 확률벡터 $\boldsymbol{x}_2$의 평균벡터와 공분산행렬은 각각 $\boldsymbol{\mu}_2, \Sigma_2$라 하자. 다음은 두 확률벡터 $\boldsymbol{x}_1$과 $\boldsymbol{x}_2$의 독립에 대한 정리이다.

정리 7.5 확률벡터의 독립 1

$\mathbb{R}^k$의 확률벡터 $\boldsymbol{x}_1$과 $\mathbb{R}^p$의 확률벡터 $\boldsymbol{x}_2$가 각각 $\boldsymbol{x}_1\sim N_k(\boldsymbol{\mu}_1,\Sigma_1)$과 $\boldsymbol{x}_2\sim N_p(\boldsymbol{\mu}_2,\Sigma_2)$를 따른다고 가정하자. $\mathbb{R}^{k+p}$의 확률벡터 $\boldsymbol{x}=\begin{pmatrix}\boldsymbol{x}_1\\\boldsymbol{x}_2\end{pmatrix}$가 $N_{k+p}(\boldsymbol{\mu},\Sigma)$를 따를 때, $\Sigma_{12}=O$이면 $\boldsymbol{x}_1$과 $\boldsymbol{x}_2$는 독립이다. 여기서 $\boldsymbol{\mu}=\begin{pmatrix}\boldsymbol{\mu}_1\\\boldsymbol{\mu}_2\end{pmatrix}$, $\Sigma=\begin{pmatrix}\Sigma_1&\Sigma_{12}\\\Sigma_{12}&\Sigma_2\end{pmatrix}$이고 $\Sigma_{12}=Cov(\boldsymbol{x}_1,\boldsymbol{x}_2)$이다.

증명 $\Sigma_{12}=O$이면 $\Sigma=\begin{pmatrix}\Sigma_1&O\\O&\Sigma_2\end{pmatrix}$이 된다. 식 (7.10)에 의하여 $\boldsymbol{x}$의 적률생성함수의 지수부분은

$$\boldsymbol{t}^T\boldsymbol{\mu} + \frac{1}{2}\boldsymbol{t}^T\Sigma\boldsymbol{t} = (\boldsymbol{t}_1^T\boldsymbol{t}_2^T)\begin{pmatrix}\boldsymbol{\mu}_1\\ \boldsymbol{\mu}_2\end{pmatrix} + \frac{1}{2}(\boldsymbol{t}_1^T\boldsymbol{t}_2^T)\begin{pmatrix}\Sigma_1 & O\\ O & \Sigma_2\end{pmatrix}\begin{pmatrix}\boldsymbol{t}_1\\ \boldsymbol{t}_2\end{pmatrix} = \boldsymbol{t}_1^T\boldsymbol{\mu}_1 + \frac{1}{2}\boldsymbol{t}_1^T\Sigma_1\boldsymbol{t}_1 + \boldsymbol{t}_2^T\boldsymbol{\mu}_2 + \frac{1}{2}\boldsymbol{t}_2^T\Sigma_2\boldsymbol{t}_2$$

가 되므로 $\boldsymbol{x}$의 적률생성함수는

$$M_{\boldsymbol{x}}(t) = e^{\boldsymbol{t}_1^T\boldsymbol{\mu}_1 + \frac{1}{2}\boldsymbol{t}_1^T\Sigma_1\boldsymbol{t}_1} \times e^{\boldsymbol{t}_2^T\boldsymbol{\mu}_2 + \frac{1}{2}\boldsymbol{t}_2^T\Sigma_2\boldsymbol{t}_2}$$

이다. 적률생성함수의 성질에 의해서 $\boldsymbol{x}_1$과 $\boldsymbol{x}_2$는 독립이다. ♣

정리 7.5의 Σ_{12}는 $Cov(\boldsymbol{x}_1, \boldsymbol{x}_2)$이다. 즉 $\boldsymbol{x}_1$과 $\boldsymbol{x}_2$가 다변량정규분포를 따르고 공분산행렬이 영행렬이면 $\boldsymbol{x}_1$과 $\boldsymbol{x}_2$는 독립이다.

정리 7.6 확률벡터의 독립 2

$\mathbb{R}^k$의 확률벡터 $\boldsymbol{x}$가 $\boldsymbol{x} \sim N_k(\boldsymbol{\mu}, \Sigma)$이고 상수행렬 A와 B는 각각 $m \times k$, $n \times k$ 행렬일 때, $Cov(A\boldsymbol{x}, B\boldsymbol{x}) = A\Sigma B^T = O$이면 $A\boldsymbol{x}$와 $B\boldsymbol{x}$는 독립이다.

증명 $\boldsymbol{x}_1 = A\boldsymbol{x}$, $\boldsymbol{x}_2 = B\boldsymbol{x}$라 두면 정리 7.2의 (ii)에 의하여

$$Cov(\boldsymbol{x}_1, \boldsymbol{x}_2) = Cov(A\boldsymbol{x}, B\boldsymbol{x}) = A\Sigma B^T = O$$

가 된다. 그러므로 정리 7.5에 의해 $A\boldsymbol{x}$, $B\boldsymbol{x}$는 독립이다. ♣

7-3 이차형식의 확률분포

확률변수 X가 표준정규분포 $N(0,1)$을 따를 때, X^2의 확률분포는 자유도가 1인 카이제곱분포(chi-square ditribution)를 따른다. X^2은 제곱의 형태이므로 이차형식으로 표현 가능하다. 이번 절에서는 이차형식들의 평균, 분산과 확률분포에 대해서 알아보자.

다음 정리는 $\boldsymbol{x}$의 이차형식의 평균과 분산을 보여준다.

정리 7.7 이차형식의 평균과 분산

$\mathbb{R}^k$의 확률벡터 $\boldsymbol{x}$의 평균벡터를 $\boldsymbol{\mu}$라 하고 공분산행렬을 Σ라 하자. k차 정방행렬 A가 상수행렬이고 대칭이면 이차형식 $\boldsymbol{x}^TA\boldsymbol{x}$의 평균과 분산은 다음과 같다.

(i) $E(\boldsymbol{x}^TA\boldsymbol{x}) = \mathrm{tr}(A\Sigma) + \boldsymbol{\mu}^TA\boldsymbol{\mu}$

(ii) $Var(\boldsymbol{x}^TA\boldsymbol{x}) = \mathrm{tr}[(A\Sigma)^2] + 4\boldsymbol{\mu}^TA\Sigma A\boldsymbol{\mu}$

증명

(i) 확률벡터 $\boldsymbol{x}$의 공분산행렬은 $\Sigma = E[(\boldsymbol{x}-\boldsymbol{\mu})(\boldsymbol{x}-\boldsymbol{\mu})^T] = E(\boldsymbol{x}\boldsymbol{x}^T) - \boldsymbol{\mu}\boldsymbol{\mu}^T$임을 쉽게 보여줄 수 있다. 따라서 $E(\boldsymbol{x}\boldsymbol{x}^T) = \Sigma + \boldsymbol{\mu}\boldsymbol{\mu}^T$이다. 이차형식은 스칼라이므로 정리 2.5의 대각합의 성질에 의해

$$
\begin{aligned}
& E(\boldsymbol{x}^T A\boldsymbol{x}) = E[\mathrm{tr}(\boldsymbol{x}^T A\boldsymbol{x})] = E[\mathrm{tr}(A\boldsymbol{x}\boldsymbol{x}^T)] \\
& = \mathrm{tr}[E(A\boldsymbol{x}\boldsymbol{x}^T)] = \mathrm{tr}[AE(\boldsymbol{x}\boldsymbol{x}^T)] \\
& = \mathrm{tr}[A(\Sigma + \boldsymbol{\mu}\boldsymbol{\mu}^T)] \\
& = \mathrm{tr}(A\Sigma) + \mathrm{tr}(A\boldsymbol{\mu}\boldsymbol{\mu}^T) \\
& = \mathrm{tr}(A\Sigma) + \mathrm{tr}(\boldsymbol{\mu}^T A\boldsymbol{\mu})
\end{aligned}
$$

가 된다.

(ii)의 증명은 생략한다. ♣

예제 7.10 랜덤표본 $X_1, X_2, \cdots, X_n$은 평균이 μ이고 분산이 σ^2인 모집단으로부터 추출되었을 때, $\sum_{i=1}^{n} X_i^2$, $\overline{X}^2$, $\sum_{i=1}^{n}(X_i - \overline{X})^2$의 평균을 정리 7.7을 이용하여 구하라.

풀이

확률벡터 $\boldsymbol{x} = \begin{pmatrix} X_1 \\ X_2 \\ \vdots \\ X_n \end{pmatrix}$에 대해서 $\overline{X} = \frac{1}{n}\boldsymbol{x}^T\mathbf{1} = \frac{1}{n}\mathbf{1}^T\boldsymbol{x}$가 된다. 따라서

$$
\begin{aligned}
\sum_{i=1}^{n}(X_i - \overline{X})^2 & = \sum_{i=1}^{n} X_i^2 - n\overline{X}^2 \qquad (7.12) \\
& = \boldsymbol{x}^T\boldsymbol{x} - \frac{1}{n}\boldsymbol{x}^T\mathbf{1}\mathbf{1}^T\boldsymbol{x} \\
& = \boldsymbol{x}^T\left(I_n - \frac{1}{n}\mathbf{1}\mathbf{1}^T\right)\boldsymbol{x} \\
& = \boldsymbol{x}^T\left(I_n - \frac{1}{n}J_n\right)\boldsymbol{x}
\end{aligned}
$$

가 된다. 여기서 J_n은 2.3절에 소개한 모든 성분이 1인 n차 정방행렬로 다음과 같다.

$$
J_n = \begin{pmatrix} 1 & 1 & \cdots & 1 \\ 1 & 1 & \cdots & 1 \\ \vdots & \vdots & \ddots & \vdots \\ 1 & 1 & \cdots & 1 \end{pmatrix}
$$

$E(\boldsymbol{x}) = \mu\mathbf{1}$, $Cov(\boldsymbol{x}) = \sigma^2 I_n$이고 정리 2.5의 대각합의 성질과 정리 7.7에 의해서

$$
E\left(\sum_{i=1}^{n}(X_i - \overline{X})^2\right) = E\left(\boldsymbol{x}^T\left(I_n - \frac{1}{n}J_n\right)\boldsymbol{x}\right)
$$

$$= \mathrm{tr}\left(\left(I_n - \frac{1}{n}J_n\right)\sigma^2 I_n\right) + \boldsymbol{\mu}^T\left(I_n - \frac{1}{n}J_n\right)\boldsymbol{\mu}$$

$$= \mathrm{tr}\left(\sigma^2\left(I_n - \frac{1}{n}J_n\right)\right) + \mu\mathbf{1}^T\left(I_n - \frac{1}{n}J_n\right)\mathbf{1}\mu$$

$$= \sigma^2\left(\mathrm{tr}(I_n) - \frac{1}{n}\mathrm{tr}(J_n)\right) + \mu^2\left(\mathbf{1}^T\mathbf{1} - \frac{1}{n}\mathbf{1}^T J_n \mathbf{1}\right)$$

$$= \sigma^2\left(n - \frac{1}{n}\times n\right) + \mu^2\left(n - \frac{n^2}{n}\right)$$

$$= (n-1)\sigma^2$$

이 된다. 한편, 식 (7.12)에 의하여 $\sum_{i=1}^{n} X_i^2 = \boldsymbol{x}^T I_n \boldsymbol{x}$, $\overline{X}^2 = \boldsymbol{x}^T \frac{1}{n^2} J_n \boldsymbol{x}$ 이므로

$$E\left(\sum_{i=1}^{n} X_i^2\right) = E(\boldsymbol{x}^T I_n \boldsymbol{x}) = \mathrm{tr}(I_n \sigma^2 I_n) + \boldsymbol{\mu}^T I_n \boldsymbol{\mu}$$

$$= \mathrm{tr}(\sigma^2 I_n) + \boldsymbol{\mu}^T\boldsymbol{\mu} = n\sigma^2 + n\mu^2 = n(\sigma^2 + \mu^2),$$

$$E(\overline{X}^2) = E\left(\boldsymbol{x}^T \frac{1}{n^2} J_n \boldsymbol{x}\right) = \mathrm{tr}\left(\frac{1}{n^2} J_n \sigma^2 I_n\right) + \boldsymbol{\mu}^T \frac{1}{n^2} J_n \boldsymbol{\mu}$$

$$= \frac{\sigma^2}{n^2}\mathrm{tr}(J_n) + \frac{1}{n^2}\mu^2 \times n^2$$

$$= \frac{\sigma^2}{n} + \mu^2$$

이 된다.

표본분산 $S^2 = \frac{1}{n-1}\sum_{i=1}^{n}(X_i - \overline{X})^2$ 의 평균은 위 예제 7.10의 결과에 의하면

$$E(S^2) = \frac{1}{n-1}E\left(\boldsymbol{x}^T\left(I_n - \frac{1}{n}J_n\right)\boldsymbol{x}\right) = \frac{1}{n-1}\times(n-1)\sigma^2 = \sigma^2$$

이 된다. 그러므로 표본분산 S^2 은 모분산 σ^2 의 불편추정량(unbiased estimator)이다.

자유도가 k 인 카이제곱분포는 다음과 같이 표준정규분포 $N(0,1)$ 을 가지는 서로 독립인 확률변수들 $X_1, X_2, \cdots, X_k$ 의 제곱의 합인 $V = \sum_{i=1}^{k} X_i^2$ 의 확률분포이다. $V \sim \chi^2(k)$ 라 표기한다. 만약, $X_i \sim N(\mu_i, 1)$ 를 가지면 V 는 비중심모수(noncentrality parameter) $\alpha = \frac{1}{2}\sum_{i=1}^{k}\mu_i^2$ 을 가지고 자유도가 k 인 비중심카이제곱분포(noncentral chi-square distribution)를 따른다고 하고 $V \sim \chi^2(k, \alpha)$ 라 표기한다.

예제 7.10에서 $V = \sum_{i=1}^{k} X_i^2$는 $\mathbb{R}^k$의 확률벡터 $\boldsymbol{x} = \begin{pmatrix} X_1 \\ X_2 \\ \vdots \\ X_k \end{pmatrix}$의 이차형식으로 표현됨을 알 수 있다. 이차형식이 카이제곱분포가 됨을 다음 정리로 알 수 있다.

정리 7.8 이차형식의 확률분포 1

$\mathbb{R}^k$의 확률벡터 $\boldsymbol{x}$가 $\boldsymbol{x} \sim N_k(\boldsymbol{\mu}, \Sigma)$이고 계수 r인 k차 정방행렬 A가 상수행렬이고 대칭이면 $\boldsymbol{x}^T A \boldsymbol{x} \sim \chi^2(r, \alpha)$의 필요충분조건은 $A\Sigma$가 멱등행렬이다. 여기서 $\alpha = \frac{1}{2}\boldsymbol{\mu}^T A \boldsymbol{\mu}$는 비중심모수이다.

증명 이차형식 $\boldsymbol{x}^T A \boldsymbol{x}$의 적률생성함수가 비중심모수를 가지는 카이제곱분포의 적률생성함수와 동일함을 보인다. 구체적인 증명은 생략한다. ♣

정리 6.12에 의하면 멱등행렬은 0과 1의 고윳값만을 가진다. 정리 6.7의 (ii)에 의하여 정방행렬 A가 멱등행렬이면 $\text{rank}(A) = \text{tr}(A)$임을 알 수 있다. 이를 이용하여 다음 예제를 풀어보자.

예제 7.11 이차형식의 확률분포에 대한 정리 7.8을 이용하여 다음의 물음에 답하라.

① 랜덤표본 $X_1, X_2, \cdots, X_n$이 표준정규분포를 따르는 모집단으로부터 추출되었을 때 $\sum_{i=1}^{n} X_i^2$의 확률분포를 구하라.

② 랜덤표본 $X_1, X_2, \cdots, X_n$이 $N(\mu, \sigma^2)$을 따르는 모집단으로부터 추출되었을 때 $\frac{\sum_{i=1}^{n} X_i^2}{\sigma^2}$과 $\frac{n\overline{X}^2}{\sigma^2}$의 확률분포를 구하라.

③ 위 예제 ②에서 $\frac{\sum_{i=1}^{n}(X_i - \overline{X})^2}{\sigma^2}$의 확률분포를 구하라.

풀이

① $\mathbb{R}^n$의 확률벡터 $\boldsymbol{x} = \begin{pmatrix} X_1 \\ X_2 \\ \vdots \\ X_n \end{pmatrix}$의 평균벡터와 공분산행렬은 $E(\boldsymbol{x}) = \boldsymbol{\mu} = \boldsymbol{0}$, $Cov(\boldsymbol{x}) =$

$\Sigma = I_n$이다. 예제 7.10의 풀이에 의하면 $\sum_{i=1}^{n} X_i^2 = \boldsymbol{x}^T I_n \boldsymbol{x}$이다. I_n은 멱등행렬이므로 $\text{rank}(I_n) = \text{tr}(I_n) = n$이다. 정리 7.8에 의하여

$$\sum_{i=1}^{n} X_i^2 = \boldsymbol{x}^T I_n \boldsymbol{x} \sim \chi^2(n)$$

으로 $\boldsymbol{\mu} = \mathbf{0}$이므로 비중심모수가 0이고 자유도가 n인 카이제곱분포가 된다.

② $\mathbb{R}^n$의 확률벡터 $\boldsymbol{x} = \begin{pmatrix} X_1 \\ X_2 \\ \vdots \\ X_n \end{pmatrix}$의 평균벡터와 공분산행렬은 $E(\boldsymbol{x}) = \boldsymbol{\mu} = \mu\mathbf{1}$, $Cov(\boldsymbol{x}) = \Sigma = \sigma^2 I_n$이다. 한편,

$$\frac{\sum_{i=1}^{n} X_i^2}{\sigma^2} = \boldsymbol{x}^T \frac{1}{\sigma^2} I_n \boldsymbol{x}$$

이고 $A = \frac{1}{\sigma^2} I_n$이라 두면

$$A\Sigma = \frac{1}{\sigma^2} I_n \sigma^2 I_n = I_n$$

은 멱등행렬이고 $\text{rank}(I_n) = \text{tr}(I_n) = n$이다. 비중심모수는 다음과 같다.

$$\alpha = \frac{1}{2}\boldsymbol{\mu}^T A \boldsymbol{\mu} = \frac{1}{2}\mu\mathbf{1}^T \frac{1}{\sigma^2} I_n \mathbf{1}\mu = \frac{1}{2\sigma^2} n\mu^2$$

그러므로, 정리 7.8에 의하여

$$\frac{\sum_{i=1}^{n} X_i^2}{\sigma^2} = \boldsymbol{x}^T \frac{1}{\sigma^2} I_n \boldsymbol{x} \sim \chi^2\left(n, \frac{1}{2\sigma^2} n\mu^2\right)$$

이다. 또한,

$$\frac{n\overline{X}^2}{\sigma^2} = \boldsymbol{x}^T \frac{1}{n\sigma^2} J_n \boldsymbol{x}$$

이고 $A = \frac{1}{n\sigma^2} J_n$이라 두면

$$A\Sigma = \frac{1}{n\sigma^2} J_n \sigma^2 I_n = \frac{1}{n} J_n$$

은 멱등행렬이고 $\text{rank}\left(\frac{1}{n} J_n\right) = \text{tr}\left(\frac{1}{n} J_n\right) = 1$이 된다. 비중심모수는 다음과 같다.

$$\alpha = \frac{1}{2}\boldsymbol{\mu}^T A \boldsymbol{\mu} = \frac{1}{2}\mu\mathbf{1}^T \frac{1}{n\sigma^2} J_n \mathbf{1}\mu = \frac{1}{2\sigma^2} n\mu^2$$

그러므로, 정리 7.8에 의하여

$$\frac{n\overline{X}^2}{\sigma^2} = \boldsymbol{x}^T \frac{1}{n\sigma^2} J_n \boldsymbol{x} \sim \chi^2\left(1, \frac{1}{2\sigma^2} n\mu^2\right)$$

이다.

③ 예제 7.10의 풀이에 의하면

$$\frac{\sum_{i=1}^{n}(X_i-\overline{X})^2}{\sigma^2}=\boldsymbol{x}^T\frac{1}{\sigma^2}\left(I_n-\frac{1}{n}J_n\right)\boldsymbol{x}$$

이다. 그리고 $A=\frac{1}{\sigma^2}\left(I_n-\frac{1}{n}J_n\right)$이라 두면

$$A\Sigma=\frac{1}{\sigma^2}\left(I_n-\frac{1}{n}J_n\right)\sigma^2 I_n=I_n-\frac{1}{n}J_n$$

이고 예제 2.9에 의하면 $I_n-\frac{1}{n}J_n$은 멱등행렬이다. 그러므로, 정리 2.5의 대각합의 성질에 의하여

$$\text{rank}\left(I_n-\frac{1}{n}J_n\right)=\text{tr}\left(I_n-\frac{1}{n}J_n\right)=\text{tr}(I_n)-\text{tr}\left(\frac{1}{n}J_n\right)=n-1$$

이다. 한편, 비중심모수는

$$\alpha=\frac{1}{2}\boldsymbol{\mu}^T\frac{1}{\sigma^2}\left(I_n-\frac{1}{n}J_n\right)\boldsymbol{\mu}=\frac{1}{2\sigma^2}\boldsymbol{\mu}^T I_n\boldsymbol{\mu}-\frac{1}{2n\sigma^2}\boldsymbol{\mu}^T J_n\boldsymbol{\mu}=0$$

이므로, 정리 7.8에 의하여

$$\frac{\sum_{i=1}^{n}(X_i-\overline{X})^2}{\sigma^2}=\boldsymbol{x}^T\frac{1}{\sigma^2}\left(I_n-\frac{1}{n}J_n\right)\boldsymbol{x}\sim\chi^2(n-1)$$

이다. 즉, $\frac{(n-1)}{\sigma^2}S\sim\chi^2(n-1)$이다.

랜덤표본 $X_1,X_2,\cdots,X_n$이 $N(\mu,\sigma^2)$을 따르는 모집단으로부터 추출되었을 때 $\overline{X}$와 S^2은 독립임이 알려져 있다. 확률벡터와 이차형식 혹은 이차형식 간의 독립에 대해서 알아보자.

정리 7.9 이차형식의 독립

$\mathbb{R}^k$의 확률벡터 $\boldsymbol{x}$가 $\boldsymbol{x}\sim N_k(\boldsymbol{\mu},\Sigma)$를 따르고 k차 정방행렬 A가 상수행렬로 대칭일 때 다음이 성립한다.

(i) $n\times k$ 행렬 B가 상수행렬일 때 $Cov(B\boldsymbol{x},\boldsymbol{x}^TA\boldsymbol{x})=2B\Sigma A\boldsymbol{\mu}$이다.

(ii) $n\times k$ 행렬 B가 상수행렬일 때 $\boldsymbol{x}^TA\boldsymbol{x}$와 $B\boldsymbol{x}$가 독립일 필요충분조건은 $B\Sigma A=O$이다.

(iii) k차 정방행렬 B가 상수행렬로 대칭일 때 $\boldsymbol{x}^TA\boldsymbol{x}$와 $\boldsymbol{x}^TB\boldsymbol{x}$가 독립일 필요충분조건은 $A\Sigma B=O$이다.

증명

(i) 식 (7.7)과 정리 7.7의 (ii)에 의하여

$$Cov(B\boldsymbol{x},\boldsymbol{x}^TA\boldsymbol{x})$$
$$=E[\{(B\boldsymbol{x}-E(B\boldsymbol{x})\}\{\boldsymbol{x}^TA\boldsymbol{x}-E(\boldsymbol{x}^TA\boldsymbol{x})\}]$$
$$=BE[(\boldsymbol{x}-\boldsymbol{\mu})\{\boldsymbol{x}^TA\boldsymbol{x}-\mathrm{tr}(A\Sigma)-\boldsymbol{\mu}^TA\boldsymbol{\mu})\}]$$
$$=BE[(\boldsymbol{x}-\boldsymbol{\mu})\{(\boldsymbol{x}-\boldsymbol{\mu})^TA(\boldsymbol{x}-\boldsymbol{\mu})+2(\boldsymbol{x}-\boldsymbol{\mu})^TA\boldsymbol{\mu}-\mathrm{tr}(A\Sigma)\}]$$
$$=BE[(\boldsymbol{x}-\boldsymbol{\mu})(\boldsymbol{x}-\boldsymbol{\mu})^TA(\boldsymbol{x}-\boldsymbol{\mu})]+2BE[(\boldsymbol{x}-\boldsymbol{\mu})(\boldsymbol{x}-\boldsymbol{\mu})^TA\boldsymbol{\mu}]$$
$$-BE[(\boldsymbol{x}-\boldsymbol{\mu})\mathrm{tr}(A\Sigma)]$$
$$=0+2B\Sigma A\mu-\mathbf{0}$$
$$=2B$$

위 $E[(\boldsymbol{x}-\boldsymbol{\mu})(\boldsymbol{x}-\boldsymbol{\mu})^TA(\boldsymbol{x}-\boldsymbol{\mu})]$는 다변량정규분포의 3차 중심적률(central moment) 이므로 **0**이다. 또한 $E[(\boldsymbol{x}-\boldsymbol{\mu})\mathrm{tr}(A\Sigma)]=\mathrm{tr}(A\Sigma)E[(\boldsymbol{x}-\boldsymbol{\mu})]$ 이므로 **0**이다. 그러므로 (i)이 성립한다.

(ii) 이차형식 $\boldsymbol{x}^TA\boldsymbol{x}$에서 행렬 A가 멱등행렬인 경우만 증명을 하고 그렇지 않은 경우는 생략한다. A가 대칭이고 멱등행렬이면 다음이 성립한다.

$$\boldsymbol{x}^TA\boldsymbol{x}=\boldsymbol{x}^TA^2\boldsymbol{x}=\boldsymbol{x}^TA^TA\boldsymbol{x}=(A\boldsymbol{x})^T(A\boldsymbol{x})$$

$B\boldsymbol{x}$와 $A\boldsymbol{x}$의 공분산행렬은 정리 7.2 (ii)에 의해

$$Cov(B\boldsymbol{x},A\boldsymbol{x})=B\Sigma A^T=B\Sigma A$$

가 된다. $B\Sigma A=O$이면 정리 7.6에 의하여 $B\boldsymbol{x}$와 $A\boldsymbol{x}$는 독립이다. $\boldsymbol{x}^TA\boldsymbol{x}$는 $A\boldsymbol{x}$의 함수이므로 $B\boldsymbol{x}$와 $\boldsymbol{x}^TA\boldsymbol{x}$도 독립이다.

한편, $B\boldsymbol{x}$와 $\boldsymbol{x}^TA\boldsymbol{x}$가 독립이면 (i)에 의해서

$$Cov(B\boldsymbol{x},\boldsymbol{x}^TA\boldsymbol{x})=2B\Sigma A\boldsymbol{\mu}=O$$

가 되므로 $B\Sigma A\boldsymbol{\mu}=O$로 (ii)가 성립한다.

(iii) 이차형식 $\boldsymbol{x}^TA\boldsymbol{x}$와 $\boldsymbol{x}^TB\boldsymbol{x}$의 행렬 A와 B를 대칭이고 멱등행렬인 경우에 정리 7.6을 이용하여 위의 (ii)와 같은 방법으로 증명할 수 있어 생략한다. ♣

예제 7.12 랜덤표본 $X_1,X_2,\cdots,X_n$이 $N(\mu,\sigma^2)$을 따르는 모집단으로부터 추출되었을 때 다음 물음에 답하라.

① $\overline{X}$와 S^2이 독립인지 보여라.

② $\sum_{i=1}^{n}X_i^2$과 $\overline{X}^2$이 독립인지 보여라.

풀이

① $\mathbb{R}^n$의 확률벡터 $\boldsymbol{x}=\begin{pmatrix}X_1\\X_2\\\vdots\\X_n\end{pmatrix}$에 대하여 예제 7.10과 7.11에 의하면 $\overline{X}=\dfrac{1}{n}\mathbf{1}^T\boldsymbol{x}$이고

$S^2 = \boldsymbol{x}^T \frac{1}{n-1}\left(I_n - \frac{1}{n}J_n\right)\boldsymbol{x}$ 이다. $A = \frac{1}{n-1}\left(I_n - \frac{1}{n}J_n\right)$, $B = \frac{1}{n}\mathbf{1}^T$라 하자.

$Cov(\boldsymbol{x}) = \Sigma = \sigma^2 I_n$이므로

$$\begin{aligned} B\Sigma A &= \frac{1}{n}\mathbf{1}^T \times \sigma^2 I_n \times \frac{1}{n-1}\left(I_n - \frac{1}{n}J_n\right) \\ &= \frac{\sigma^2}{n(n-1)}\left(\mathbf{1}^T I_n^2 - \frac{1}{n}\mathbf{1}^T I_n J_n\right) \\ &= \frac{\sigma^2}{n(n-1)}\left(\mathbf{1}^T - \frac{1}{n}n\mathbf{1}^T\right) = \mathbf{0} \end{aligned}$$

이다. 그러므로 정리 7.9의 (i)에 의해 $\overline{X}$와 S^2은 독립이다.

② $\sum_{i=1}^{n} X_i^2 = \boldsymbol{x}^T I_n \boldsymbol{x}$ 이고 $\overline{X}^2 = \boldsymbol{x}^T \frac{1}{n^2} J_n \boldsymbol{x}$ 이다. $A = I_n$, $B = \frac{1}{n^2}J_n$이라 하자. 그러므로

$A\Sigma B = I_n \times \sigma^2 I_n \times \frac{1}{n^2}J_n = \sigma^2 \frac{1}{n^2}J_n$

은 영행렬이 아니므로 독립이 아니다.

통계분석에서 널리 활용되는 분산분석의 분해된 제곱합들은 이차형식으로 표현되고 서로 독립이며 각각이 카이제곱분포를 가지게 되므로 F분포에 의한 가설검정이 이루어진다. 이러한 이론적 근거는 다음의 정리에 의한 것이다.

정리 7.10 이차형식의 확률분포 2

$\mathbb{R}^n$의 확률벡터 $\boldsymbol{x}$가 $\boldsymbol{x} \sim N_n(\boldsymbol{\mu}, \sigma^2 I_n)$를 따르고 $A_1, A_2, \cdots, A_k$는 각각의 계수가 r_1, r_2, $\cdots$, r_k인 n차 정방행렬이며 상수행렬이다. 대칭행렬 $A = \sum_{i=1}^{k} A_i$는 계수가 r이고 $\boldsymbol{x}^T A \boldsymbol{x} = \sum_{i=1}^{k} \boldsymbol{x}^T A_i \boldsymbol{x}$를 만족하면 다음이 성립한다.

(i) 모든 $i = 1, 2, \cdots, k$에 대해서, $\boldsymbol{x}^T A_i \boldsymbol{x} / \sigma^2 \sim \chi^2\left(r_i, \frac{1}{2\sigma^2}\boldsymbol{\mu}^T A_i \boldsymbol{\mu}\right)$

(ii) 모든 $i \neq j$에 대해서, $\boldsymbol{x}^T A_i \boldsymbol{x}$와 $\boldsymbol{x}^T A_j \boldsymbol{x}$는 독립이다.

(iii) $\boldsymbol{x}^T A \boldsymbol{x} \sim \chi^2\left(r, \frac{1}{2\sigma^2}\boldsymbol{\mu}^T A \boldsymbol{\mu}\right)$

위의 (i), (ii), (iii)의 필요충분조건은 아래의 세 조건 중 두 조건이다.

(1) 모든 $i = 1, 2, \cdots, k$에 대해서, A_i는 멱등행렬이다.

(2) 모든 $i \neq j$에 대해서, $A_i A_j = O$이다.

(3) A는 멱등행렬이다.

증명 정리 7.8과 7.9를 이용하여 증명할 수 있다. 증명은 생략한다. ♣

정리 7.10의 조건 (3)과의 동치는 $r=\sum_{i=1}^{k} r_i$이다.

예제 7.13 랜덤표본 $X_1, X_2, \cdots, X_n$이 $N(\mu, \sigma^2)$을 따르는 모집단으로부터 추출되었을 때 $\dfrac{\sum_{i=1}^{n} X_i^2}{\sigma^2}$, $\dfrac{\sum_{i=1}^{n}(X_i-\overline{X})^2}{\sigma^2}$, $\dfrac{n\overline{X}^2}{\sigma^2}$의 확률분포를 정리 7.10을 이용하여 구하라.

풀이

$\sum_{i=1}^{n}(X_i-\overline{X})=\sum_{i=1}^{n}X_i-n\overline{X}=0$이므로 다음이 성립한다.

$$\begin{aligned}\sum_{i=1}^{n}X_i^2&=\sum_{i=1}^{n}(X_i-\overline{X}+\overline{X})^2\\&=\sum_{i=1}^{n}(X_i-\overline{X})^2+2\overline{X}\sum_{i=1}^{n}(X_i-\overline{X})+n\overline{X}^2\\&=\sum_{i=1}^{n}(X_i-\overline{X})^2+n\overline{X}^2\end{aligned}$$

한편, $\boldsymbol{x}=\begin{pmatrix}X_1\\X_2\\\vdots\\X_n\end{pmatrix}$이라 하면 예제 7.11의 풀이에 의하여

$$\frac{\sum_{i=1}^{n}X_i^2}{\sigma^2}=\boldsymbol{x}^T\frac{1}{\sigma^2}I_n\boldsymbol{x}$$

$$\frac{\sum_{i=1}^{n}(X_i-\overline{X})^2}{\sigma^2}=\boldsymbol{x}^T\frac{1}{\sigma^2}\left(I_n-\frac{1}{n}J_n\right)\boldsymbol{x}$$

$$\frac{n\overline{X}^2}{\sigma^2}=\boldsymbol{x}^T\frac{1}{\sigma^2}\frac{1}{n}J_n\boldsymbol{x}$$

이다. $A=I_n$, $A_1=I_n-\dfrac{1}{n}J_n$, $A_2=\dfrac{1}{n}J_n$이라 두면 $A=A_1+A_2$이고 $A_1A_2=\left(I_n-\dfrac{1}{n}J_n\right)\dfrac{1}{n}J_n=O$을 만족한다. 또한 A_1, A_2, A는 예제 2.9에 의하면 모두 멱등행렬이다. 그러므로 정리 7.10의 세 조건 (1), (2), (3)을 만족한다. 비중심모수를 구해보면 $\boldsymbol{\mu}=\mu\mathbf{1}$이므로

$$\alpha=\frac{1}{2\sigma^2}\boldsymbol{\mu}^TA\boldsymbol{\mu}=\frac{1}{2\sigma^2}\mu^2\mathbf{1}^TI_n\mathbf{1}=\frac{1}{2\sigma^2}n\mu^2$$

$$\alpha_1=\frac{1}{2\sigma^2}\boldsymbol{\mu}^TA_1\boldsymbol{\mu}=\frac{1}{2\sigma^2}\mu^2\mathbf{1}^T\left(I_n-\frac{1}{n}J_n\right)\mathbf{1}=0$$

$$\alpha_2 = \frac{1}{2\sigma^2}\boldsymbol{\mu}^T A_2 \boldsymbol{\mu} = \frac{1}{2\sigma^2}\mu^2 \mathbf{1}^T \frac{1}{n} J_n \mathbf{1} = \frac{1}{2\sigma^2} n\mu^2$$

이 된다. A, A_1, A_2가 모두 멱등행렬이므로

$$\text{rank}(A) = \text{tr}(I_n) = n,\ \ \text{rank}(A_1) = \text{tr}\left(I_n - \frac{1}{n}J_n\right) = n-1$$

$$\text{rank}(A_2) = \text{tr}\left(\frac{1}{n}J_n\right) = 1$$

이 된다. 그러므로 정리 7.10에 의해서

$$\frac{\sum_{i=1}^{n} X_i^2}{\sigma^2} = \frac{\boldsymbol{x}^T A \boldsymbol{x}}{\sigma^2} \sim \chi^2\left(n, \frac{1}{2\sigma^2} n\mu^2\right)$$

$$\frac{\sum_{i=1}^{n} (X_i - \overline{X})^2}{\sigma^2} = \frac{\boldsymbol{x}^T A_1 \boldsymbol{x}}{\sigma^2} \sim \chi^2(n-1)$$

$$\frac{n\overline{X}^2}{\sigma^2} = \frac{\boldsymbol{x}^T A_2 \boldsymbol{x}}{\sigma^2} \sim \chi^2\left(1, \frac{1}{2\sigma^2} n\mu^2\right)$$

이고 $\frac{\sum_{i=1}^{n} (X_i - \overline{X})^2}{\sigma^2}$과 $\frac{n\overline{X}^2}{\sigma^2}$은 서로 독립이다.

7-4 선형회귀모형

이 절에서는 벡터와 행렬을 이용하여 통계학의 선형회귀모형의 서술과 추론에 대해서 설명하고자 한다. 반응변수를 y라 하고 k개의 설명변수를 $x_1, x_2, \cdots, x_k$라 하자. 오차항을 ϵ이라 할 때 중회귀모형(multiple regression model)은 다음과 같다.

$$y = \beta_0 + \beta_1 x_1 + \beta_2 x_2 + \cdots + \beta_k x_k + \epsilon$$

여기서 $\beta_0, \beta_1, \cdots, \beta_k$는 회귀계수(regression coefficient)라 한다. 모형을 추정하기 위하여 n개의 랜덤표본 $\{(x_{1i}, x_{2i}, \cdots, x_{ki}, y_i); i = 1, 2, \cdots, n\}$을 추출한다. 이 절에서는 설명

을 단순화하기 위하여 y_i만 확률변수로 취급하고자 한다. 표본에 의한 중회귀모형은 다음과 같이 표현된다.

$$y_i = \beta_0 + \beta_1 x_{1i} + \beta_2 x_{2i} + \cdots + \beta_k x_{ki} + \epsilon_i, \; i = 1, 2, \cdots, n \tag{7.13}$$

여기서 ϵ_i는 i번째 표본 y_i와 관련한 오차항이다. 중회귀모형 (7.13)을 벡터와 행렬로 표현하고자

$$\boldsymbol{y} = \begin{pmatrix} y_1 \\ y_2 \\ \vdots \\ y_n \end{pmatrix}, \; X = \begin{pmatrix} 1 & x_{11} & x_{21} & \cdots & x_{k1} \\ 1 & x_{12} & x_{22} & \cdots & x_{k2} \\ \vdots & \vdots & \vdots & \ddots & \vdots \\ 1 & x_{1n} & x_{2n} & \cdots & x_{kn} \end{pmatrix}, \; \boldsymbol{\beta} = \begin{pmatrix} \beta_0 \\ \beta_1 \\ \vdots \\ \beta_k \end{pmatrix}, \; \boldsymbol{\epsilon} = \begin{pmatrix} \epsilon_1 \\ \epsilon_2 \\ \vdots \\ \epsilon_n \end{pmatrix}$$

이라 하자. 그러므로 중회귀모형 (7.13)은 다음과 같이 표현된다.

$$\boldsymbol{y} = X\boldsymbol{\beta} + \boldsymbol{\epsilon} \tag{7.14}$$

이때, $n \times (k+1)$차 행렬 X를 디자인행렬(design matrix)이라 한다.

회귀계수의 벡터 $\boldsymbol{\beta}$를 최소제곱법에 의해 추정한다. $\boldsymbol{\epsilon} = \boldsymbol{y} - X\boldsymbol{\beta}$이므로 오차의 제곱의 합은

$$\begin{aligned} \sum_{i=1}^{n} \epsilon_i^2 &= \boldsymbol{\epsilon}^T \boldsymbol{\epsilon} \\ &= (\boldsymbol{y} - X\boldsymbol{\beta})^T (\boldsymbol{y} - X\boldsymbol{\beta}) \\ &= (\boldsymbol{y}^T - \boldsymbol{\beta}^T X^T)(\boldsymbol{y} - X\boldsymbol{\beta}) \\ &= \boldsymbol{y}^T \boldsymbol{y} - \boldsymbol{y}^T X\boldsymbol{\beta} - \boldsymbol{\beta}^T X^T \boldsymbol{y} + \boldsymbol{\beta}^T X^T X\boldsymbol{\beta} \\ &= \boldsymbol{y}^T \boldsymbol{y} - 2\boldsymbol{y}^T X\boldsymbol{\beta} + \boldsymbol{\beta}^T X^T X\boldsymbol{\beta} \end{aligned} \tag{7.15}$$

가 된다. $\boldsymbol{y}^T X\boldsymbol{\beta}$와 $\boldsymbol{\beta}^T X^T \boldsymbol{y}$는 스칼라로 동일하므로 마지막 등호가 성립한다. 오차의 제곱의 합은 오차벡터 $\boldsymbol{\epsilon}$의 크기의 제곱인 $\| \boldsymbol{\epsilon} \|^2 = \| \boldsymbol{y} - X\boldsymbol{\beta} \|^2$이다. 식 (7.15)를 최소로 하는 $\boldsymbol{\beta}$를 찾기 위하여 $S(\boldsymbol{\beta})$라 두고 $S(\boldsymbol{\beta})$를 $\boldsymbol{\beta}$에 대하여 다음과 같이 편미분한다.

X^TX는 대칭행렬이고 식 (7.4)와 (7.5)에 의하여

$$\frac{\partial}{\partial \boldsymbol{\beta}} S(\boldsymbol{\beta}) = -2X^T\boldsymbol{y} + 2X^TX\boldsymbol{\beta}$$

가 된다. $\boldsymbol{\beta}$의 최소제곱추정량(least square estimator)을 $\hat{\boldsymbol{\beta}} = \begin{pmatrix} \hat{\beta}_0 \\ \hat{\beta}_1 \\ \vdots \\ \hat{\beta}_k \end{pmatrix}$이라 하면 $S(\boldsymbol{\beta})$를 최소로 하는 $\boldsymbol{\beta}$이므로 $\left[\frac{\partial}{\partial \boldsymbol{\beta}} S(\boldsymbol{\beta})\right]_{\beta = \hat{\beta}} = \mathbf{0}$를 만족한다. 즉, $-2X^T\boldsymbol{y} + 2X^TX\hat{\boldsymbol{\beta}} = \mathbf{0}$이고 이를 정리하면

$$X^TX\hat{\boldsymbol{\beta}} = X^T\boldsymbol{y} \tag{7.16}$$

가 되며 일차연립방정식이 된다. 식 (7.15)를 정규방정식(normal equation)이라 한다. 일차연립방정식의 해의 존재 유무와 해가 존재할 때 유일해를 가지는지 아닌지에 대해서는 정리 5.4를 참고하기 바란다. 본 절에서 X^TX가 가역행렬이고 유일해가 존재한다고 가정한다. 따라서 식 (7.16)에 의하여 최소제곱추정량

$$\hat{\boldsymbol{\beta}} = (X^TX)^{-1}X^T\boldsymbol{y}$$

이 얻어진다. 추정량 $\hat{\boldsymbol{\beta}}$에 의한 식 (7.13)의 추정된 회귀모형은 다음과 같다.

$$\hat{y}_i = \hat{\beta}_0 + \hat{\beta}_1 x_{1i} + \hat{\beta}_2 x_{2i} + \cdots + \hat{\beta}_k x_{ki},\ i = 1, 2, \cdots, n$$

추정된 회귀모형을 행렬로 표현하면

$$\hat{\boldsymbol{y}} = X\hat{\boldsymbol{\beta}} = X(X^TX)^{-1}X^T\boldsymbol{y} = H\boldsymbol{y}$$

이다. 여기서 $\hat{\boldsymbol{y}}=\begin{pmatrix}\hat{y}_1\\ \hat{y}_2\\ \vdots\\ \hat{y}_n\end{pmatrix}$이다. $H=X(X^TX)^{-1}X^T$를 모자행렬(hat matrix)이라 한다.

통계적 추론을 위하여 추정량들의 표본분포(sampling distribution)를 알아보자.

정리 7.11

중회귀모형 (7.14)의 오차벡터 $\boldsymbol{\epsilon}$이 $\mathbb{R}^n$의 확률벡터로 $\boldsymbol{\epsilon}\sim N_n(\mathbf{0},\sigma^2 I_n)$을 따를 때 다음이 성립한다.

(i) $\hat{\boldsymbol{\beta}}\sim N_{k+1}(\boldsymbol{\beta},(X^TX)^{-1}\sigma^2)$

(ii) $\hat{\boldsymbol{y}}\sim N_n(X\boldsymbol{\beta},X(X^TX)^{-1}X^T\sigma^2)$

증명 식 (7.11)에 의하면 $\boldsymbol{\epsilon}\sim N_n(\mathbf{0},\sigma^2 I_n)$이면 $\boldsymbol{y}=X\boldsymbol{\beta}+\boldsymbol{\epsilon}\sim N_n(X\boldsymbol{\beta},\sigma^2 I_n)$임을 알 수 있다.

$\boldsymbol{\beta}$의 최소제곱추정량을 $\hat{\boldsymbol{\beta}}=(X^TX)^{-1}X^T\boldsymbol{y}=A\boldsymbol{y}$라 두면 정리 7.4의 (ii)에 의해

$$\hat{\boldsymbol{\beta}}\sim N_{k+1}(AE(\boldsymbol{y}),ACov(\boldsymbol{y})A^T)$$

가 된다. $E(\boldsymbol{y})=X\beta$, $Cov(\boldsymbol{y})=\sigma^2 I_n$이므로

$$AE(\boldsymbol{y})=(X^TX)^{-1}X^TX\boldsymbol{\beta}=\boldsymbol{\beta},$$

$$ACov(\boldsymbol{y})A^T=(X^TX)^{-1}X^T\sigma^2 I_n X(X^TX)^{-1}$$

$$=(X^TX)^{-1}X^TX(X^TX)^{-1}\sigma^2=(X^TX)^{-1}\sigma^2$$

이 된다. 그러므로 (i)이 성립한다.

추정된 회귀모형을 $\hat{\boldsymbol{y}}=X(X^TX)^{-1}X^T\boldsymbol{y}=H\boldsymbol{y}$이므로 정리 7.4의 (ii)에 의해

$$\hat{\boldsymbol{y}}\sim N_n(HE(\boldsymbol{y}),HCov(\boldsymbol{y})H^T)$$

가 된다. 그러므로

$$HE(\boldsymbol{y})=X(X^TX)^{-1}X^TE(\boldsymbol{y})=X(X^TX)^{-1}X^TX\boldsymbol{\beta}=X\boldsymbol{\beta},$$

$$HCov(\boldsymbol{y})H^T=X(X^TX)^{-1}X^T\sigma^2 I_n X(X^TX)^{-1}X^T$$

$$=X(X^TX)^{-1}X^TX(X^TX)^{-1}X^T\sigma^2=X(X^TX)^{-1}X^T\sigma^2$$

이 된다. 그러므로 (ii)가 성립한다. ♣

정리 7.11의 (i)에서 $\hat{\beta}_i$들은 모두 β_i들의 불편추정량이 됨을 알 수 있다. 한편, $\hat{\beta}_i$들은 $\boldsymbol{y}$의 일차결합에 의한 추정량들이다. 최소제곱추정량 $\hat{\beta}_i$의 분산 $Var(\hat{\beta}_i)$보다 작은 분산을 가지는 $\boldsymbol{y}$의 일차결합으로 만들어진 추정량은 존재하지 않는다고 알려져 있다.

이에 대한 증명은 생략한다. 정리 7.11의 추정량들의 표본분포를 모수들의 추론에 활용할 수 있다.

회귀모형에서 분산분석은 모수와 모수들의 일차결합에 대한 가설검정하기 위한 분석으로 활용되고 있다. 분산분석에 사용되는 제곱합들의 확률분포와 성질들을 살펴보자. 아래의 $\bar{y}$는 $y_1, y_2, \cdots, y_n$의 표본평균이다.

정리 7.12

중회귀모형 (7.14)의 오차벡터 $\boldsymbol{\epsilon}$이 $\mathbb{R}^n$의 확률벡터로 $\boldsymbol{\epsilon} \sim N_n(\mathbf{0}, \sigma^2 I_n)$을 따를 때 다음이 성립한다.

(i) $\dfrac{\sum_{i=1}^{n}(y_i-\bar{y})^2}{\sigma^2} \sim \chi^2\left(n-1, \dfrac{1}{2\sigma^2}\boldsymbol{\beta}^T X^T\left(I_n - \dfrac{1}{n}J_n\right)X\boldsymbol{\beta}\right)$

(ii) $\dfrac{\sum_{i=1}^{n}(y_i-\hat{y}_i)^2}{\sigma^2} \sim \chi^2(n-k-1)$

(iii) $\dfrac{\sum_{i=1}^{n}(\hat{y}_i-\bar{y})^2}{\sigma^2} \sim \chi^2\left(k, \dfrac{1}{2\sigma^2}\boldsymbol{\beta}^T X^T\left(I_n - \dfrac{1}{n}J_n\right)X\boldsymbol{\beta}\right)$

(iv) $\sum_{i=1}^{n}(y_i-\hat{y}_i)^2$과 $\sum_{i=1}^{n}(\hat{y}_i-\bar{y})^2$은 독립이다.

(v) $\hat{\boldsymbol{\beta}}$과 $\sum_{i=1}^{n}(y_i-\hat{y}_i)^2$은 독립이다.

증명 정리 7.10을 이용하여 증명한다. $\sum_{i=1}^{n}(y_i-\bar{y})^2$을 총제곱합(total sum of squares, SST)이라 하며 SST는

$$\begin{aligned}\sum_{i=1}^{n}(y_i-\bar{y})^2 &= \sum_{i=1}^{n}y_i^2 - n\bar{y}^2 \\ &= (\boldsymbol{y}^T\boldsymbol{y} - \hat{\boldsymbol{\beta}}^T X^T\boldsymbol{y}) + (\hat{\boldsymbol{\beta}}^T X^T \boldsymbol{y} - n\bar{y}^2) \\ &= (\boldsymbol{y}^T\boldsymbol{y} - \boldsymbol{y}^T X(X^TX)^{-1}X^T\boldsymbol{y}) + \left(\boldsymbol{y}^T X(X^TX)^{-1}X^T\boldsymbol{y} - \boldsymbol{y}^T\frac{1}{n}J_n\boldsymbol{y}\right) \\ &= \boldsymbol{y}^T(I_n - H)\boldsymbol{y} + \boldsymbol{y}^T\left(H - \frac{1}{n}J_n\right)\boldsymbol{y}\end{aligned} \tag{7.17}$$

로 표현할 수 있다. 식 (7.17)의 $\boldsymbol{y}^T(I_n-H)\boldsymbol{y}$를 잔차제곱합(residual sum of squares, SSE)이라 하고 $\boldsymbol{y}^T\left(H-\frac{1}{n}J_n\right)\boldsymbol{y}$는 회귀제곱합(regression sum of squares, SSR)이라 한

다. 그러므로, $SST=\boldsymbol{y}^T\left(I_n-\frac{1}{n}J_n\right)\boldsymbol{y}$, $SSE=\boldsymbol{y}^T(I_n-H)\boldsymbol{y}$, $SSR=\boldsymbol{y}^T\left(H-\frac{1}{n}J_n\right)\boldsymbol{y}$이다. 세 제곱합들은 모두 이차형식이다.

$$A=I_n-\frac{1}{n}J_n,\ A_1=I_n-H,\ A_2=H-\frac{1}{n}J_n$$

이라 두면

$$H^2=X(X^TX)^{-1}X^TX(X^TX)^{-1}X^T=X(X^TX)^{-1}X^T=H$$

로 멱등행렬이므로

$$A^2=\left(I_n-\frac{1}{n}J_n\right)^2=I_n-\frac{1}{n}J_n=A$$
$$A_1^2=(I_n-H)^2=I_n-2H+H^2=I_n-H=A_1$$

가 되어 A와 A_1은 멱등행렬이다. 또한 $X(X^TX)^{-1}X^TX=X$에서 X의 1열은 $\mathbf{1}$이므로 $X(X^TX)^{-1}X^T\mathbf{1}=\mathbf{1}$이 얻어진다. 따라서,

$$HJ_n=X(X^TX)^{-1}X^TJ_n=J_n,\ J_nH=J_nX(X^TX)^{-1}X^T=J_n \tag{7.18}$$

이 된다. 그러므로

$$A_2^2=\left(H-\frac{1}{n}J_n\right)^2=H^2-\frac{1}{n}HJ_n-\frac{1}{n}J_nH+\frac{1}{n^2}J_n^2$$
$$=H-\frac{1}{n}J_n=A_2$$

이므로 A_2도 멱등행렬이다. 한편, 식 (7.18)에 의해

$$A_1A_2=(I_n-H)\left(H-\frac{1}{n}J_n\right)=H-\frac{1}{n}J_n-H^2+\frac{1}{n}HJ_n=O \tag{7.19}$$

이다. 그러므로 정리 7.10의 세 조건 (1), (2), (3)을 만족한다. 비중심모수를 구해보면 $E(\boldsymbol{y})=X\boldsymbol{\beta}$, $Cov(\boldsymbol{y})=\sigma^2I_n$이므로

$$\alpha=\frac{1}{2\sigma^2}(X\boldsymbol{\beta})^TA(X\boldsymbol{\beta})=\frac{1}{2\sigma^2}\boldsymbol{\beta}^TX^T\left(I_n-\frac{1}{n}J_n\right)X\boldsymbol{\beta}$$
$$\alpha_1=\frac{1}{2\sigma^2}(X\boldsymbol{\beta})^TA_1(X\boldsymbol{\beta})=\frac{1}{2\sigma^2}\boldsymbol{\beta}^TX^T(I_n-X(X^TX)^{-1}X^T)X\boldsymbol{\beta}$$
$$=\frac{1}{2\sigma^2}\boldsymbol{\beta}^T(X^TX-X^TX(X^TX)^{-1}X^TX)\boldsymbol{\beta}=O$$
$$\alpha_2=\frac{1}{2\sigma^2}(X\boldsymbol{\beta})^TA_2(X\boldsymbol{\beta})=\frac{1}{2\sigma^2}\boldsymbol{\beta}^TX^T\left(X(X^TX)^{-1}X^T-\frac{1}{n}J_n\right)X\boldsymbol{\beta}$$
$$=\frac{1}{2\sigma^2}\boldsymbol{\beta}^T\left(X^TX-X^T\frac{1}{n}J_nX\right)\boldsymbol{\beta}=\frac{1}{2\sigma^2}\boldsymbol{\beta}^TX^T\left(I_n-\frac{1}{n}J_n\right)X\boldsymbol{\beta}$$

이다. 한편, A, A_1, A_2가 멱등행렬이므로

$$\mathrm{rank}(A)=\mathrm{rank}\left(I_n-\frac{1}{n}J_n\right)=\mathrm{tr}\left(I_n-\frac{1}{n}J_n\right)=\mathrm{tr}(I_n)-\frac{1}{n}\mathrm{tr}(J_n)=n-1$$
$$\mathrm{rank}(A_1)=\mathrm{rank}(I_n-X(X^TX)^{-1}X^T)=\mathrm{tr}(I_n)-\mathrm{tr}(X(X^TX)^{-1}X^T)$$
$$=n-\mathrm{tr}((X^TX)^{-1}X^TX)=n-\mathrm{tr}(I_{k+1})=n-(k+1)$$
$$\mathrm{rank}(A_2)=\mathrm{rank}\left(H-\frac{1}{n}J_n\right)=\mathrm{tr}(X(X^TX)^{-1}X^T)-\frac{1}{n}\mathrm{tr}(J_n)$$

$$= k+1-1 = k$$

가 된다. 그러므로 정리 7.10에 의해서

$$\frac{SST}{\sigma^2} \sim \chi^2(n-1,\alpha),\ \frac{SSE}{\sigma^2} \sim \chi^2(n-k-1),\ \frac{SSR}{\sigma^2} \sim \chi^2(k,\alpha_2)$$

이고 식 (7.19)와 정리 7.10의 (ii)에 의해서 SSE와 SSE은 독립이다.

최소제곱추정량 $\hat{\boldsymbol{\beta}} = (X^TX)^{-1}X^T\boldsymbol{y} = B\boldsymbol{y}$라 하면 $Cov(y) = \sigma^2 I_n$이므로

$$\begin{aligned} B\frac{1}{\sigma^2}I_nA_1 &= \frac{1}{\sigma^2}(X^TX)^{-1}X^T(I_n - X(X^TX)^{-1}X^T) \\ &= \frac{1}{\sigma^2}[(X^TX)^{-1}X^T - (X^TX)^{-1}X^TX(X^TX)^{-1}X^T] \\ &= O \end{aligned}$$

이 된다. 그러므로 정리 7.9의 (i)에 의하여 $\hat{\beta}$과 SSE는 독립임을 알 수 있다. ♣

확률변수 Z와 V가 각각 $Z \sim N(0,1)$와 $V \sim \chi^2(r)$이고 독립일 때, 다음의 확률변수

$$T = \frac{Z}{\sqrt{V/r}} \tag{7.20}$$

은 자유도가 r인 t분포(student-t distribution)를 따른다고 하고, $T \sim t(r)$이라 표기한다. 한편, 확률변수 V_1과 V_2가 각각 $V_1 \sim \chi^2(r_1)$과 $V_2 \sim \chi^2(r_2)$이고 독립일 때, 다음의 확률변수

$$W = \frac{V_1/r_1}{V_2/r_2} \tag{7.21}$$

는 자유도가 (r_1, r_2)인 F분포를 따른다고 하며, $W \sim F(r_1, r_2)$라 표기한다. 식 (7.20)에서 Z의 평균이 0이 아닌 μ이면 T는 비중심 t분포를 따른다고 하고 비중심모수 α가 μ가 되며 $T \sim t(r,\alpha)$라 표기한다. 또한, 식 (7.21)에서도 분자 V_1이 비중심카이제곱분포로 $V_1 \sim \chi^2(r_1,\alpha)$일 때, W는 비중심 F분포를 따른다고 하고 $W \sim F(r_1, r_2, \alpha)$라 표기한다.

다음 정리는 t분포와 F분포를 이용한 선형회귀모형의 추정과 가설검정에 쓰이는 중요 표본분포들이다.

정리 7.13

중회귀모형 (7.14)의 오차벡터 $\boldsymbol{\epsilon}$이 $\mathbb{R}^n$의 확률벡터로 $\boldsymbol{\epsilon} \sim N_n(\mathbf{0}, \sigma^2 I_n)$를 따를 때 다음이 성립한다. 여기서 $MSE = SSE/(n-k-1)$, $MSR = SSR/k$이고 d_{ii}는 $(X^TX)^{-1}$의 $(i+1)$번째 대각성분이다.

(i) 임의의 $i = 0, 1, \cdots, k$에 대하여, $T_i = \dfrac{\hat{\beta}_i - \beta_i}{\sqrt{d_{ii} MSE}} \sim t(n-k-1)$

(ii) $\mathbb{R}^{k+1}$의 상수벡터 $\boldsymbol{a} = \begin{pmatrix} a_0 \\ a_1 \\ \vdots \\ a_k \end{pmatrix}$에 대하여,

$$T = \frac{\boldsymbol{a}^T \hat{\boldsymbol{\beta}} - \boldsymbol{a}^T \boldsymbol{\beta}}{\sqrt{\boldsymbol{a}^T (X^TX)^{-1} \boldsymbol{a} MSE}} \sim t(n-k-1)$$

(iii) $W = \dfrac{MSR}{MSE} \sim F(k, n-k-1, \alpha)$, $\alpha = \dfrac{1}{2\sigma^2} \boldsymbol{\beta}^T X^T (I_n - \dfrac{1}{n} J_n) X \boldsymbol{\beta}$

(iv) 자연수 $p \le (k+1)$이고 $p \times (k+1)$ 상수행렬인 C는 최대행계수를 가질 때

$$V_3 = \frac{1}{\sigma^2} (C\hat{\boldsymbol{\beta}} - C\boldsymbol{\beta})^T [C(X^TX)^{-1} C^T]^{-1} (C\hat{\boldsymbol{\beta}} - C\boldsymbol{\beta}) \sim \chi^2(p) \quad (7.22)$$

이고 $\boldsymbol{\beta} = \mathbf{0}$일 때

$$W_1 = \frac{\sigma^2 V_3 / p}{MSE} = \frac{\hat{\boldsymbol{\beta}}^T C^T [C(X^TX)^{-1} C^T]^{-1} C\hat{\boldsymbol{\beta}}}{pMSE} \sim F(p, n-k-1) \quad (7.23)$$

증명

(i)은 (ii)에서 $\boldsymbol{a} = \boldsymbol{e}_{i+1}$로 선택한 경우와 동일하므로 생략한다. 여기서 $\boldsymbol{e}_{i+1}$은 $(i+1)$번째 성분만 1이고 나머지는 0으로 1.3절에서 소개한 기본단위벡터이다.

(ii) 회귀계수의 최소제곱추정량 $\hat{\boldsymbol{\beta}}$의 표본분포는 정리 7.11 (i)에 의하여 $\hat{\boldsymbol{\beta}} \sim N_{k+1}(\boldsymbol{\beta}, (X^TX)^{-1}\sigma^2)$가 된다. 상수벡터 $\boldsymbol{a}$와 $\hat{\boldsymbol{\beta}}$의 일차결합인 $\boldsymbol{a}^T\hat{\boldsymbol{\beta}}$은 정리 7.4의 (i)에 의하여 $\boldsymbol{a}^T\hat{\boldsymbol{\beta}} \sim N(\boldsymbol{a}^T\boldsymbol{\beta}, \boldsymbol{a}^T(X^TX)^{-1}\boldsymbol{a}\sigma^2)$이다. 그러므로 정규분포의 표준화에 의하여

$$Z = \frac{\boldsymbol{a}^T\hat{\boldsymbol{\beta}} - \boldsymbol{a}^T\boldsymbol{\beta}}{\sqrt{\boldsymbol{a}^T(X^TX)^{-1}\boldsymbol{a}\sigma^2}} \sim N(0,1)$$

이 된다. 한편, $SSE = \sum_{i=1}^{n} (y_i - \hat{y}_i)^2$으로 정리 7.12의 (ii)에 의하여 $V_1 = \dfrac{SSE}{\sigma^2} \sim \chi^2(n-k-1)$이고 정리 7.12의 (v)에 의하여 $\hat{\boldsymbol{\beta}}$과 SSE가 독립임을 알 수 있다. 그러므로 다음의 확률변수 T는 식 (7.20)의 확률변수에 대한 t분포의 정의에 의하여

$$T = \frac{Z}{\sqrt{V/(n-k-1)}} = \frac{\boldsymbol{a}^T\hat{\boldsymbol{\beta}} - \boldsymbol{a}^T\boldsymbol{\beta}}{\sqrt{\boldsymbol{a}^T(X^TX)^{-1}\boldsymbol{a}\sigma^2}} \Bigg/ \sqrt{\frac{SSE}{\sigma^2} \quad (n-k-1)}$$

$$= \frac{\boldsymbol{a}^T\hat{\boldsymbol{\beta}} - \boldsymbol{a}^T\boldsymbol{\beta}}{\sqrt{\boldsymbol{a}^T(X^TX)^{-1}\boldsymbol{a}MSE}} \sim t(n-k-1)$$

가 되므로 (ii)가 성립한다.

(iii) $SSR=\sum_{i=1}^{n}(\hat{y}_i-\bar{y})^2$으로 정리 7.12의 (iii)에 의하여 $V_2=\frac{SSR}{\sigma^2}\sim\chi^2(k,\alpha)$를 따른다. 비중심모수는 $\alpha=\frac{1}{2\sigma^2}\boldsymbol{\beta}^T X^T\left(I_n-\frac{1}{n}J_n\right)X\boldsymbol{\beta}$이다. 정리 7.12의 (iv)에 의하여 SSR과 SSE는 독립이다. 그러므로 다음의 확률변수 W는 식 (7.21)의 확률변수에 대한 F분포의 정의에 의해

$$W=\frac{V_2/k}{V_1/(n-k-1)}=\frac{SSR}{\sigma^2 k}\Bigg/\frac{SSE}{\sigma^2(n-k-1)}$$
$$=\frac{MSR}{MSE}\sim F(k,n-k-1,\alpha)$$

가 되므로 (iii)이 성립한다.

(iv) 위 (ii)의 증명에서 $\hat{\boldsymbol{\beta}}\sim N_{k+1}(\boldsymbol{\beta},(X^TX)^{-1}\sigma^2)$이다. 상수행렬 C에 대하여 $C\hat{\boldsymbol{\beta}}$은 정리 7.4의 (ii)에 의하여 $C\hat{\boldsymbol{\beta}}\sim N_{k+1}(C\boldsymbol{\beta},C(X^TX)^{-1}C^T\sigma^2)$이다. 한편, $\boldsymbol{z}=C\hat{\boldsymbol{\beta}}-C\boldsymbol{\beta}$, $A=[C(X^TX)^{-1}C^T\sigma^2]^{-1}$라 하면 $A\times C(X^TX)^{-1}C^T\sigma^2=I_p$로 멱등행렬이 되고 $A^{-1}=C(X^TX)^{-1}C^T\sigma^2$으로 p차 정방행렬 A는 가역임이 자명하므로 정리 5.3에 의하여 $\text{rank}(\text{A})=\text{p}$가 된다. 여기서 행렬 C는 최대행계수를 가지므로 가역행렬 A와 A^{-1}을 정의할 수 있다. 따라서 다음의 확률변수 V_3는 정리 7.8의 이차형식의 확률분포에 의하여 비중심모수가 0인

$$V_3=\boldsymbol{z}^TA\boldsymbol{z}=(C\hat{\boldsymbol{\beta}}-C\boldsymbol{\beta})^T[C(X^TX)^{-1}C^T\sigma^2]^{-1}(C\hat{\boldsymbol{\beta}}-C\boldsymbol{\beta})\sim\chi^2(p)$$

가 된다. 따라서 식 (7.22)가 성립한다.

한편, $\boldsymbol{\beta}=\mathbf{0}$일 때

$$V_3=\frac{1}{\sigma^2}(C\hat{\boldsymbol{\beta}})^T[C(X^TX)^{-1}C^T]^{-1}(C\hat{\boldsymbol{\beta}})$$
$$=\frac{1}{\sigma^2}\hat{\boldsymbol{\beta}}^TC^T[C(X^TX)^{-1}C^T]^{-1}C\hat{\boldsymbol{\beta}}$$
$$=\frac{1}{\sigma^2}\boldsymbol{y}^TX(X^TX)^{-1}C^T[C(X^TX)^{-1}C^T]^{-1}C(X^TX)^{-1}X^T\boldsymbol{y}\sim\chi^2(p) \qquad (7.24)$$

가 된다. 식 (7.24)의 이차형식에서 $B=X(X^TX)^{-1}C^T[C(X^TX)^{-1}C^T]^{-1}C(X^TX)^{-1}X^T$라 두면 $SSE=\boldsymbol{y}^T(I_n-H)\boldsymbol{y}$로부터 행렬과의 곱이 다음과 같이

$$(I_n-H)B=(I_n-X(X^TX)^{-1}X^T)B=(I_n-X(X^TX)^{-1}X^T)$$
$$\times(X(X^TX)^{-1}C^T[C(X^TX)^{-1}C^T]^{-1}C(X^TX)^{-1}X^T)=O$$

가 된다. 그러므로 $Cov(\boldsymbol{y})=\sigma^2I_n$과 정리 7.9의 (iii)에 의하여 식 (7.24)와 SSE는 독립이다. 따라서 다음의 확률변수 W_1은 식 (7.21)의 확률변수에 대한 F분포의 정의에 의해

$$W_1=\frac{\sigma^2V_3/p}{SSE/(\sigma^2(n-k-1))}=\frac{\sigma^2V_3/p}{MSE}$$
$$=\frac{\hat{\boldsymbol{\beta}}^TC^T[C(X^TX)^{-1}C^T]^{-1}C\hat{\boldsymbol{\beta}}}{pMSE}\sim F(p,n-k-1)$$

가 되므로 식 (7.23)이 성립한다. ♣

연습문제

1. 편미분함수 $\frac{\partial y}{\partial \boldsymbol{x}}$ 혹은 $\frac{\partial \boldsymbol{y}}{\partial \boldsymbol{x}}$ 를 구하라.

① $y = x_1 + 4x_2 - 2x_3 + x_4$, $\boldsymbol{x} = \begin{pmatrix} x_1 \\ x_2 \\ x_3 \\ x_4 \end{pmatrix}$

② $y = \boldsymbol{a}^T \boldsymbol{x}$, $\boldsymbol{a} = \begin{pmatrix} 1 \\ 0 \\ -2 \end{pmatrix}$, $\boldsymbol{x} = \begin{pmatrix} x_1 \\ x_2 \\ x_3 \end{pmatrix}$

③ $y = 5x_1^2 + 4x_2^2 + 3x_3^2 - 7x_1x_2 + 2x_1x_3 - x_2x_3$, $\boldsymbol{x} = \begin{pmatrix} x_1 \\ x_2 \\ x_3 \end{pmatrix}$

④ $y = \boldsymbol{x}^T A \boldsymbol{x}$, $A = \begin{pmatrix} 1 & 3 & -1 \\ 1 & 2 & 1 \\ 0 & -2 & 1 \end{pmatrix}$, $\boldsymbol{x} = \begin{pmatrix} x_1 \\ x_2 \\ x_3 \end{pmatrix}$

⑤ $\boldsymbol{y} = \begin{pmatrix} y_1 \\ y_2 \end{pmatrix}$, $y_1 = -x_1 + x_2$, $y_2 = 3x_1 - 2x_2$, $\boldsymbol{x} = \begin{pmatrix} x_1 \\ x_2 \end{pmatrix}$

2. R^3의 확률벡터 $\boldsymbol{x} = \begin{pmatrix} X_1 \\ X_2 \\ X_3 \end{pmatrix}$의 평균벡터와 공분산행렬은 각각 다음과 같다.

$$\boldsymbol{\mu} = \begin{pmatrix} 2 \\ 1 \\ 3 \end{pmatrix}, \ \Sigma = \begin{pmatrix} 5 & -1 & 1 \\ -1 & 4 & 0 \\ 1 & 0 & 3 \end{pmatrix}$$

다음 물음에 답하라.

① $Y_1 = \frac{1}{3}(X_1 + X_2 + X_3)$의 $E(Y_1)$과 $Var(Y_1)$을 정리 7.1의 (i)을 이용하여 구하라.

② $\boldsymbol{y} = \begin{pmatrix} Y_1 \\ Y_2 \end{pmatrix}$의 $E(\boldsymbol{y})$와 $Cov(\boldsymbol{y})$를 구하라. 단, $Y_2 = \frac{1}{4}(X_1 + 2X_2 + X_3)$이다.

③ $\boldsymbol{x} \sim N_3(\boldsymbol{\mu}, \Sigma)$일 때, 위 문제 ②의 $\boldsymbol{y}$의 다변량정규분포의 확률분포를 구체적으로 서술하라.

④ $A = \begin{pmatrix} 1 & 0 & 1 \\ 0 & 1 & -1 \\ 1 & -1 & 2 \end{pmatrix}$일 때, $E(\boldsymbol{x}^T A \boldsymbol{x})$와 $Var(\boldsymbol{x}^T A \boldsymbol{x})$를 구하라.

3. 랜덤표본 $X_1, X_2, \cdots, X_n$이 $N(1,1)$을 따르는 모집단으로부터 추출되었을 때, 다음 물음에 답하라.

① $\boldsymbol{y} = \begin{pmatrix} \overline{X} \\ \widetilde{X_1} \\ \widetilde{X_2} \end{pmatrix}$의 확률분포를 구하라. 여기서 $\widetilde{X_1} = \frac{1}{2}(X_1 + X_2)$, $\widetilde{X_2} = \frac{1}{3}(X_3 + X_4 + X_5)$이다. $\widetilde{X_1}$와 $\widetilde{X_2}$가 독립인지 $Cov(\boldsymbol{y})$의 성분으로 설명하라. $Cov(\overline{X}, \widetilde{X_1})$, $Cov(\overline{X}, \widetilde{X_2})$를 구하라.

② $\sum_{i=1}^{n} X_i^2$, $\sum_{i=1}^{n}(X_i - \overline{X})^2$, $n\overline{X}^2$을 이차형식으로 표현하고 각각의 확률분포를 구하라.

③ $\overline{X}$와 $\sum_{i=1}^{n}(X_i - \overline{X})^2$이 독립인지 보여라.

④ $\sum_{i=1}^{n} X_i^2$과 $\sum_{i=1}^{n}(X_i - \overline{X})^2$이 독립인지 보여라.

4. 랜덤표본 $(x_1, y_1), (x_2, y_2), \cdots, (x_n, y_n)$의 단순회귀모형이 다음과 같다.

$$y_i = \beta_0 + \beta_1 x_i + \epsilon_i,\ i = 1, 2, \cdots, n$$

① 회귀모형을 행렬로 표현하라.

② 디자인행렬 X에 대하여 $X^T X$와 $(X^T X)^{-1}$를 구하라.

③ 최소제곱추정량 $\hat{\boldsymbol{\beta}} = \begin{pmatrix} \hat{\beta}_0 \\ \hat{\beta}_1 \end{pmatrix} = (X^T X)^{-1} X^T \boldsymbol{y}$를 구체적으로 표현하라.

④ $Cov(\hat{\boldsymbol{\beta}}) = (X^T X)^{-1}\sigma^2$을 구체적으로 표현하라.

⑤ $\epsilon_i \sim N(0,\ \sigma^2)$이고 서로 독립일 때 $\hat{\beta}_0$과 $\hat{\beta}_1$의 확률분포를 구체적으로 서술하라.

5. 다음 자료에 대하여 중회귀모형 $y_i = \beta_0 + \beta_1 x_{1i} + \beta_2 x_{2i} + \epsilon_i$을 가정하고 물음에 답하라. 단, $\epsilon_i \sim N(0, \sigma^2)$이고 서로 독립이다.

y	−1	−1	1	2	1
x_{1i}	−2	0	0	0	1
x_{2i}	0	−1	0	1	0

① 최소제곱추정량 $\hat{\boldsymbol{\beta}}$를 계산하라.

② SST, SSR, SSE를 구하라.

③ $\boldsymbol{a} = \begin{pmatrix} 0 \\ 1 \\ -1 \end{pmatrix}$일 때 $\boldsymbol{a}^T \hat{\boldsymbol{\beta}}$의 확률분포를 구하라.

④ $C = \begin{pmatrix} 0 & 1 & -1 \\ 1 & -2 & 1 \end{pmatrix}$일 때 $C\hat{\boldsymbol{\beta}}$의 확률분포를 구하라.

6. 정리 7.2를 증명하라.

7. 정리 7.3을 증명하라.

8. 정리 7.9의 (ⅲ)을 증명하라.

찾아보기

찾아보기

저자 소개

허 집

서울대학교 통계학 박사
캐나다 University of Alberta 박사후연구원
미국 University of Georgia 방문교수
현) 덕성여자대학교 정보통계학과 교수

통계학을 위한 벡터와 행렬 제2판

저 자 허 집
발 행 인 김지영
발 행 처 자유아카데미
주 소 경기도 파주시 회동길 37-42
파주출판도시
전 화 031-955-1321
팩 스 031-955-1322
홈페이지 www.freeaca.com
전자우편 main@freeaca.com (대표)
editor@freeaca.com (편집)
crm@freeaca.com (영업)
등 록 제406-2003-017호, 1980. 7. 12
제2판1쇄 2023년 8월 31일 발행
제2판2쇄 2026년 1월 5일 발행

저자와의
협의하에
인지생략

ISBN 979-11-5808-500-1 93310